JN049925

大学入試で点が取れる授業動画付き

物理のインプット講義

電磁気・熱・原子

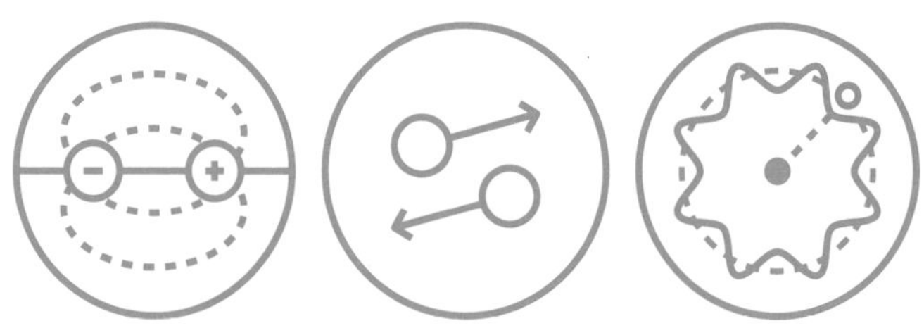

東葉高校 青山 均・著

Gakken

本書の授業要点集や解説動画は，
二次元コードもしくは
URLよりアクセスできます。

https://gakken-ep.jp/extra/hidebutsu/

はじめに

書店に並んでいる多くの参考書の中から本書を選び，こうしてこのページを読んでくれているあなたに，まずは感謝を申し上げたいと思います。まだ，どの参考書を選んだらよいか迷っているかと思いますので，本書がどんな特長をもち，どんな人が使ったら効果的なのかを，わかりやすく説明していきたいと思います。

まず，本書のいちばんの特長は，すべての単元に無料動画講義が付いているということです。ふつうの参考書は，自分で読んで自分で理解していくしかありませんが，この参考書は，本編でのくわしい解説に加えて，授業プリントとそれに対応した動画講義が付いています。YouTube を利用した予備校のようなものと考えてください。どうしても自分ひとりでは理解ができないときの強力なお助けアイテムが付いているということです。

そんな特長を持った参考書ですので，次のような人にはとても効果的です。

① 学校の授業がよくわからず，途方に暮れている人
② 文章を読んで理解していくのが苦手な人
③ 本格的な受験勉強に入る前に，基本事項のまとめをしたい人
④ 次の定期テストを何とか乗り越えたい人
⑤ 予備校に何らかの理由で通えない人
⑥ 物理を選択していなかったけど，受験科目に必要になった人
⑦ 物理の中に苦手な分野があり，そこを克服したい人
⑧ これからの学習のために，少し予習をしておきたい人
⑨ 何らかの理由で，授業を長期間欠席してしまった人
⑩ むかし苦手だった物理を，やり直してみたくなった人

どうでしょう，参考になりましたでしょうか？　あとは自分の性格や勉強方法，目的に合わせて，じっくり考えて参考書を選べばよいのです。それがこの本であれば，もちろん嬉しい限りです。

最後になりましたが，本書の出版にあたり，ご尽力くださった宮﨑さん，樋口さんをはじめとする学研のみなさま，そのほか本書に携わっていただいたすべての方々にこの場を借りてお礼を申し上げます。

青山 均

本書の使いかた

本書はひとりで高校物理の学習ができるよう，電磁気・熱・原子の分野をわかりやすく解説しています。動画授業を YouTube で視聴することもできる，とても手厚い参考書です。

物理の学力をつけるには，原理や公式をしっかり理解すること，問題の解きかたを反復練習することが大切となります。そのため，本書には以下のような特長があります。

❶ 全国No.1の学力を作る授業を誌面で再現！

本書は，青山先生の授業を再現したような，ていねいで読みやすい語り口調の誌面になっています。わかりやすい具体例や，段階を追った解説でスンナリと理解が進みます。1テーマが少ないページで区切られているため，無理なく少しずつ勉強を進めていくことができます。

❷ 動画授業対応の「講義テキスト兼要点集」付き！

QR コードを読みとれば，スマートフォンやタブレットなどで YouTube の授業を視聴することができます。先生の授業を聞きながらプリントを眺める要領で学んでください。

ここには大事なポイント・公式や，問題の解きかたが掲載されており，長々とした文章はついておりません。そのため，要点集としても使うことができます。何度も反復して理解度を深めてください。

❸ 問題数をこなしたい人は，別売りの問題集を！

本書の説明のしかたや動画授業を気に入っていただけた人は，秘伝の物理シリーズの問題集もお買い求めいただきまして，さらに問題を解く力を養ってください。

※本書は『秘伝の物理講義(電磁気・熱・原子)』を，新課程に合わせて内容を一部，加筆・修正したものになります。

もくじ

電磁気

熱

原子

電磁気

Electromagnetics

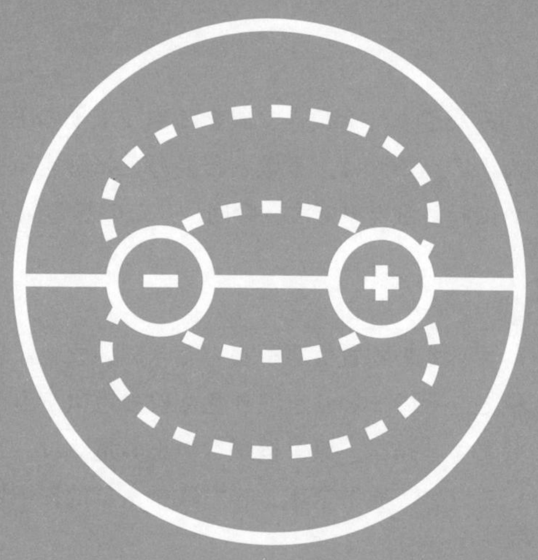

1 静電気力

クーロンの法則　$F = k\dfrac{qQ}{r^2}$

みなさん，下敷きで頭をこすって髪の毛を逆立てて遊んだ経験はありませんか？　これは，下敷きと髪の毛に静電気力が生じて，お互いに引きあうために起こる現象です。今回は，この静電気力について学習していきます。

物質が帯電するとは？

すべての物質は原子からできています。原子は正の電気をもつ1つの原子核と，そのまわりを取り巻く負の電気をもついくつかの電子から成り立っています。通常，原子核がもつ正の電気は，電子がもつ負の電気で相殺(そうさい)されているため，原子全体としては，電気的に中性になっています。

なんらかの影響(物体どうしをこすりあわせるなど)によって，物体内の電子に過不足が生じると，物体は電気を帯びるのです(**帯電**)。

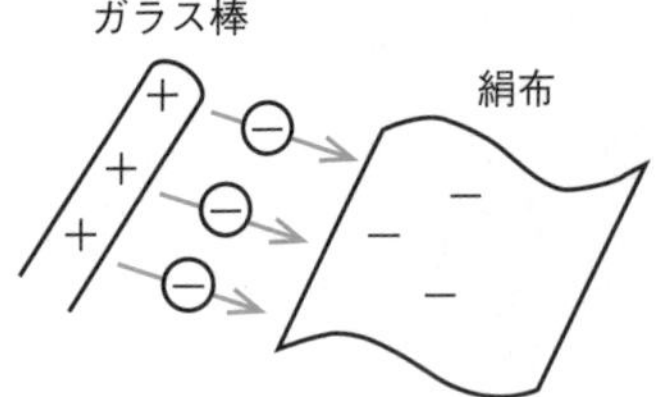

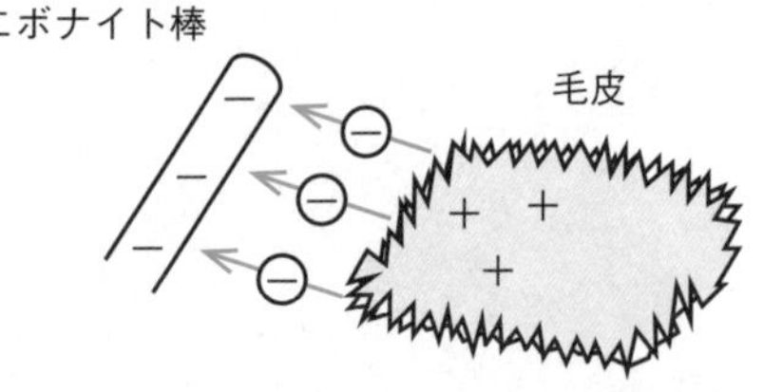

上図のように，ガラス棒を絹布(けんぷ)でこすると，ガラス棒にあった負の電子が絹布に移ります。その結果，電子を渡したガラス棒は正に帯電し，電子を受け取った絹布は負に帯電します。

エボナイト棒を毛皮でこすると，毛皮の電子がエボナイト棒に移動します。電子を渡した毛皮は正に帯電し，電子を受け取ったエボナイト棒は負に帯電します。このように，**電子が過剰になると負に帯電し，電子が不足する**

と正に帯電するのです。

帯電した物体を帯電体といい，**帯電体のもつ電気の量**を電気量，または電荷といいます。そして，**帯電体が点とみなせるほど小さい**とき，この帯電体がもつ電荷を点電荷とよびます。**電荷の単位**はクーロン〔C〕を用います。

電気量保存の法則とは？

2つの物体において電荷のやりとりが行われても，2つの物体が外部と**電気的に独立**していれば，**電気量の和は一定**に保たれます。これを電気量保存の法則(電荷保存則)といいます。

具体例を見てみましょう。ガラス棒と絹布の場合，はじめどちらも0 C（ゼロクーロン）とします。すなわち，2つの物体の電気量の和は0Cということです。

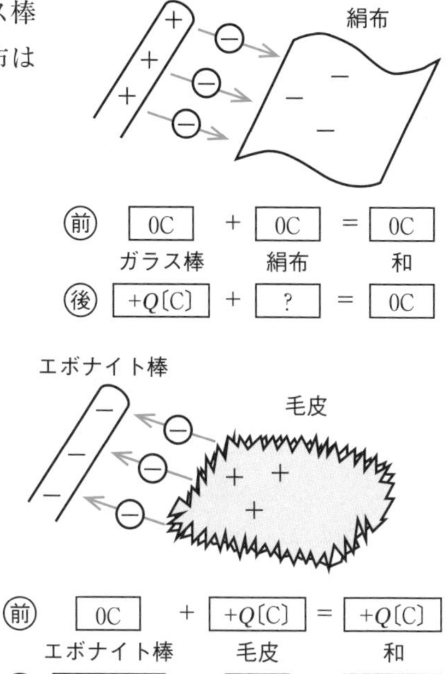

ガラス棒を絹布でこすると，ガラス棒は$+Q$〔C〕になりました。では，絹布は何Cになったでしょうか。

正解は$-Q$〔C〕です。こする前後で電気量の和が0Cに保たれることから理解できますね。

もう1つの例を見てみましょう。はじめ，エボナイト棒は0Cで，毛皮は$+Q$〔C〕に帯電していたとします。エボナイト棒を毛皮でこすると，エボナイト棒は$-2Q$〔C〕に帯電しました。では，毛皮は何Cになったでしょうか。

正解は$+3Q$〔C〕です。このときも，こする前後で電気量の和が$+Q$〔C〕に保たれることから理解できますね。

クーロンの法則とは何か？

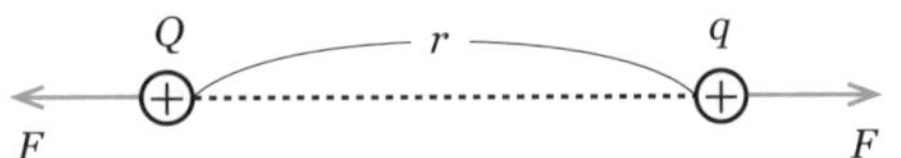

(図 A)電荷が同符号の場合

図Aのように，$+Q$の電荷と，$+q$の電荷は互いに反発します。つまり，**同符号の電荷どうし**は，**互いに斥力**(せきりょく)(反発する力)を及ぼしあうのです。

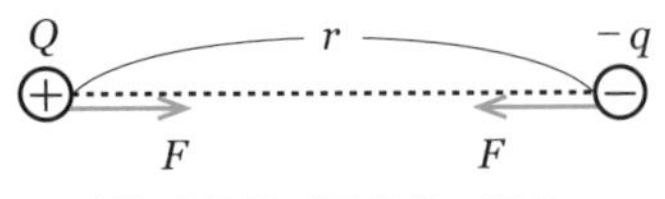

(図 B)電荷が異符号の場合

図Bのように$+Q$の電荷と，$-q$の電荷は互いに引きあいます。つまり，**異符号の電荷どうし**は，**互いに引力**(引き合う力)を及ぼしあうのです。このように，**電荷の間にはたらく斥力や引力**を**静電気力(クーロン力(りょく))**といいます。

フランスの物理学者のシャルル・ド・クーロンは，2つの電荷の間にはたらく静電気力の大きさを調べて，次の**クーロンの法則**を発見しました。

『2つの点電荷 Q〔C〕，q〔C〕が r〔m〕だけ離れているとき
それらの間にはたらく静電気力の大きさ F〔N〕は

$$F=k\frac{qQ}{r^2}$$

と表されます。』

このとき，比例定数kは，電荷を取り巻く物質によって値が変わります。真空中(空気中でもほぼ同じ)においては，$k=9.0\times10^9\mathrm{N\cdot m^2/C^2}$ となります。この式は**万有引力の法則と同様の形**をしていますね。

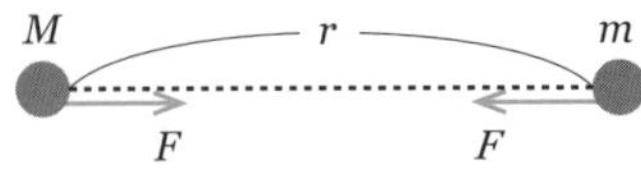

POINT

クーロンの法則　$F=k\frac{qQ}{r^2}$

2 電場①

解説動画

＼押さえよ／

電場 ⇒ ＋1Cの電荷が受ける静電気力

復習 P.12

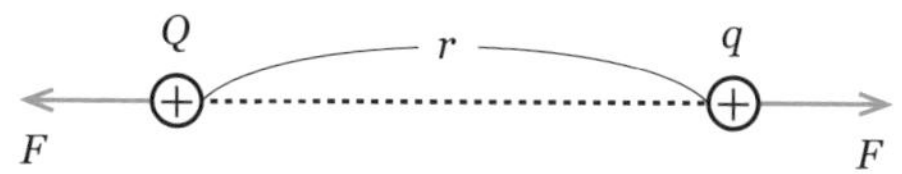

クーロンの法則によれば，q〔C〕の正電荷は r〔m〕離れた Q〔C〕の正電荷から F〔N〕の静電気力を受けるとして，次のように表される。

$$F = k\frac{qQ}{r^2} \qquad (k：比例定数)$$

このとき，2つの電荷は同符号なので，反発しあう力（斥力（せきりょく））を及ぼします。

静電気力は離れている物体どうしにはたらく作用なのか？

復習の図において，q〔C〕の電荷は，離れた位置にある Q〔C〕の電荷から直接，静電気力を受けているように見えますが，実はそうではありません。つまり，**静電気力は遠隔作用による力ではない**のです。

次ページの図のように，何もない空間に Q〔C〕の電荷をもちこむと，電荷のまわりの空間の性質が変化します。この**性質の変化した空間**を**電場**，または**電界**といいます。その電場の中に新たな q〔C〕の電荷をおくと，q〔C〕の**電荷は電場からクーロン力を受ける**ことになります。

すなわち，q〔C〕の電荷は離れている Q〔C〕の電荷から直接，力を受けるのではなく，q〔C〕の電荷に近接するまわりの空間，すなわち電場から力を受けるので，**静電気力は近接作用による力**ということができます。

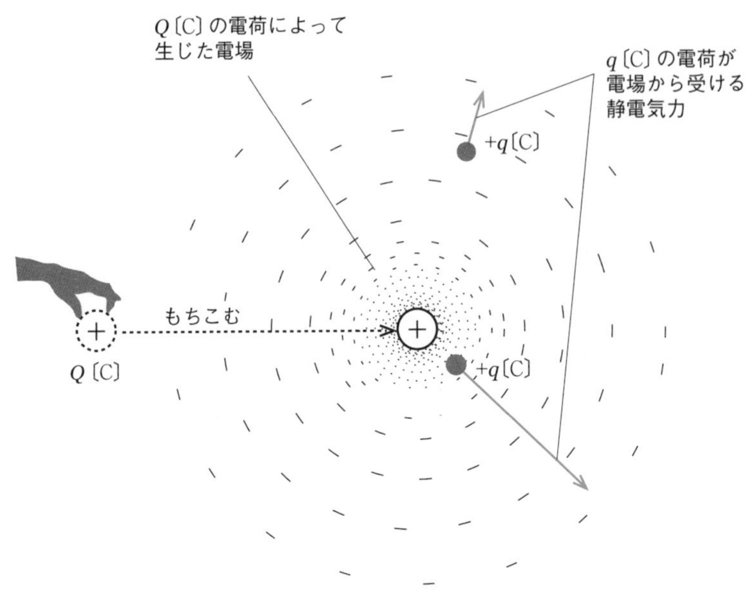

見えない電場をどのように表したらよいか？

上図のように，電場に+q〔C〕の電荷をおくと，+q〔C〕の電荷は静電気力を受けます。ある空間に電場が存在しているかどうかを確かめるには，その空間に新たな電荷をもちこんで，電荷が力を受ければ，そこには，はじめから電場があったということがわかるのです。

このように，**電場は電荷に静電気力を及ぼす空間**であるため，**電場**は「+1C の電荷が受ける静電気力」によって定義されています。「**+1C の電荷が受ける力の向き**」が**電場の向き**，「**+1C の電荷が電場から受ける力の大きさ**」が**電場の強さ**を表しています。

POINT

電場 ⇒ +1Cの電荷が受ける静電気力

ここで，もちこんだ+1C の電荷が，元々あった電場を乱すことがないようにと考えて，+1C の電荷を単位試験電荷と言い表すこともあります。

電荷が電場から受ける力を考えよう

+1Cの電荷が受ける静電気力が電場 $\vec{E}$ なので，$+q$〔C〕が受ける静電気力 $\vec{F}$ は，$\vec{E}$ の q 倍となり，

$$\vec{F}=q\vec{E}$$

と表されます。ベクトル表記なのは，電場においた電荷 q が正（**正電荷**）ならば，電荷 q が受ける**静電気力 $\vec{F}$ は電場 $\vec{E}$ と同じ向き**になり，q が負（**負電荷**）ならば，**$\vec{F}$ は $\vec{E}$ と逆向き**になるという意味です。

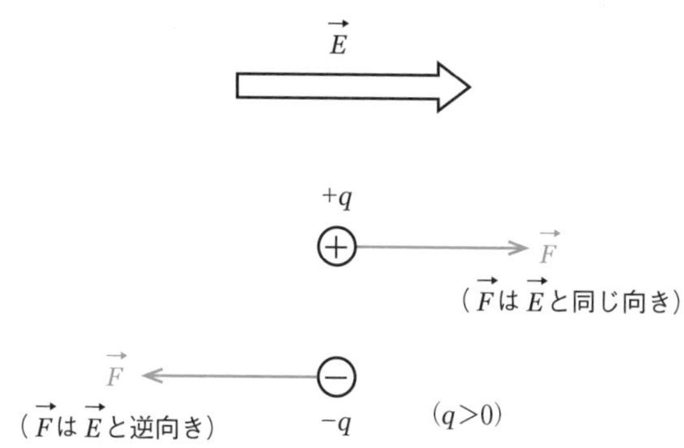

POINT

電荷が電場から受ける力

$$\vec{F}=q\vec{E}$$

（$\vec{F}$：静電気力〔N〕　q：電気量〔C〕　$\vec{E}$：電場〔N/C〕）

POINTの式を変形すると，電場は $\vec{E}=\dfrac{\vec{F}}{q}$ と表せます。この式の右辺から**電場の単位**は〔**N/C**〕であることがわかります。

また，$\vec{E}=\dfrac{\vec{F}}{q}$ の式は，**電場 $\vec{E}$ が「+1Cあたりの静電気力 $\vec{F}$」**であることを表しているので，この式はまさに，**電場の定義**を表していると考えることができますね。

3 電場②

▼解説動画

点電荷による電場　$E = k\dfrac{Q}{r^2}$

2では，電場の定義について学習しました。**電場は“+1Cの電荷が受ける静電気力”**と定義されています。この定義はしっかり頭に入れておきましょうね。

復習　電場　⇒　+1Cの電荷が受ける静電気力

P.14

点電荷が作る電場について考えよう

それでは，Q〔C〕の正の点電荷からr〔m〕離れた点Pでの電場はどのように表されるかを考えてみましょう。

Q　+1C　r　P

図のように，正の点電荷Q〔C〕からr〔m〕離れた点Pに，+1Cの電荷があると仮定し，+1Cの電荷にはたらく静電気力を考えてみましょう。なぜなら，**“+1Cの電荷が受ける静電気力”**がすなわち，**“電場”**だからです。

まず，向きについてですが，2つの電荷は同符号なので，斥力（せきりょく）がはたらきます。したがって，点Pでの電場の向きは，上図の矢印の向きになります。

そして，電場の強さEは，クーロンの法則 $F = k\dfrac{qQ}{r^2}$ より

$q = 1$，$F = E$として

$$E = k\frac{1 \times Q}{r^2} = k\frac{Q}{r^2}$$

となります。これが**点電荷が作る電場の式**です。

点電荷による電場　$E = k\dfrac{Q}{r^2}$

この式は，覚えておいてくださいね。

図のように，xy 平面上の点 A$(-3a, 0)$ に $+q$〔C〕，点 B$(3a, 0)$ に $-q$〔C〕の点電荷が固定されている。クーロンの法則の比例定数を k〔N·m^2/C^2〕とする。

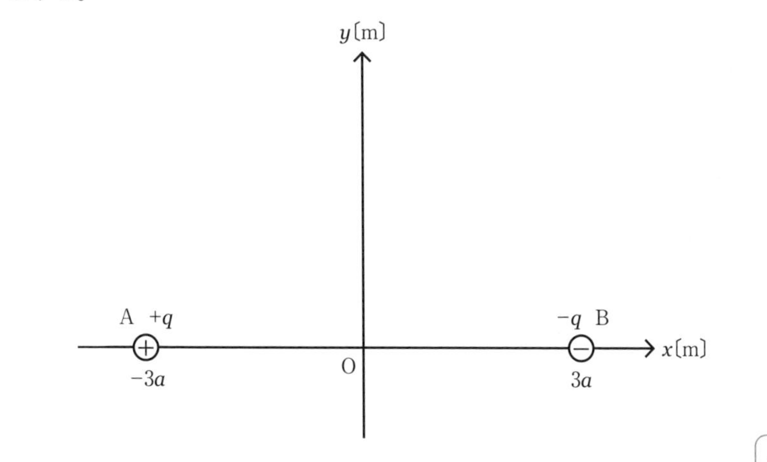

(1) 点 C$(a,\ 0)$ における電場の向きと強さを求めよ。

点 C における電場は，点 C に +1C の電荷をおいたときに，この電荷にはたらく静電気力を考えることで求められます。xy 平面上には A，B に 2 つの点電荷があるので，1 つずつ考えていきましょう。

次ページの図のように，点 A にある電荷が点 C に作る電場の向きを考えます。A と C にある電荷は同符号なので，斥力 E_A の向きになります。

また，点 B にある電荷が点 C に作る電場の向きは，B と C にある電荷が異符号なので，引力 E_B の向きになります。

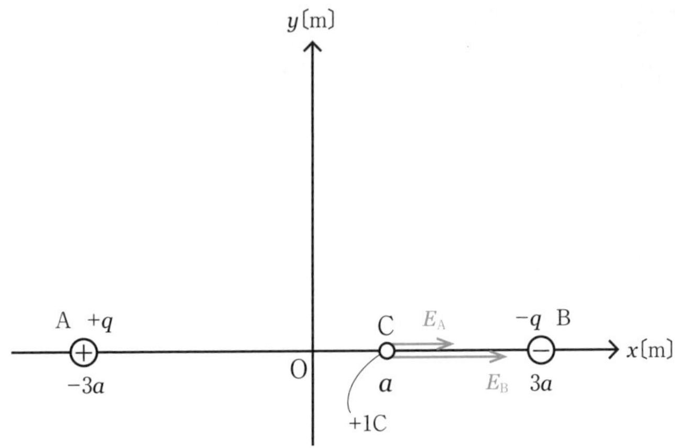

次に，電場の強さ E_A，E_B を式で表します。

解答

クーロンの法則より

$$E_A = k\frac{1\times q}{(4a)^2}$$

$$E_B = k\frac{1\times q}{(2a)^2}$$

2 つの電場を足しあわせて

$$E_C = E_A + E_B = \frac{5kq}{16a^2}$$

x 軸方向正の向きに $\frac{5kq}{16a^2}$〔N/C〕 ……答

(2) 点 D(0，3a) における電場の向きと強さを求めよ。

次ページの図のように，点 D における電場についても，点 C と同様に考えることができます。まず，点 A にある電荷が，点 D に作る電場の向きは，A と D にある電荷が同符号なので，斥力 E_A の向きになります。

また，点 B にある電荷が点 D に作る電場の向きは，B と D にある電荷が異符号なので，引力 E_B の向きになります。

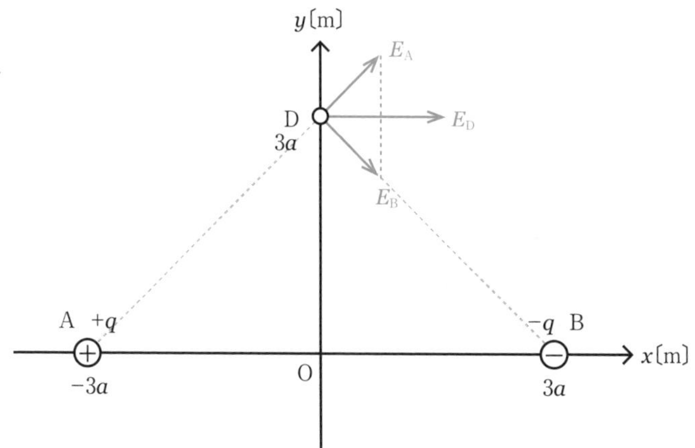

次に，電場の強さ E_A，E_B について考えます。A と B の電荷の大きさが等しく，D までの距離もそれぞれ等しいので，E_A と E_B の大きさは等しくなります。D までの距離は，どちらも $\sqrt{2}\times 3a$ なので，

解答

$$E_A=E_B=k\frac{q}{(\sqrt{2}\times 3a)^2}=k\frac{q}{18a^2}$$

次に，２つの電場を足しあわせます。しかし，E_A と E_B の値を，そのまま足し算することはできません。どうしたらよいのでしょうか。

ここで，電場の定義を振り返ってみましょう。電場とは，＋１C の電荷が受ける静電気力，すなわち**ベクトル**です。したがって，**E_A と E_B をベクトルとして足しあわせます**。E_A と E_B の大きさは同じで，図のように正方形の２辺をなしているので，E_D のように合成され正方形の対角線になります。

$$E_D=E_A\times\sqrt{2}=k\frac{\sqrt{2}q}{18a^2}$$

x 軸方向正の向きに $\frac{\sqrt{2}kq}{18a^2}$〔N/C〕 …… 答

4 電気力線

▽解説動画

＼押さえよ／

電気力線（りせん）の性質
電気力線の接線の向き ⇒ 電場の向き
電気力線の本数密度 ⇒ 電場の強さ

電場のようすを線で表してみよう

今回は，目に見えない電場の様子を見える形で表現する方法について，考えていきましょう。

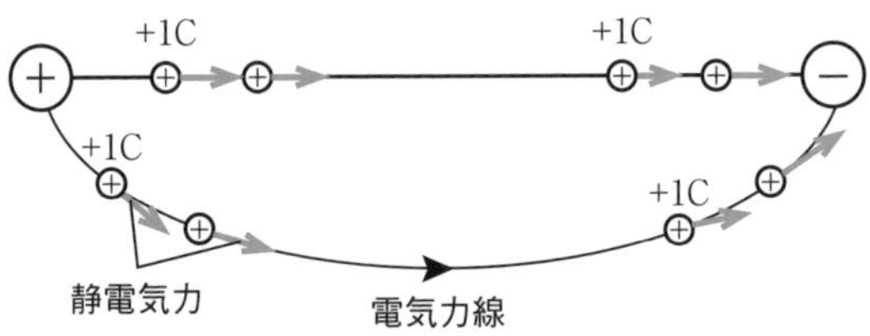

電場は，**+1C の電荷が受ける静電気力**を表しています。よって，上図のように，**+1C の電荷を受ける静電気力の向きに少しずつ動かしながら線を引いていく**と，1本の線をかくことができます。この線を**電気力線**とよび，電気力線によって，電場のようすを表すことができます。+1C の電荷が動いた向きが，電気力線の向きになります。したがって，右図のように**電気力線**は**正の電荷から出て負の電荷に入り**，**電気力線の接線の向き**は，**その点での電場の向き**を表します。

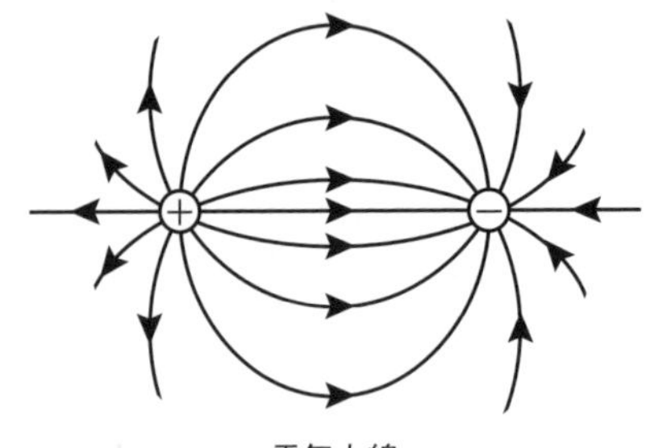
電気力線

電場の強さの表しかた

電場の強さは，電気力線の何によって表現されているのでしょうか。電場の強弱は，+1C の電荷が受ける力の強弱で表されているので，下図の場合，2つの電荷に近いところで電場が強く，遠いところで電場が弱くなっているはずです。

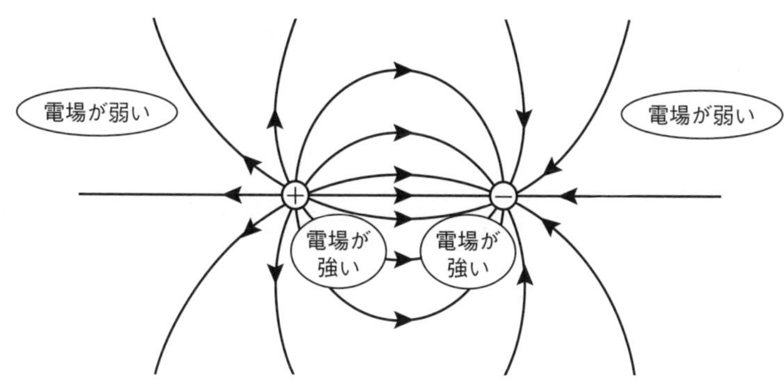

では，電場が強いところと弱いところでは，電気力線のようすにどのような違いがあるのでしょうか。図を見ると，電気力線の密集している部分が電場の強い場所，電気力線がまばらな部分が電場の弱い場所ということがわかります。**電場の強弱**は，**その点での電気力線の密集する度合い**，すなわち，**電場に垂直な 1m^2 あたりの電気力線の本数**によって決まります。この**本数密度**〔**本 /m^2**〕を，電場の強弱の指標としています。

具体的にいうと，下図のように，**電場の強さが E〔N/C〕の色付きの部分**では，**1m^2 あたり E 本の割合で電気力線を引く**ことにしています。

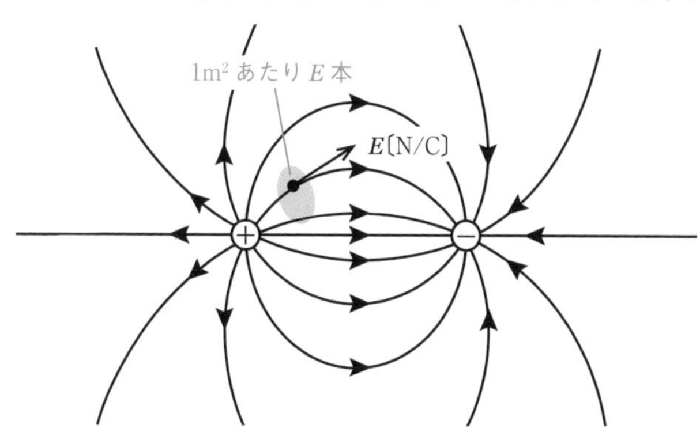

電気力線のまとめ

POINT

電気力線の性質

① 正の電荷から出て負の電荷に入る。

② 電気力線の接線の向きは電場の向きを表す。

③ 交差・枝分かれはしない。

④ 電場の強さがE〔N/C〕のところでは，電場に垂直な面1m^{2}あたりE本の割合で引く。すなわち，電場の強さE〔N/C〕とその点での電気力線の本数密度E〔本/m^2〕の値を一致させている。

POINTの③についての補足です。電気力線は，ある場所における+1Cの電荷が受ける静電気力の向きを表しているため，交差や枝分かれをすると，その部分での静電気力は2つの方向にはたらいていることになります。しかし，静電気力は，2つ以上の電荷から力を受けていても，合力となって1つの力としてはたらくため，これは矛盾してしまいますね。

ですから，電気力線は交差・枝分かれしない，ということになるのです。

5 ガウスの法則

解説動画

\押さえよ/

ガウスの法則

$+Q$〔C〕の帯電体から出る電気力線（りきせん）の総本数 N

$$N = 4\pi kQ$$

4 では，1m² あたりの電気力線の本数(本数密度)を用いて，電場の強さを表すことを学習しました。

今回は，このことを用いて，$+Q$〔C〕の点電荷から出ている電気力線の総本数を求めてみましょう。

復習 P.22

電場の強さが E〔N/C〕のところでは，電気力線を電場と垂直な面 $1m^2$ あたり E 本の割合で引く。

+Q〔C〕の点電荷から出ている電気力線の総本数を求めよう

点電荷から出ている電気力線は，点電荷を中心に放射状に広がっています。ここで，放射状に広がっている電気力線の総本数を計算によって求めてみましょう。

右図のように，$+Q$〔C〕の点電荷を中心とする半径 r〔m〕の球面 S を考えます。球面 S 上での電場の強さ E〔N/C〕は，クーロンの法則の比例定数 k〔N·m²/C²〕を用いて

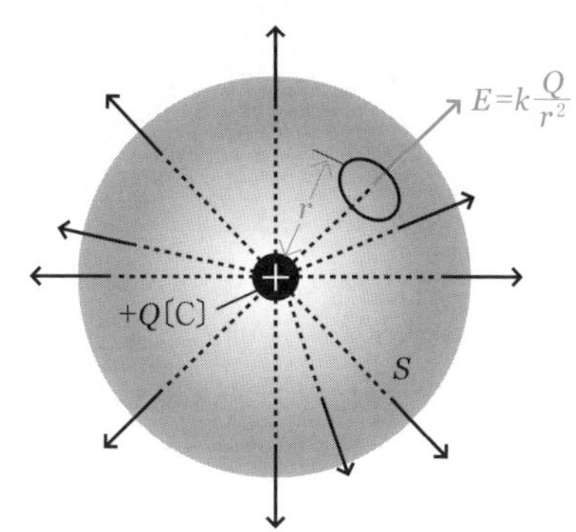

$$E=k\frac{Q}{r^2} \quad \cdots①$$

と表されます。

また，Sを貫く電気力線の本数は1m^{2}あたりE本で，球の表面積は$4\pi r^2$〔m^2〕なので，S全体を貫く電気力線の総本数Nは

$$\boldsymbol{N=E\times 4\pi r^2} \quad \cdots ②$$

となります。

①を②に代入すると，

$$\boldsymbol{N=k\frac{Q}{r^2}\times 4\pi r^2}$$

$$\boldsymbol{=4\pi kQ}$$

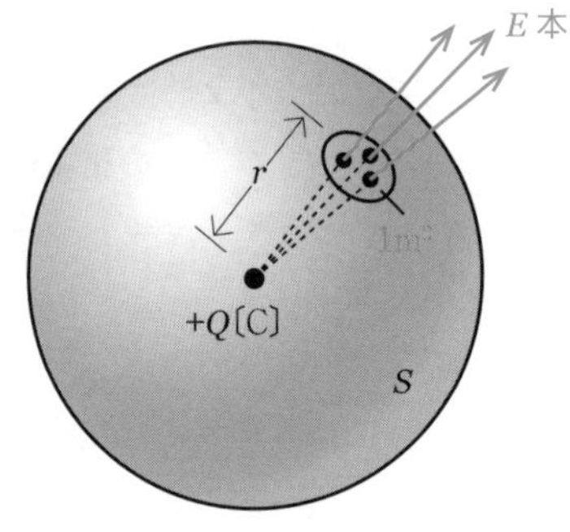

となり，これがS全体を貫く電気力線の総本数Nになります。すなわち，**$+Q$〔C〕の点電荷から出ている電気力線の総本数Nは，**

$$N=4\pi kQ$$

になります。

ガウスの法則とは何か？

ここで求めた点電荷における電気力線の本数は，点電荷でない別の帯電体(いろいろな形の帯電体)でも成り立ちます。

一般に，**電気量Q〔C〕の帯電体から出る電気力線の本数N**は一定で，$N=4\pi kQ$ と表されます。これを**ガウスの法則**といいます。

POINT

ガウスの法則
$+Q$〔C〕の帯電体から出る電気力線の総本数N

$$N=4\pi kQ$$

今回のガウスの法則の導きかたは，そのまま入試で問われることもあるので，よく理解し自分で再現できるようにしておきましょう。

6 ガウスの法則の使いかた

解説動画

電場の強さEは，ガウスの法則を使って求める
電場の強さE＝1m²あたりの電気力線の本数　(本数密度)

ガウスの法則は，電場の強さを求めるときに使う法則です。では，その使いかたについて考えていきましょう。

① 電場の強さがE〔N/C〕のところでは，電気力線を電場と垂直な面1m²あたりE本の割合で引く。

② $+Q$〔C〕の帯電体から出る電気力線の総本数Nは

$$N = 4\pi kQ$$

となる。

ガウスの法則の使いかた

Eには2つの意味があります。1つ目は，**電場の強さ**という意味，2つ目は，**電気力線の1m²あたりの本数**という意味です。ガウスの法則の式を立てるときには，この2つのEの意味を等号で結べばよいのです。つまり，等式の**左辺には電場の強さ**，**右辺には電気力線の本数密度**を式にすれば，考えている部分の電場の強さを求めることができます。

秘 テクニック

電場の強さEは，ガウスの法則を使って求める
電場の強さE＝1m²あたりの電気力線の本数　(本数密度)

やってみよう Q

S〔m^2〕あたり Q〔C〕の正の電荷が一様に分布している無限に広い平面のまわりの電場の強さ E〔N/C〕を求めよ。ただし，クーロンの法則の比例定数を k〔N·m^2/C^2〕とする。

まず，無限に広い平面に一様に正の電荷が分布しているとき，電気力線（りきせん）のようすを図にかいてみましょう。電気力線は下図のように，平面に垂直に等間隔で広がっていくような形になります。よって，この問題は平面のまわりの一様な電場の強さ E を求める問題となります。

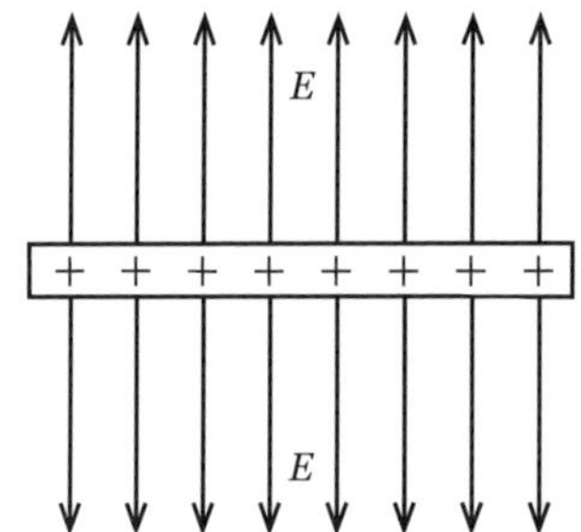

点電荷のときのように，+1C の電荷をおいて，はたらくクーロン力から電場を求める方法は，今回はとることができません。なぜなら，平面の電荷から受けるクーロン力は点電荷の場合と異なり，定式化されていないからです。そこで，ここではガウスの法則を用います。

ガウスの法則より

電場の強さ E = 1m^2 あたりの本数

なので，**電気力線の本数密度**について考えればよいのです。問題文には，「S〔m^2〕あたり Q〔C〕の正の電荷が一様に分布している」とあるので，次ページの図のように，平面 S〔m^2〕を色付きの線で示したように囲ってみましょう。囲まれた部分の電荷は Q〔C〕となりますね。色付きの線で示した範囲を A として，A を貫く電気力線の総本数を考えてみましょう。

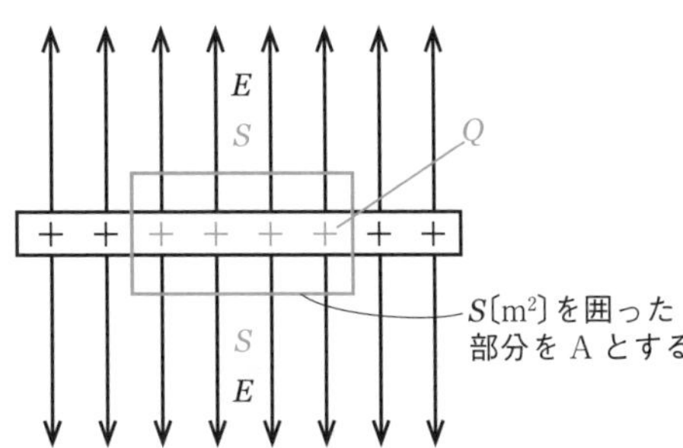

解答 ガウスの法則より，Q〔C〕の電荷からAを外向き(上下の向き)に貫く電気力線の総数Nは

$$N=4\pi kQ$$

電場の強さEは$1\mathrm{m}^2$あたりの電気力線の本数なので，Nを面積で割れば求められる。ただし，電気力線は上のS〔m^2〕からだけでなく下のS〔m^2〕からも出ていることに注意して，$2S$〔m^2〕で割ると

$$E=\frac{4\pi kQ}{2S}=\frac{2\pi kQ}{S}$$

$$\boldsymbol{E=\frac{2\pi kQ}{S}}$$ ……答

ちなみに，Aの側面は電気力線が貫いていないので考える必要はありませんよ。

やってみよう Q

l〔m〕あたりQ〔C〕の正の電荷が一様に分布している無限に長い直線から，r〔m〕離れた点における電場の強さE〔N/C〕を求めよ。ただし，クーロンの法則の比例定数をk〔$\mathrm{N \cdot m^2/C^2}$〕とする。

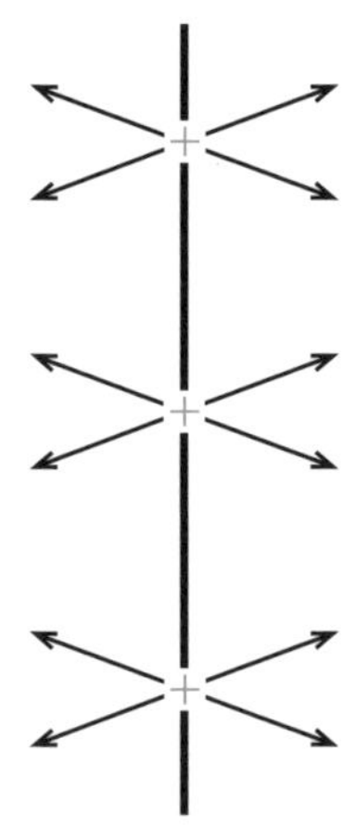

無限に長い直線状の電荷から出ている電気力線(りきせん)のようすについて，図をかいてイメージしてみましょう。

右上図のように，直線に垂直な放射状に広がる電気力線になります。この電気力線で表される電場の強さを求めていきましょう。

ガウスの法則より，電場の強さ $\boldsymbol{E}=\mathbf{1m^2}$ **あたりの本数**なので，ここでも電気力線の**本数密度**について考えます。電荷を取り囲む閉曲面の決めかたは，右下図のように，**求める電場の位置を通り**，**電気力線に垂直**となるようにとります。

ここで求める電場の強さは，直線から半径 r〔m〕の位置です。問題文より l〔m〕あたり Q〔C〕の正の電荷が一様に分布しているとあるので，図のように半径 r，高さ l の円柱形の閉曲面を考え，その側面 $1\mathrm{m}^2$ あたりの電気力線の本数を計算すればよいのです。

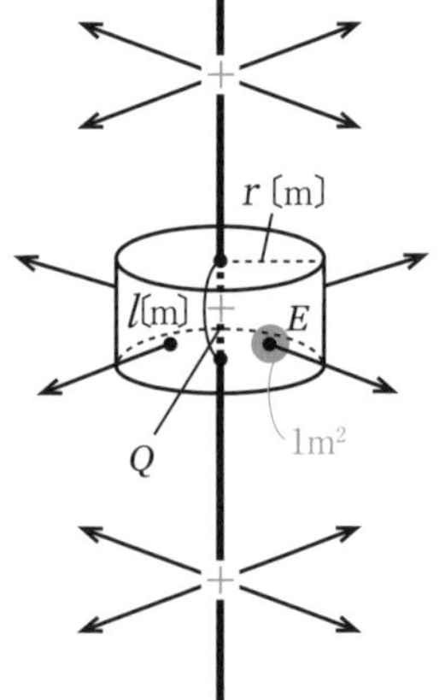

ガウスの法則より，この閉曲面を貫く電気力線の総本数 N は

$$N=4\pi kQ$$

円柱の側面積は $2\pi rl$ なので

$$E=\frac{4\pi kQ}{2\pi rl}=\frac{2kQ}{rl}$$

$$\boldsymbol{E=\frac{2kQ}{rl}}$$ ……答

ここでも，上面と下面は電気力線が貫いていないので考える必要はありません。

補足

ガウスの法則を用いて求められるのはあくまで電場の強さなので，「電場を求めよ」という問題が出たら，しっかり電場の向きもかく必要があります。

7 電位

▼解説動画

＼押さえよ／

電位 ⇒ ＋1Cの電荷がもつ位置エネルギー

今回は，重力による位置エネルギーと静電気力による位置エネルギーを対比させて考えることにより，電位とは何かを考えていきたいと思います。

まずは，重力による位置エネルギーの復習からです。

重力による位置エネルギーはどのように定めていたのか

基準面から高さ h〔m〕の点Pにある質量 m〔kg〕の物体がもつ，重力による位置エネルギー U〔J〕はどのようにして定めていたのでしょうか。ただし，下向きの重力加速度を g〔m/s^2〕とします。

ここで，一般的な位置エネルギーについて復習をしておきましょう。

復習 位置エネルギーの定義

基準点からその点まで物体を運ぶとき，外力のした仕事

重力による位置エネルギー U は，$U=mgh$ です。「何を今さら！」と思っている人も多いかもしれませんね。ここでは $U=mgh$ という答えではなく，その求めかたを尋ねられているのですよ。右図を見て考えてください。

まず，基準面にある物体の位置エネルギーは0ですね。

そして，この物体に外力を加えて点Pまで運ぶとき，外力のした仕事を求めます。

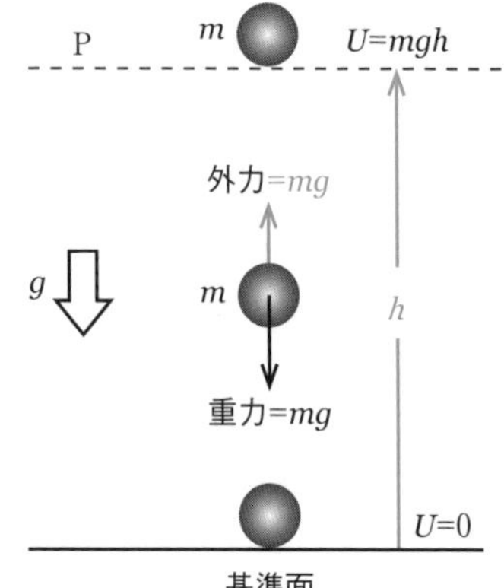

外力は鉛直上向き，大きさは mg で，外力と同じ向きに h だけ運ぶのだから，外力がした仕事は mgh になります。位置エネルギーが0の物体に外力が mgh の仕事をしているので，エネルギーと仕事の関係より点Pでの位置エネルギー U は $U=mgh$ となります。

これをエネルギーと仕事の関係を使って式で表すと，次のようになります。

基準点でのエネルギー 0	＋	外力がした仕事 mgh	＝	点Pでの位置エネルギー U
（はじめのエネルギー）		（外からした仕事）		（あとのエネルギー）

すなわち　$U=mgh$

静電気力による位置エネルギーはどのように定めるのか？

今度は，基準面から距離 d〔m〕の点Pにある q〔C〕（＞0）の電荷がもつ静電気力による位置エネルギー U〔J〕を求めてみましょう。

ただし，下向きの一様な電場を E〔N/C〕とします。

先ほどの重力による位置エネルギーと同じように考えていきますよ。下の図を見てください。基準面にある q〔C〕の電荷がもつ静電気力による位置エネルギーは0です。

この電荷に外力を加えて点Pまで運ぶとき，外力のした仕事を求めればよいですね。q〔C〕の電荷には qE の静電気力が下向きにはたらいているので，点Pまで運ぶためには，上向きに qE の外力を加え，上向きに d だけ動かす必要があります。

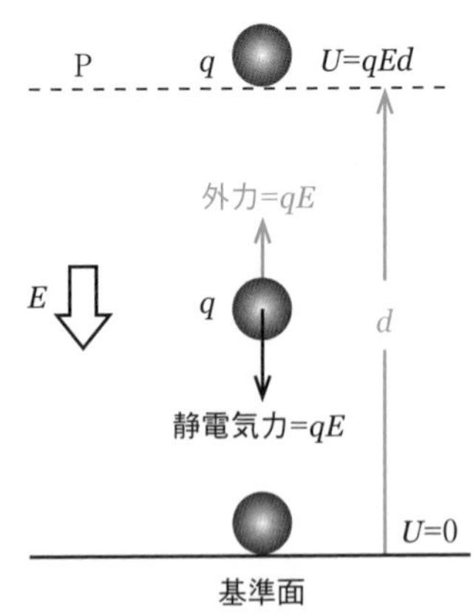

したがって，点Pまで運ぶために外力のした仕事は qEd となります。位置エネルギー0だった電荷に，外力が qEd の仕事をしたので，点Pにおける静電気力による位置エネルギー U は $U=qEd$ となります。

電位はどのように定めるのか？

最後に，q〔C〕の電荷を＋1Cの電荷におきかえて考えてみましょう。基準面から距離d〔m〕の点Pにある＋1Cの電荷がもつ静電気力による位置エネルギーU〔J〕は，いくらになるでしょうか？　ただし，下向きの一様な電場をE〔N/C〕とします。

右図を見てください。＋1Cの電荷にはたらく静電気力は下向きに$1E$なので，外力は上向きに$1E$です。したがって，$1E$の外力で外力と同じ向きに距離dだけ移動させるのだから，外力のした仕事はEdとなります。位置エネルギー0の電荷に外力がEdの仕事をしているので，点Pでもっている位置エネルギーUは，次のように表します。

$U=Ed$ …①

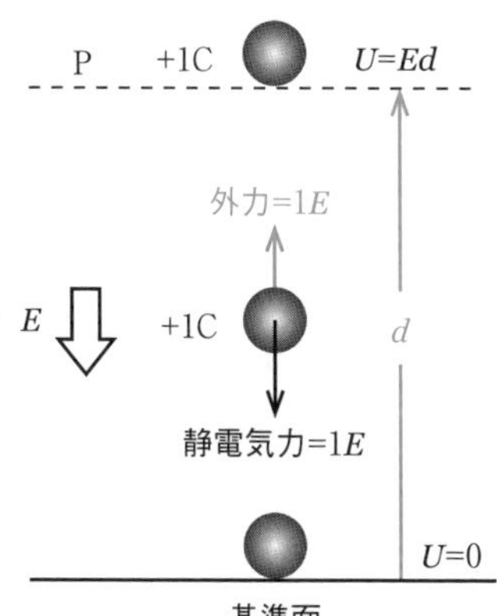

ここで，点Pにある**＋1Cの電荷がもつ静電気力による位置エネルギー**を，点Pの電位といいます。したがって，**点Pの電位**は，**＋1Cの電荷を基準点から点Pまで運ぶとき，外力のした仕事**として求めることができます。

POINT

電位 ⇒ ＋1Cの電荷がもつ位置エネルギー

電位の単位

次に，電位の単位について学習します。**＋1Cの電荷を基準面から点Pまで運ぶときに外力がした仕事が1Jであるとき**，点Pの電位を1ボルト〔V〕といいます。点Pの電位をVとすると，①式は次のように表されます。

$$V=Ed \qquad E=\frac{V}{d}$$

また，この式より**電場の強さEの単位**は〔V/m〕と表されることがわかりますね。

8 点電荷のまわりの電位

▽解説動画

＼押さえよ／ →

点電荷のまわりの電位（無限遠が基準）

$$V = k\frac{Q}{r}$$

7では，一様な電場中での電位について学習しました。ここでは，点電荷が作る一様でない電場中での電位について学習します。まず，電場と電位のまとめをしておきましょう。

秘 テクニック

電場 ⇒ ＋1Cの受ける力
電位 ⇒ ＋1Cのもつ位置エネルギー

秘テクニックで出てきた“**力**”，“**位置エネルギー**”は，正確には“**静電気力**”，“**静電気力による位置エネルギー**”です。ここでは覚えやすいように省略してあります。どちらも＋1Cの電荷について考えていることをしっかり理解して，この形で覚えておきましょうね。

電場内の電荷がもつ位置エネルギーを求めよう

次の図のように，電場内の点Pの電位がV〔V〕であるとします。言い換えれば，点Pにある＋1Cの電荷がもつ静電気力による位置エネルギーがV〔J〕であるということです。

ならば，点Pにある$+q$〔C〕の電荷がもつ静電気力による位置エネルギーU〔J〕は，V〔J〕のq倍になるので$U=qV$と表されますね。

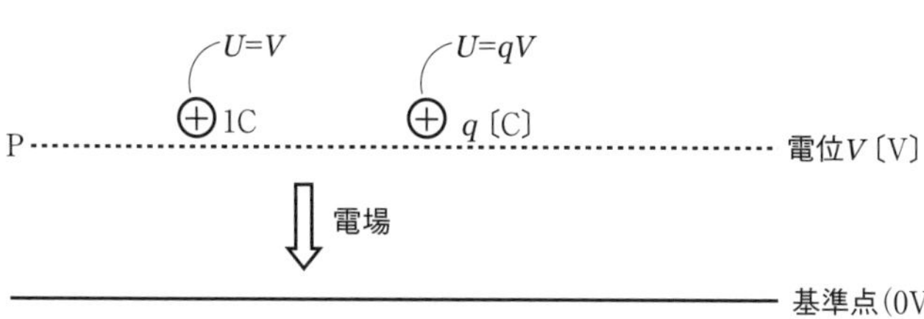

（U：点Pでそれぞれの電荷がもつ静電気力による位置エネルギー）

静電気力による位置エネルギー　$U=qV$

点電荷のまわりの電位を求めよう

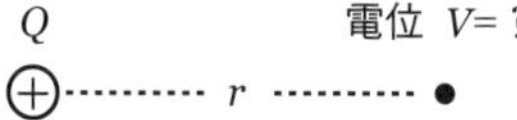

電気量Q〔C〕の点電荷から距離r〔m〕の点の電位V〔V〕は，万有引力による位置エネルギーと同様に，無限遠を基準として次の式で表されます。

POINT

点電荷のまわりの電位（無限遠が基準）

$$V=k\frac{Q}{r}$$

この式はよく使う式なので，しっかり覚えておきましょう。

$V=k\dfrac{Q}{r}$ の式を導いてみよう

（※まだ，積分を学習していない人はとばしてもよい。）

では，なぜこのような式で点電荷のまわりの電位が表されるのでしょうか？

電位の定義にもとづいて求めていきます。

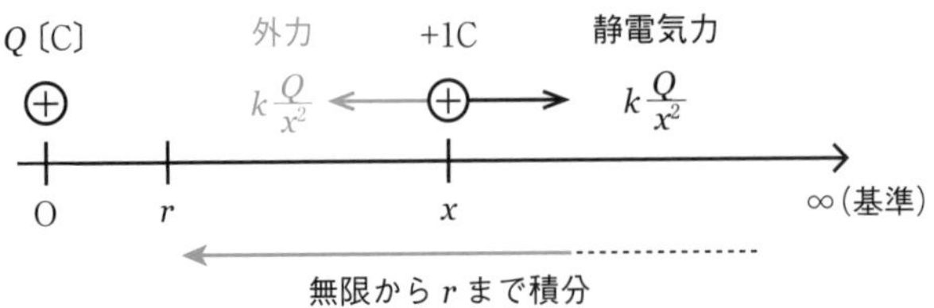

図のように，x 軸の原点Oに Q〔C〕の正の点電荷をおき，その点電荷から距離 r〔m〕の点(位置座標 r〔m〕)での電位〔V〕を求めます。無限遠(基準点)から位置 r〔m〕まで＋1Cの電荷を移動させたとき，外力のした仕事を求めればよいですね。

まずは，移動させている途中の状態，すなわち，＋1Cの電荷が位置 x〔m〕にあったとき，＋1Cの電荷にはたらく静電気力は斥力なので，x 軸正の向きに，大きさ $k\frac{Q}{x^2}$ となります。したがって，外力は静電気力と反対の向き(x 軸負の向き)に，大きさ $k\frac{Q}{x^2}$ となりますね。

あとは，距離を掛ければいいのですが，今回の場合は，単純に x を掛けても求められません。それは，$k\frac{Q}{x^2}$ が位置 x によって変化してしまうからです。

このような場合は，考えている範囲について，変数 x を少しずつずらしながら足し算を行う積分計算を使用します。そうすると

$$V=\int_{\infty}^{r}\left(-k\frac{Q}{x^2}\right)dx$$

← 外力は考えている座標軸の負の向きにはたらいているので，$-k\frac{Q}{x^2}$ としています。

$$=-kQ\left[-x^{-1}\right]_{\infty}^{r}$$

$$=k\frac{Q}{r}$$

9 電場・電位の合成

ここでは，電場や電位の足しあわせについて，問題を通して考えていきましょう。まずは，今まで学習してきたことがらについて復習しておきます。

復習 電場，電位の定義

P.17 P.32 P.33

電場 ⇒ ＋1Cの受ける力

電位 ⇒ ＋1Cのもつ位置エネルギー

電気量 Q の点電荷から距離 r の点においては

電場の強さ $E=k\frac{Q}{r^2}$

電位 $V=k\frac{Q}{r}$ （無限遠が基準）

やってみよう Q

図のように，xy 平面上の点(0, a)に$+Q$〔C〕，点(0, $-a$)に$-Q$〔C〕の点電荷を固定する。クーロンの法則の比例定数を k〔N･m^2/C^2〕として，次の問いに答えよ。

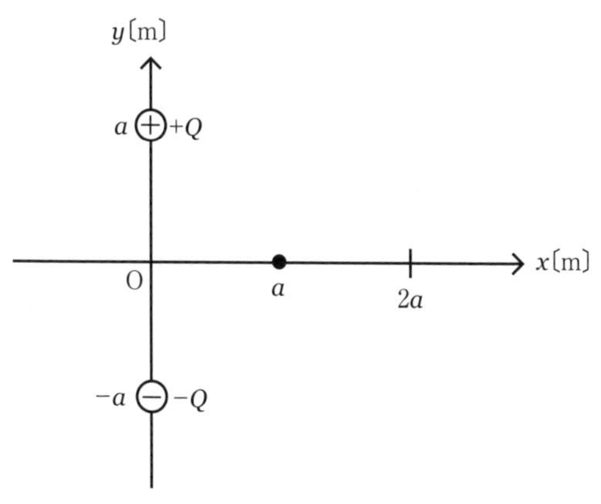

つづき Q

(1) 点$(a, 0)$における電場の向きと強さ E〔V/m〕を求めよ。

電場とは，**＋1Cの受ける力**のことなので，点$(a, 0)$に＋1Cをおいてみましょう。すると，$+Q$〔C〕の点電荷と$-Q$〔C〕の点電荷の2つの点電荷から力を受けていることがわかります。

まず，$+Q$〔C〕の点電荷から受ける力は斥力なので，向きは右下(x軸に対して$-45°$)の向きとなります。

次に，$+Q$〔C〕の点電荷が作る電場の強さE_1〔V/m〕を求めます。$+Q$〔C〕の点電荷からの距離は$\sqrt{2}a$なので，クーロンの法則または復習でまとめた電場の強さの式$E = k\dfrac{Q}{r^2}$に，$r = \sqrt{2}a$を代入して

$$E_1 = k\frac{Q}{(\sqrt{2}a)^2}$$

となります。

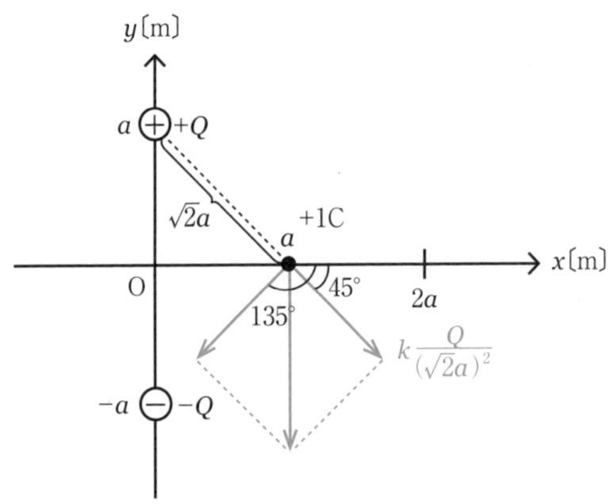

同様にして，$-Q$〔C〕の点電荷から受ける力は引力なので，左下(x軸に対して$-135°$)の向きとなります。

電場の強さE_2〔V/m〕を考えると，$+Q$〔C〕の点電荷と$-Q$〔C〕の点電荷はx軸に対して対称の位置にあり，点電荷までの距離はどちらも$\sqrt{2}a$なのでE_1と同じ値になります。

$$E_2 = E_1 = k\frac{Q}{(\sqrt{2}a)^2}$$

最後に，この２つの電場を足しあわせましょう。電場は＋１Ｃの受ける力なので，足しあわせる場合には**ベクトル和**となります。

したがって，電場の向きは y 軸方向負の向きとなり，電場の強さ E〔V/m〕は，正方形の対角線となっているので，１辺の長さの $\sqrt{2}$ 倍になりますね。

解答

$$E=k\frac{Q}{(\sqrt{2}a)^2}\times\sqrt{2}=\frac{kQ}{\sqrt{2}a^2}$$

y 軸方向負の向きに $\frac{kQ}{\sqrt{2}a^2}$ ……答

つづき Q

(2) 無限遠を基準として，点$(a,\ 0)$における電位 V〔V〕を求めよ。

同じ点での電位を求めましょう。電荷を１つずつ考えて，あとで合成していきます。

解答

$+Q$〔C〕の点電荷による電位：$V=k\frac{Q}{r}$に値を代入して

$$V_1=k\frac{Q}{\sqrt{2}a}$$

$-Q$〔C〕の点電荷による電位：同様にして

$$V_2=k\frac{-Q}{\sqrt{2}a}$$

これらを合成しましょう。**電位は＋1C のもつ位置エネルギー**なので，向きをもたない**スカラー量**です。つまり，足しあわせる場合は**スカラー和**なので，単純に足し算をして求めることができますよ。

$$V=V_1+V_2=k\frac{Q}{\sqrt{2}a}+k\frac{-Q}{\sqrt{2}a}=0$$

$V=0$ ……答

POINT

電場の合成　⇒　ベクトル和
電位の合成　⇒　スカラー和

つづき Q

(3) 点$(2a,\ a)$に$+q$〔C〕の電荷をおきます。この電荷がもつ静電気力による位置エネルギーU〔J〕を求めよ。

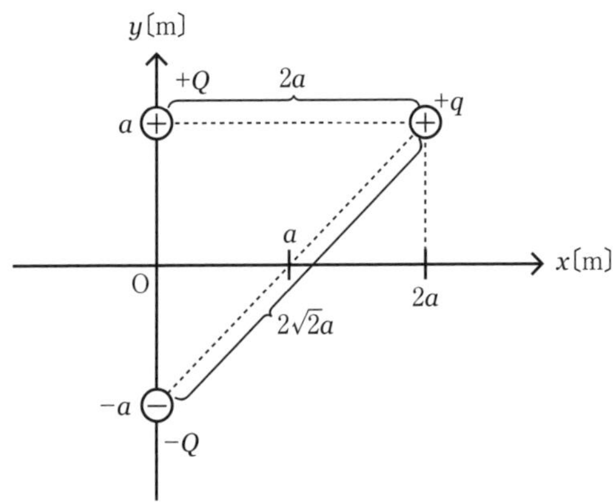

この場合は，まず考えている場所での電位を求めます。

解答　点$(2a,\ a)$での電位をV_3〔V〕とすると，(2)と同様に2つの点電荷からの電位を足しあわせて

$$V_3 = k\frac{Q}{2a} + k\frac{-Q}{2\sqrt{2}a}$$

$$= \frac{kQ(\sqrt{2}-1)}{2\sqrt{2}a}$$

V_3は，$(2a,\ a)$に$+1$Cの電荷をおいたときの位置エネルギーなので，$+q$〔C〕の電荷をおいたときの静電気力による位置エネルギーU〔J〕は，V_3をq倍にして

$$U = \frac{kqQ(\sqrt{2}-1)}{2\sqrt{2}a}$$

$$\boldsymbol{\frac{kqQ(\sqrt{2}-1)}{2\sqrt{2}a}}$$ ……答

補足

上の答えは，さらに分母と分子を$\sqrt{2}$倍して，$U = \dfrac{kqQ(2-\sqrt{2})}{4a}$としてもよい。

10 電場と電位

▽解説動画

\押さえよ/

→

一様な電場と電位

電場の強さ　$E=\dfrac{\text{電位差}V}{\text{距離}d}$

電場の向き　高電位 ⇒ 低電位

2点間の電位の差を電位差，または電圧といいます。電場と電位の関係について，具体例を用いて考えてみましょう。

\やってみよう/ Q

図のように，x 軸の負の向きに一様な電場 E〔V/m〕が生じています。$x=0$ を電位の基準とし，2点A，Bの x 座標を x_A，x_B〔m〕として，次の問いに答えよ。

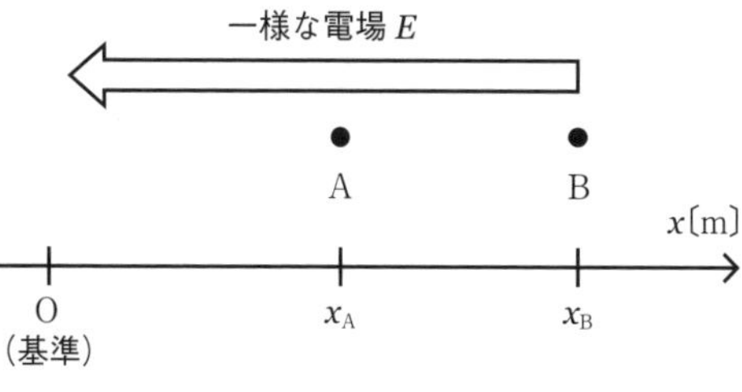

\つづき/ Q

(1) A，Bにおける電位 V_A，V_B〔V〕をそれぞれ求めよ。

電位とは，**＋1Cの電荷を基準点から考えている点まで運ぶときに外力がした仕事**として表されます。

したがって，電位 V_A，V_B は 基準点 $x=0$ からAやBまで+1Cの電荷を運んだとき，外力のした仕事を求めればいいのです。

次のページの図のように，+1Cの電荷にはたらく静電気力は，x 軸負の

向きに大きさ $1E$ となります。このとき，電荷を動かすのに必要な外力は，x 軸正の向きに大きさ $1E$ となります。

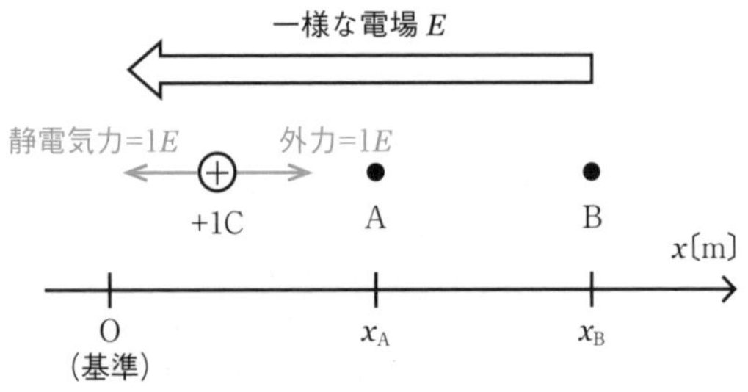

したがって，基準点 $x=0$ から A，B まで +1C の電荷を運ぶとき，外力のした仕事 V_A，V_B は，次のようになります。

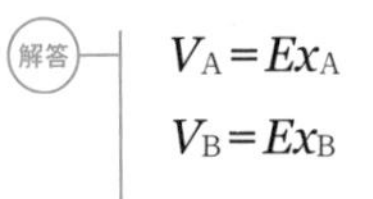

解答

$V_A = Ex_A$

$V_B = Ex_B$

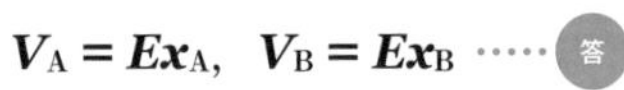

$\boldsymbol{V_A = Ex_A}$，$\boldsymbol{V_B = Ex_B}$ ……答

つづき Q

(2) A，B のどちらが高電位か。

解答

(1)の結果について，$x_A < x_B$ であるので，$V_A < V_B$ となり，B のほうが高電位であることがわかる。

B ……答

つづき Q

(3) 2 点 A，B 間の距離 d〔m〕と電位差 V〔V〕との関係を求めよ。

電位差 V は 2 点 A，B の電位の差です。

解答

大きい値 V_B から小さい値 V_A を引いて

$$V = V_B - V_A$$
$$= E(x_B - x_A)$$

ここで，$d = x_B - x_A$ だから

$$V = Ed$$

$\boldsymbol{V = Ed}$ ……答

(4) 位置 x〔m〕に対する電位 V〔V〕の変化を表すグラフをかけ。また，グラフの傾きは何を表すか。

解答

(1)で求めた値を座標として記入しグラフをかく。

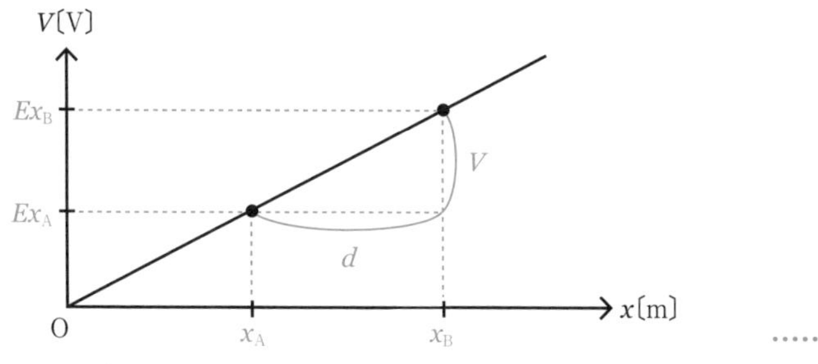

……答

$x_B - x_A$ は距離 d を表し，$Ex_B - Ex_A$ は(3)より電位差 V を表すので，グラフの傾き $\frac{V}{d}$ は電場の強さ E を表している。

電場の強さ ……答

以上の解答より，一様な電場と電位との関係についてまとめると，次のようになります。

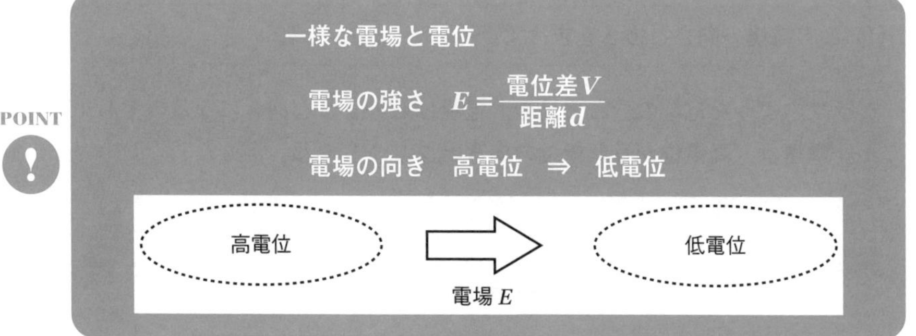

POINT
一様な電場と電位
電場の強さ　$E = \frac{電位差V}{距離d}$
電場の向き　高電位 ⇒ 低電位
高電位
低電位
電場 E

11 電荷が電場からされる仕事

\押さえよ/

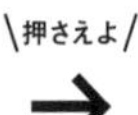

電荷が電場からされる仕事　$W = qV$

電荷が電場の中にあるとき，電荷には静電気力がはたらきます。この静電気力がする仕事について，具体例を用いて考えてみましょう。

\やってみよう/ **Q**

x 軸方向に一様な電場が生じており，位置座標 x〔m〕とその点の電位 V〔V〕との関係は，右の図で表される。

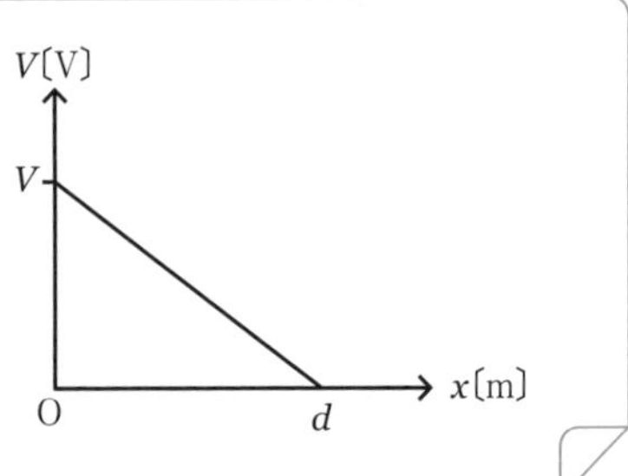

\つづき/ **Q**

(1) この電場の向きと強さを求めよ。

グラフのような電位の分布の場合，電場はどのような向きになるのでしょうか。**電場**は，**高電位から低電位の向き**となりましたね。

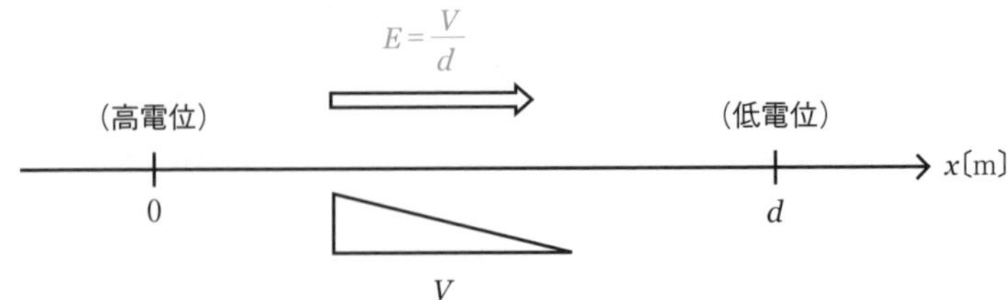

※本書では，◺の太い方を高電位とします。
正式な記号ではありません。

解答　$x=0$ の電位は V〔V〕，$x=d$〔m〕の電位は 0〔V〕だから電場の向きは x 軸方向正の向き。
電場の強さ E は，電位差の関係式 $V=Ed$ より

$$E=\frac{V}{d}$$

向き：x 軸方向正の向き，強さ：$\frac{V}{d}$〔V/m〕……答

質量 m〔kg〕，電荷 q〔C〕の陽イオンが，x 軸に沿って負の側から進んできて，原点Oを速さ v_0〔m/s〕で通過した。
(2) 陽イオンが電場から受ける力の向きと大きさを求めよ。

問題文の内容を図で表すと，次のようになります。

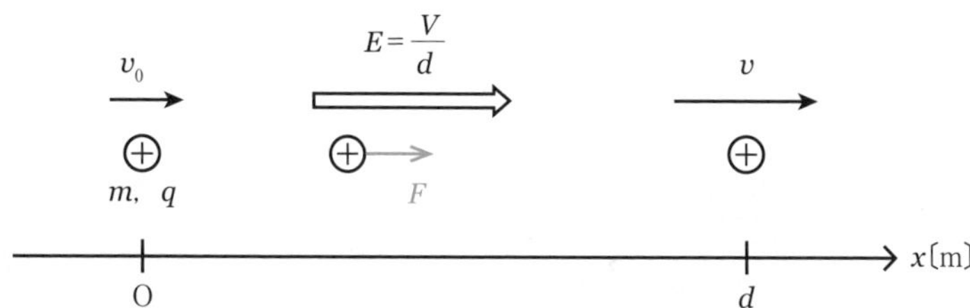

正の電荷が電場から受ける力は，電場と同じ向きでしたね。

解答　陽イオンが電場から受ける力の向きは，x 軸方向正の向き。
陽イオンが電場から受ける力 F は，(1)の結果を用いて

$$F=qE=q\cdot\frac{V}{d}$$

向き：x 軸方向正の向き，大きさ：$\frac{qV}{d}$〔N〕……答

\ つづき /
Q

(3) 陽イオンが $x=0$ から $x=d$〔m〕まで進む間に電場からされる仕事 W〔J〕を求めよ。

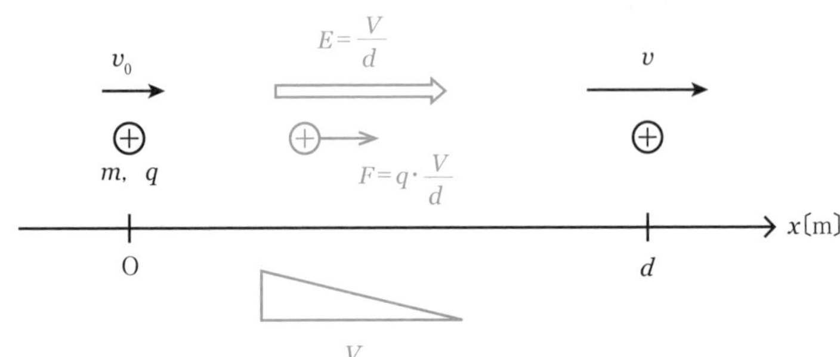

解答

陽イオンは，電場から $F=q\cdot\dfrac{V}{d}$ の力を受け，その力の向きに距離 d だけ進んだので

$$W=F\cdot d=\frac{qV}{d}\times d=qV$$

$\boldsymbol{W=qV}$ ……答

POINT

電荷が電場からされる仕事　$W=qV$

\ つづき /
Q

(4) 陽イオンが $x=d$〔m〕の点を通過する速さ v〔m/s〕を求めよ。

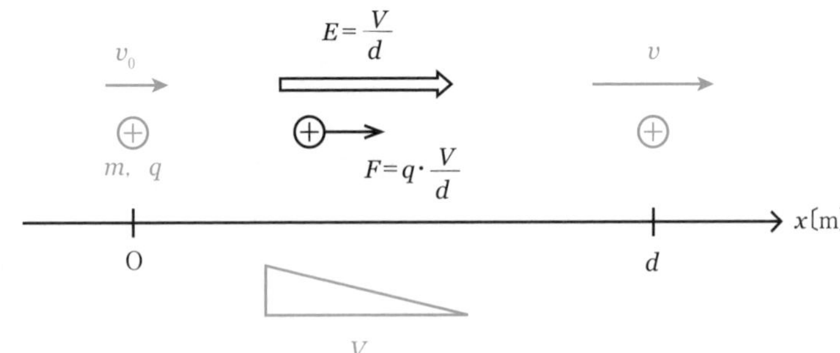

順を追って，運動の流れを確認していきましょう。原点Oで速さ v_0 だった陽イオンは電場から仕事 $W=qV$ を受けて，$x=d$ で速さ v になりました。ですから，エネルギーと仕事の関係を用いて v を求めることができます。

復習 P.30 エネルギーと仕事の関係

（はじめのエネルギー）＋（外からされた仕事）＝（あとのエネルギー）

解答 エネルギーと仕事の関係より

$$\frac{1}{2}mv_0^2+qV=\frac{1}{2}mv^2$$

$v>0$ より

$$v=\sqrt{v_0^2+\frac{2qV}{m}}$$

$$\boldsymbol{v=\sqrt{v_0^2+\frac{2qV}{m}}}$$ ……答

12 等電位面

\押さえよ/

電気力線（りきせん）と等電位面は垂直

等電位面とは何か？

点電荷のまわりの電位 V は，無限遠を基準にとると，$V=k\dfrac{Q}{r}$ で表されるので，V は距離 r に対して反比例となります。したがって，グラフは図2のようになりますね。

グラフより，正電荷のまわりの電位は正で，正電荷に近づくほど電位は高くなることがわかります。逆に，負電荷のまわりの電位は負で，負電荷に近づくほど電位は低くなります。

電位の等しい点を連ねた面を等電位面といいます。図1では，一定ごとの電位についての等電位面を，電気力線とあわせてかいてあります。

図1より，点電荷の場合の等電位面は，点電荷を中心として同心円状(立体的には球面状)になっていることがわかります。

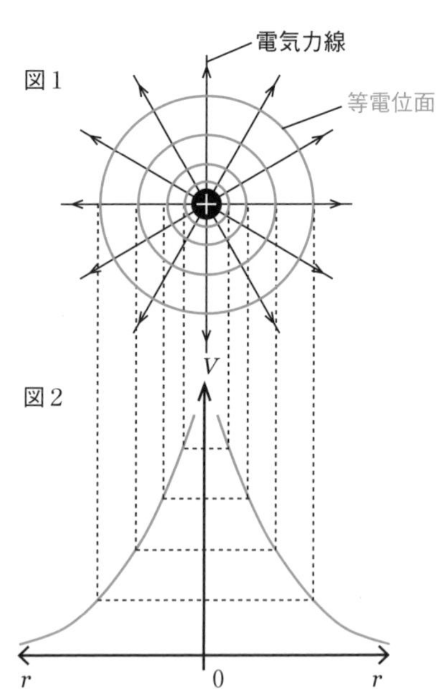

電気力線（りきせん）と等電位面の位置関係について考えよう

電気力線は電場の向き，すなわち＋1Cの電荷をおいたときにはたらく静電気力の向きを表しています。したがって，電気力線に垂直な方向には，静電気力や静電気力につりあう外力の成分はないので，**電気力線に垂直な方向に＋1Cの電荷を動かしても静電気力(外力)は仕事をしません。**

よって，**電気力線に垂直な方向は等電位**となります。すなわち，電気力線と等電位面は垂直になるのです。

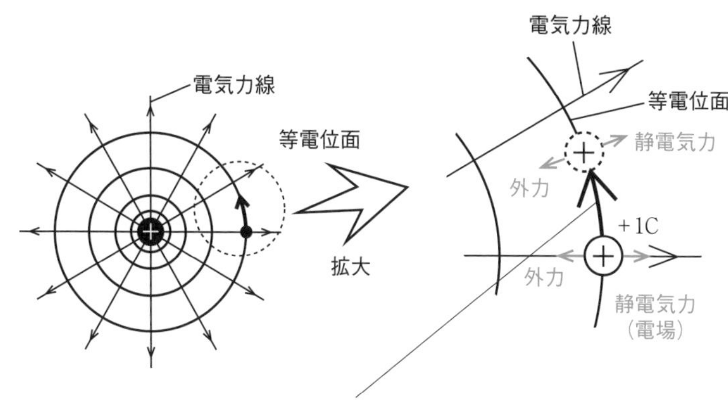

POINT

電気力線と等電位面は垂直

やってみよう Q

図のように，正負等量の点電荷が平面上に固定されている。曲線は点電荷による電気力線である。

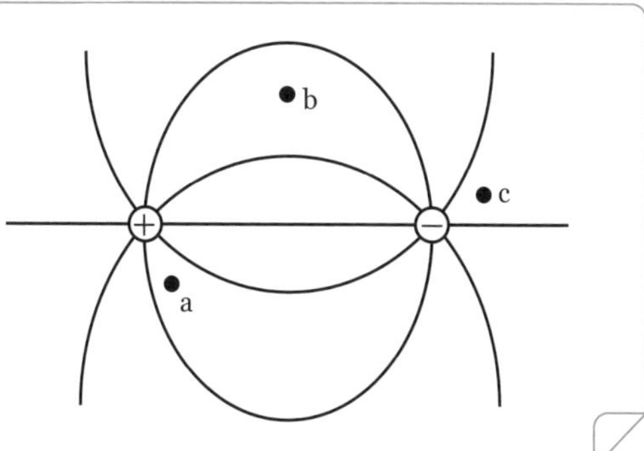

つづき
Q (1) 電気力線の向きを矢印で記入せよ。

電気力線は，正の電荷から出て，負の電荷に入ります。

解答

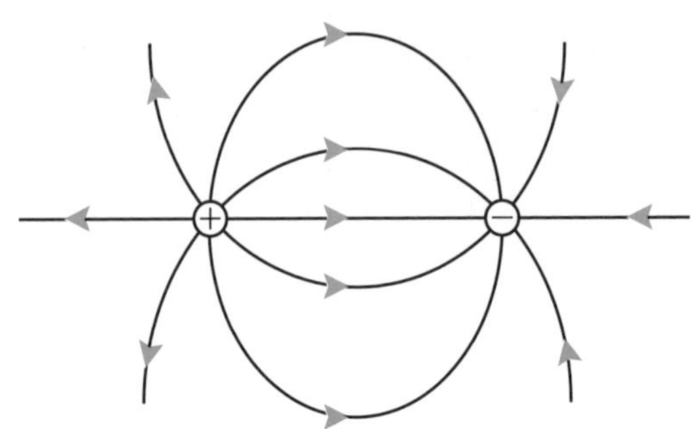

……答

つづき
Q (2) a，b，c の各点を通る等電位線を記入せよ。

等電位線と電気力線は垂直なので，各点 a，b，c を通って電気力線に垂直となるように線を引きます。

解答

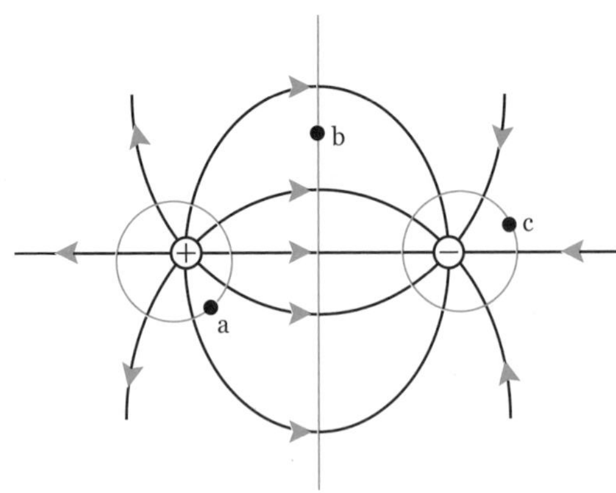

……答

＼つづき／
Q

点 a の電位を V，点 b の電位を 0，点 c の電位を $-V$ とする。
(3) 正電荷 $+q$ を a，b，c の各点においたとき，この電荷がもつ静電気力による位置エネルギー U_a，U_b，U_c をそれぞれ求めよ。

電位は＋1C の電荷がもつ静電気力による位置エネルギーなので，正電荷 $+q$ の静電気力による位置エネルギーは，各点の電位の q 倍になります。

解答

$U_a=qV$

$U_b=0$

$U_c=q(-V)=-qV$

$\boldsymbol{U_a=qV}$，$\boldsymbol{U_b=0}$，$\boldsymbol{U_c=-qV}$ …… 答

＼つづき／
Q

(4) 正電荷 $+q$ を点 c から点 a に運ぶとき，必要な仕事 W を求めよ。

エネルギーと仕事の関係を用いて考えましょう。

(はじめのエネルギー)＋(外からされた仕事)＝(あとのエネルギー)

ここで，(はじめのエネルギー)は U_c，(外からされた仕事)は W，(あとのエネルギー)は U_a ですね。

解答

エネルギーと仕事の関係より

$$U_c+W=U_a$$

$$-qV+W=qV$$

$$W=2qV$$

$\boldsymbol{W=2qV}$ …… 答

13 導体の性質

▼解説動画

＼押さえよ／

導体の性質(静電状態)

① **導体内部の電場は0で導体全体は等電位。**

② **電荷は導体の表面に分布**

→電気力線(りきせん)は物体の表面に垂直で，導体内部には入り込めない。

導体とは何か？

電気をよく通す物質を導体といいます。金属は導体です。これは，金属内に自由に移動することのできる電子(自由電子)があって，この自由電子によって電気が運ばれているためです。

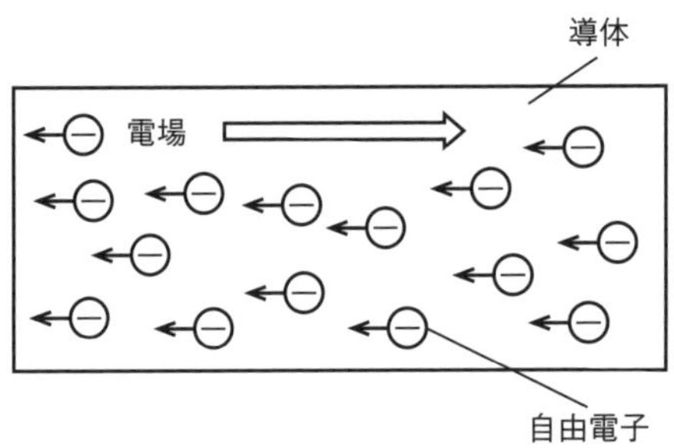

静電誘導とは何か？

次ページの図のように，右向きの電場中に導体を置くと，導体中の自由電子が電場から力を受けて電場と逆向きに移動します。すると，導体の左の表面には自由電子が，右の表面には陽イオンが現れます。導体表面に現れた電荷は，外部の電場を打ち消す向き，すなわち，導体内部に左向きの電場を作ります。導体内部に電場が少しでも残っている間は，自由電子は移動し続け，導体内部の電場が0となったところで，自由電子の移動が終わります。

この現象を**静電誘導**とよびます。**電荷の移動が終わった状態**(**静電状態**)では，**導体内部の電場は0**になります。

次に，静電状態の導体に＋1Cの電荷を置き，この電荷を動かすための仕事について考えてみましょう。この電荷にはたらく力，すなわち静電気力は0なので，動かすのに必要な外力も0です。

したがって，導体内部で＋1Cの電荷を動かすために，外力がした仕事は0となるので，導体内部では電位差がなく，**導体全体は等電位**となるのです。

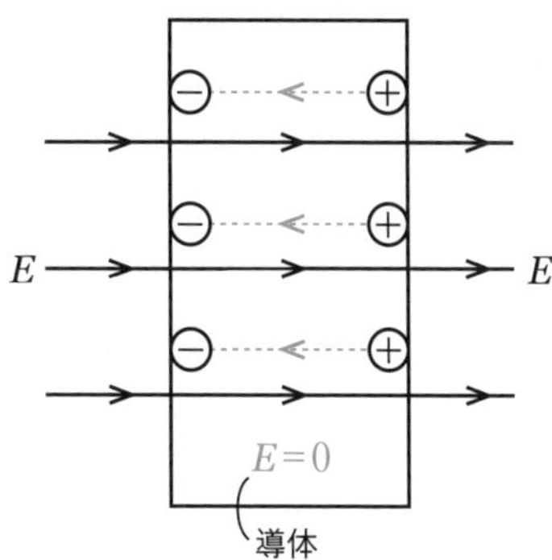

導体に電荷を与えるとどうなるか？

はじめ電気的に中性であった導体に電荷を与えると，**電荷は必ず物体の表面に分布**します。これは背理法によって示されます。仮に物体内部に電荷が分布すると考えると，そこから電気力線(りきせん)（電場）が生じてしまい，静電状態では電場が0であることと矛盾しますね。

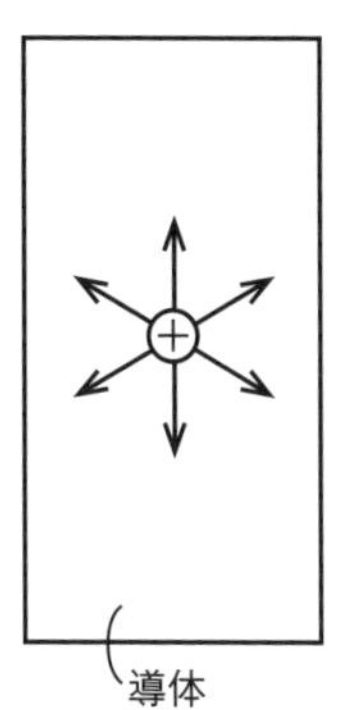

導体内に電荷があると，そこから
電気力線（電場）が生じてしまい矛盾する

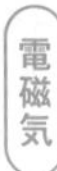

静電状態での導体の性質をまとめてみよう

POINT

導体の性質（静電状態）

① 導体内部の電場は0で導体全体は等電位。

② 電荷は導体の表面に分布

→電気力線(りきせん)は物体の表面に垂直で，導体内部には入り込めない。

導体の内部の電場は0なので，**電気力線は内部に入り込めません**。また，**導体全体は等電位**であることから，**導体の表面は，ひとつの等電位面**であることがわかりますね。したがって，電気力線と等電位面は垂直なので，**電気力線は導体表面と垂直**になります。

静電しゃへいとは何か？

導体内部に空洞がある場合，外部の電気力線は導体に入り込めないので，空洞部分の電場は0になります。このように，**導体で囲むことにより外部の電場をさえぎるはたらき**を**静電しゃへい**といいます。

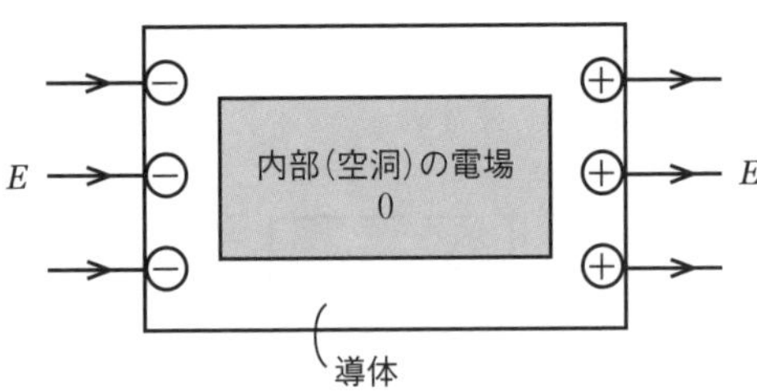

14 箔検電器

箔検電器は，物体が帯電しているかどうかを調べるための装置です。物体を箔検電器の金属板に近づけたときの箔の開きかたから，物体の帯電の程度を判定することができます。

問題を解きながら，箔検電器について学習していきましょう。

次の図は，箔検電器とよばれる装置であり，箔の開きかたから，電荷の有無や帯電の程度を知ることができる。箔検電器を用いた(1)～(4)の一連の実験について，自由電子の移動の様子と箔の開きかたを答えよ。

はじめ，箔検電器に電荷は蓄えられておらず，箔は閉じていた。

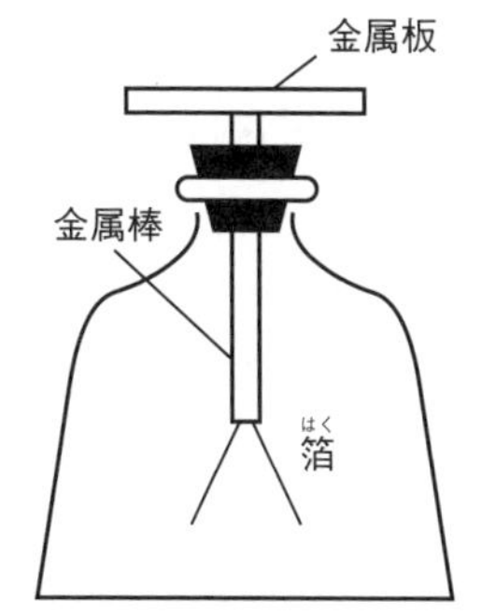

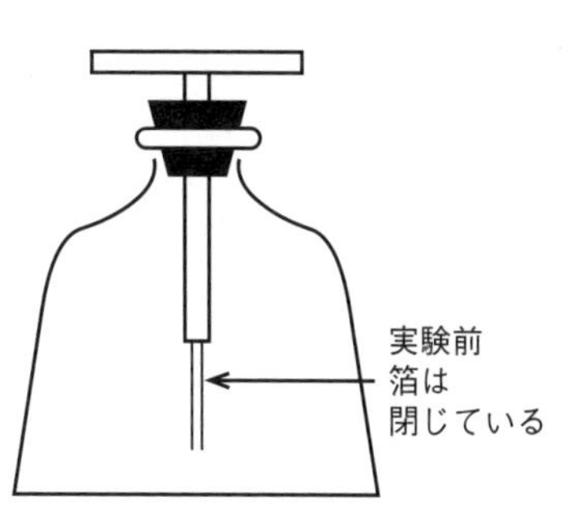

つづき Q

(1) 負の帯電棒を金属板に近づける。

金属板，金属棒，箔はひとつづきの導体となっています。ここに負の帯電棒を近づけると，金属板内の自由電子は，帯電棒の負の電荷と反発して遠ざかるため，箔の部分に移動します。したがって，２枚の箔に移動した自由電子どうしは反発して箔は開きます。

このとき，金属板では自由電子の移動により自由電子が不足しているので，正に帯電します。

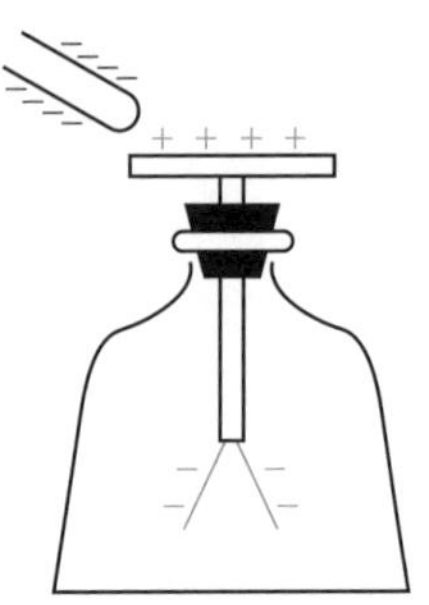

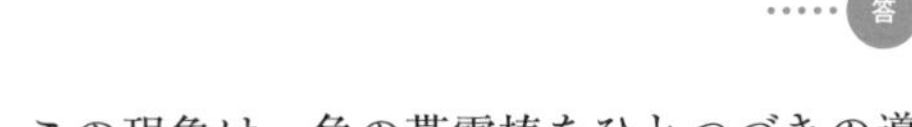

金属板の自由電子が箔へ移動し箔は開く。……答

この現象は，負の帯電棒をひとつづきの導体に近づけたことによる静電誘導と見なすことができます。

(2) 帯電棒を近づけたまま，金属板に指を触れる。

人間の体は１つの導体として考えることができるので，指で触れると，金属板，金属棒，箔，人間の体はひとつづきの導体となります。箔にあった自由電子は，負の帯電棒からより遠ざかろうとするので，人体の方へ移動していきます。

よって，箔は電気的に中性となり，閉じてしまいます。一方，金属板の近くには負の帯電棒があるので，金属板は＋に帯電したままとなります。

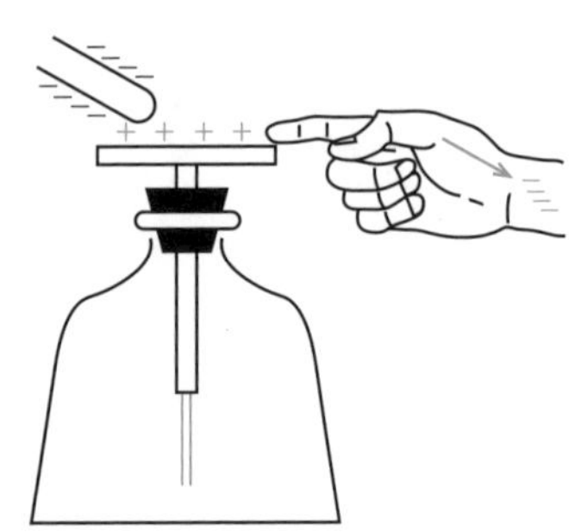

箔の自由電子が人の体へ移動し箔は閉じる。……答

(3) 指を離してから負の帯電棒を遠ざける。

指を離すと，箔検電器は電気的に独立し，負の帯電棒を遠ざけると，金属板にあった＋の電荷が，導体全体の表面に広がります。すると，２枚の箔も＋に帯電するため少し開きます。これを自由電子の移動で解釈すると，箔の自由電子が金属板へ移動したと考えることができます。

解答

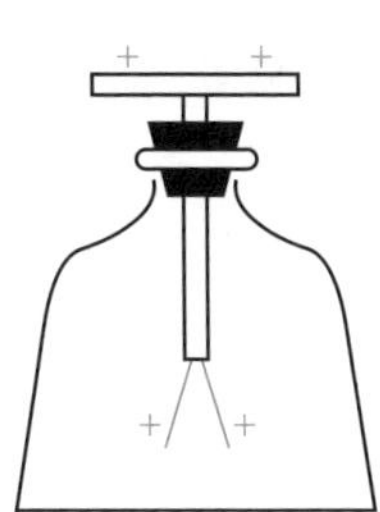

箔の自由電子が金属板へ移動し箔は少し開く。

金属内を移動できるのは自由電子だけであって，陽イオンは移動できません。ですから，このような電荷の移動を考えるときは，陽イオンではなく自由電子の移動で考えるようにするのです。

つづき Q

(4) 正の帯電棒を金属板に近づける。

正の帯電棒を金属板に近づけると，箔検電器内の自由電子は金属板の方に引き寄せられます。したがって，箔は先ほどよりも，多く正に帯電することになり，箔は大きく開きます。

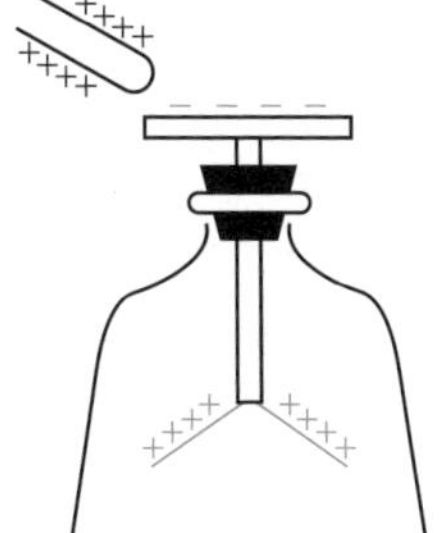

箔の自由電子がさらに金属板へ移動し箔は大きく開く。

15 平行板コンデンサー①

▼解説動画

平行板コンデンサーとは何か？

2枚の金属板（極板）を近づけて平行に置いたものを平行板コンデンサーといい，**電荷を蓄える性質**をもっています。

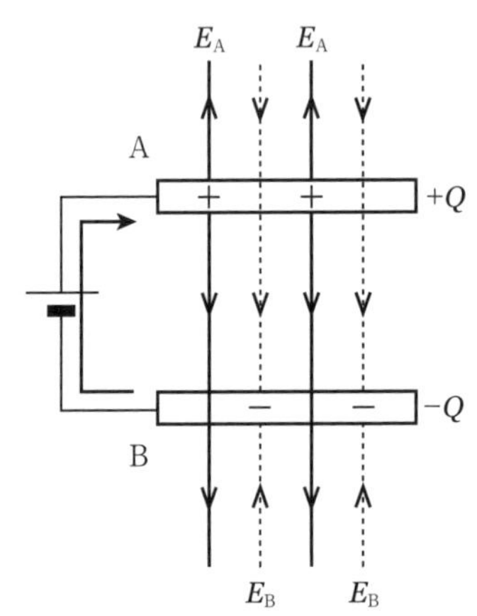

はじめ電荷を蓄えていない極板A，Bに電池をつなぎます。このとき，電池は正の電荷を低電位側の極板Bから高電位側の極板Aに運ぶはたらきをします。そのため，Aは正(+)，Bは負(−)に帯電し，極板間には電位差が生じます。

AB間の電位差が電池の電位差と等しくなったところで電荷の移動は完了し，Aには$+Q$〔C〕，Bには$-Q$〔C〕の電荷が蓄えられます。

この**電荷を蓄える過程**のことを充電といいます。

極板間隔に比べて，極板面積S〔m^2〕が十分に大きいとき，極板に蓄えられた電荷によって生じる**電場は極板に対して垂直**になります。

平行板コンデンサーが作る電場について考えよう

ここから先は，極板のまわりの電場について考えていきます。2つの極板を同時に考えていくと混乱してしまうので，1つずつ考えていきましょう。電場の強さを求めるにはガウスの法則を用いればよいですね。

復習

P.25

ガウスの法則の使いかた

電場の強さ E = 1 m^2 あたりの電気力線の本数

極板 A が単独で置かれていると考えた場合

まず，極板 A のまわりの電場の強さ E_{A} を求めてみましょう。ただし，クーロンの法則の比例定数を k〔N・m^2/C^2〕とします。

A から出ている電気力線は右図のようになりますね。そして，A の上下にある電場の強さ E_{A} は，ガウスの法則を用いれば求めることができます。A から上下に出ている電気力線の総数は $4\pi kQ$ 本なので，E_{A}，すなわち，1m^2 あたりの本数は，$4\pi kQ$ を A の上下の面積 $2S$〔m^2〕で割れば求められます。

$$\boldsymbol{E_{\mathrm{A}}=\frac{4\pi kQ}{2S}=\frac{2\pi kQ}{S}}$$

極板 B が単独で置かれていると考えた場合

同じ要領で，極板 B のまわりの電場の強さ E_{B} を求めてみましょう。

B のまわりの電気力線は右図のようになりますね。ガウスの法則より，B に入る電気力線は上下で $4\pi kQ$ 本ですので，$2S$ で割って

$$\boldsymbol{E_{\mathrm{B}}=\frac{4\pi kQ}{2S}=\frac{2\pi kQ}{S}}$$

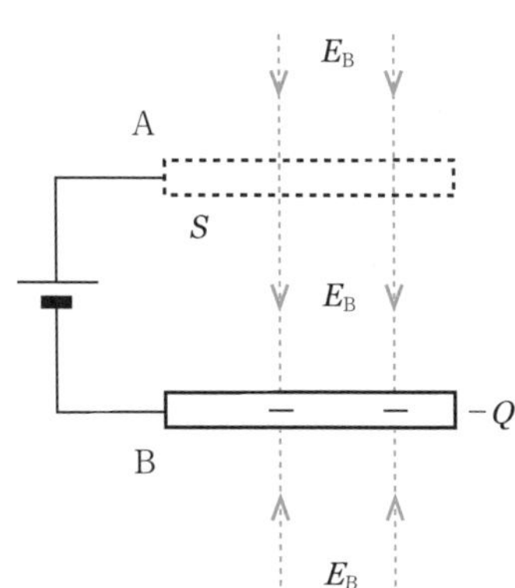

ここで，前ページの２つの図をあわせると，右図のようになり，極板の外側では，それぞれの極板からの電気力線が逆向きとなっていて，打ち消しあってしまうことがわかります。

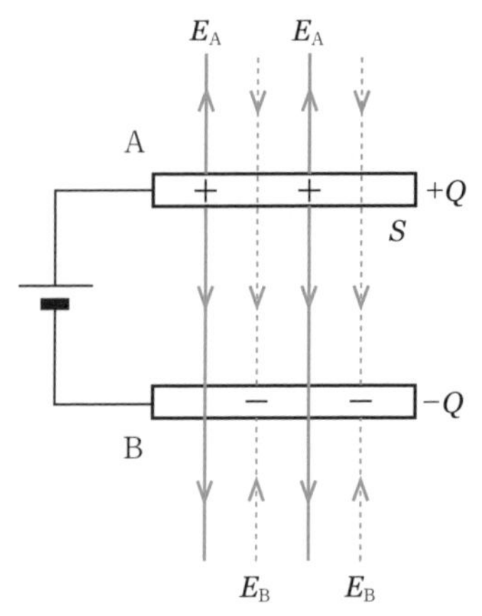

したがって，平行板コンデンサーで実際に**電場が生じているのは極板間だけ**であり，どちらの電場も下向きになっているので，その電場の強さ E は

$$\boldsymbol{E=E_A+E_B=\frac{4\pi kQ}{S}}$$

また，電場の向きは A→B となります。

簡略化して考えてみよう

以上より，極板間にしか電気力線は存在していないため，A にある $+Q$〔C〕**からわき出した $4\pi kQ$ 本の電気力線は B にある $-Q$〔C〕にすべて吸い込まれる**と考えることができます。

このとき，電気力線が出ているのは A の下の部分だけなので，$4\pi kQ$ 本の電気力線がある面積は S〔m²〕と考えて，ガウスの法則より $E=\dfrac{4\pi kQ}{S}$ と求めることができます。

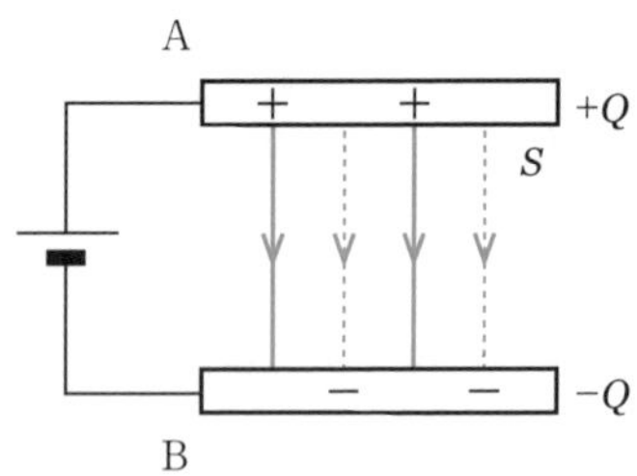

16 平行板コンデンサー②

平行板コンデンサーの基本式

蓄えられる電気量Q

$$Q=CV$$

電気容量C

$$C=\varepsilon\frac{S}{d}\quad(\varepsilon：誘電率)$$

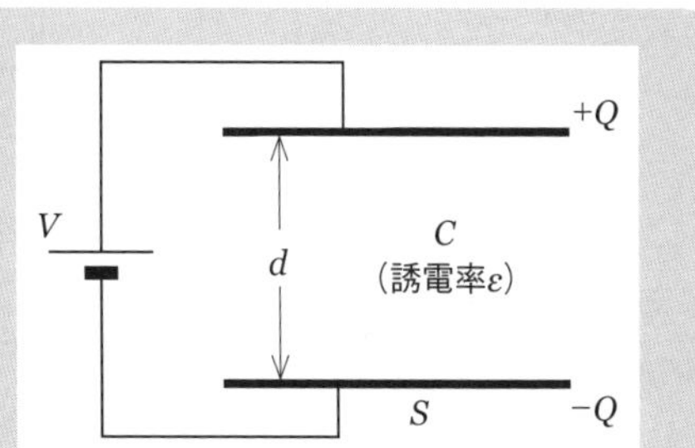

平行板コンデンサーの基本式を導こう

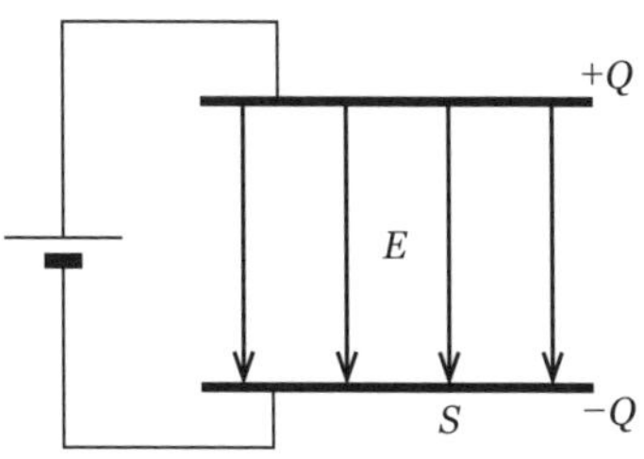

極板面積S〔m^2〕の平行板コンデンサーを電池で充電し，電荷Q〔C〕を蓄えました。ちなみに**コンデンサーが電荷Q〔C〕を蓄えた状態**とは，**向かいあった極板に$+Q$〔C〕，$-Q$〔C〕の電荷を蓄えた状態**のことをいいます。

まず，極板間の電場の強さE〔V/m〕を求めてみましょう。ここでは，**15**で学習した簡略化した方法で考えてみます。上の極板から出た$4\pi kQ$本の電気力線(りきせん)は，下の極板にすべて吸い込まれたと考えて，ガウスの法則より

$$E=\frac{4\pi kQ}{S}$$

となりますね。次に，極板間の電場は一様なので，極板間の電位差V〔V〕は極板間隔d〔m〕を用いて

$$V=Ed=\frac{4\pi kQd}{S}$$

と表されます。

したがって，コンデンサーに蓄えられる電気量Q〔C〕は，$V=\frac{4\pi kQd}{S}$を式変形して

$$\boldsymbol{Q=\frac{S}{4\pi kd}\cdot V}$$

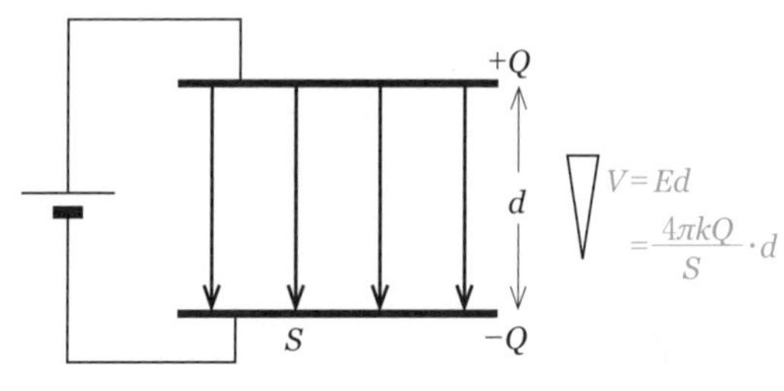

このとき，k，d，Sは定数なので，QはVに比例することがわかります。$\boldsymbol{\frac{S}{4\pi kd}}$はコンデンサーによって決まる定数であり，これを$C$とおくと

$$\boldsymbol{Q=CV} \quad \text{ただし} \quad \boldsymbol{C=\frac{S}{4\pi kd}} \quad \cdots①$$

と表されます。ここで，$\boldsymbol{C}$をコンデンサーの**電気容量**といいます。

電気容量Cについて，さらにくわしく見ていきましょう。①式において，kは定数なので，Cは極板面積Sに比例し，極板間隔dに反比例することがわかります。そこで，①式において，$\boldsymbol{\frac{1}{4\pi k}=\varepsilon}$ とおくと

$$\boldsymbol{C=\varepsilon\frac{S}{d}} \quad \cdots②$$

と表すことができます。②式において，$\boldsymbol{\frac{S}{d}}$**はコンデンサーの形状**を表します。また，ε（イプシロン）は，kがクーロンの法則の比例定数，すなわち電荷のまわりの物質により決まる定数なので，**$\boldsymbol{\varepsilon}$は極板間の物質によって決まる定数**となっています。この$\boldsymbol{\varepsilon}$を極板間の物質の**誘電率**といいます。

POINT

電気容量　$C=\varepsilon\frac{S}{d}$　（ε：誘電率）

ここまでの過程は，ただ暗記するのではなく道すじをしっかり理解して，再現できるようにしておきましょうね。

電気容量の単位について考えよう

前ページで導いた $Q=CV$ の式を見ながら考えていきましょう。

電気容量 C の単位は，**極板間に 1〔V〕の電位差**($V=1$〔V〕)**を与えたとき，1〔C〕の電気量**($Q=1$〔C〕)**が蓄えられるような電気容量 C** をとって，これを **1 ファラド〔F〕**（$C=1$〔F〕）としています。1 F は実用上，大きすぎるので，**10^{-6}F** を **1 マイクロファラド〔μF〕**，**10^{-12}F** を **1 ピコファラド〔pF〕** として，これを単位に用いることが多いです。

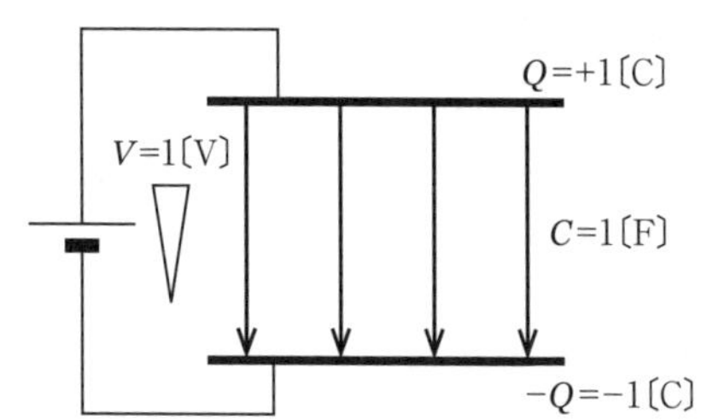

補足

ファラドに限らず，細かい数値を扱う場合は，m（ミリ），μ（マイクロ），n（ナノ），p（ピコ）を用います。

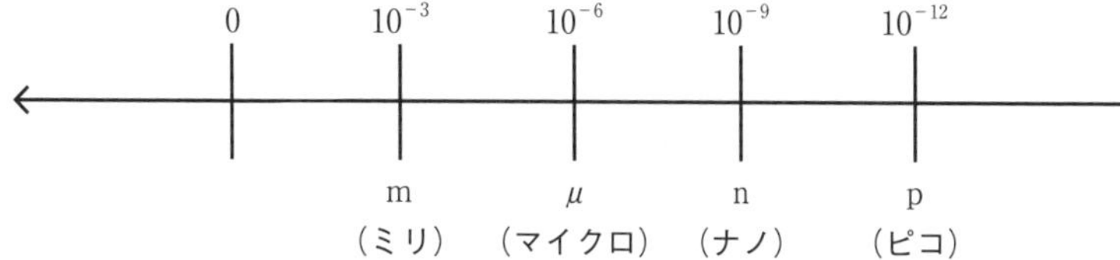

17 誘電率を用いたガウスの法則

ガウスの法則

$+Q$〔C〕の帯電体から出る電気力線(りきせん)の総本数N

$$N = 4\pi kQ = \frac{Q}{\varepsilon}$$

まずは，16の復習からです。次の問題をやってみましょう。

復習 Q

面積S，極板間隔dの平行板コンデンサーに電荷Qが蓄えられている。クーロンの法則の比例定数をkとする。

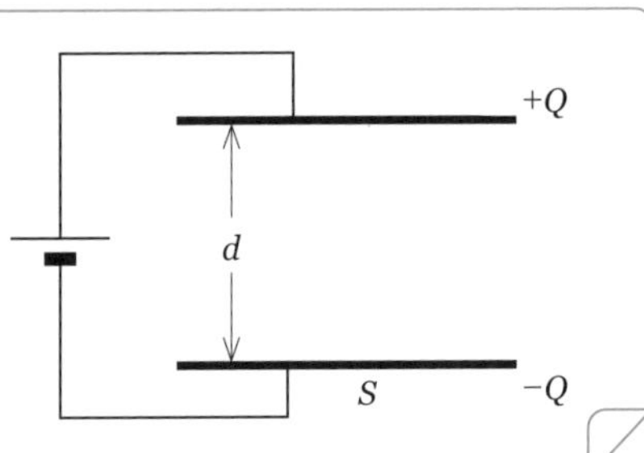

つづき Q

(1) 極板間の電場の強さEを求めよ。

上の極板に蓄えられた電荷$+Q$から出た電気力線は，下の極板に蓄えられた電荷$-Q$にすべて吸い込まれると考えます。

解答

ガウスの法則より

$$E = \frac{4\pi kQ}{S}$$

$$E = \frac{4\pi kQ}{S}$$ ……答

つづき Q (2) 極板間の電位差 V を求めよ。

解答 一様な電場において成り立つ式 $V=Ed$ に(1)の値を代入して

$$V=Ed=\frac{4\pi kQd}{S}$$

$$\boldsymbol{V=\frac{4\pi kQd}{S}}$$ ……答

つづき Q (3) 電気容量 C を求めよ。

解答 コンデンサーの基本式 $Q=CV$ より

$$C=\frac{Q}{V}=\frac{S}{4\pi kd}$$

$$\boldsymbol{C=\frac{S}{4\pi kd}}$$ ……答

つづき Q (4) 極板間の物質の誘電率 ε を求めよ。

解答 (3)の式について，$C=\varepsilon\dfrac{s}{d}$ と比較して

$$\varepsilon=\frac{1}{4\pi k}$$

$$\boldsymbol{\varepsilon=\frac{1}{4\pi k}}$$ ……答

ガウスの法則を誘電率 ε を用いて表そう

$+Q$〔C〕の帯電体から出る電気力線の総本数 N は，**$N=4\pi kQ$** になると学習しましたね。ここで，(4)の結果を用いると，$4\pi k=\dfrac{1}{\varepsilon}$ となるので電気力線の総本数 N は，$N=\dfrac{Q}{\varepsilon}$ と表すことができます。したがって，ガウスの法則は，次のようにまとめることができます。

POINT

ガウスの法則

$+Q$〔C〕の帯電体から出る電気力線（りきせん）の総本数 N

$$N = 4\pi kQ = \frac{Q}{\varepsilon}$$

電気力線の総本数 N は，誘電率 ε が与えられている場合は，$N = \dfrac{Q}{\varepsilon}$ を用い，クーロンの法則の比例定数 k が与えられている場合は，$N = 4\pi kQ$ を用いて求められます。問題に応じて使い分けるようにしましょうね。

では，誘電率 ε が与えられている問題を解いてみましょう。

やってみよう Q

面積 S，極板間隔 d の平行板コンデンサーの極板間を誘電率 ε の物質で満たし，電荷 Q を蓄えた。

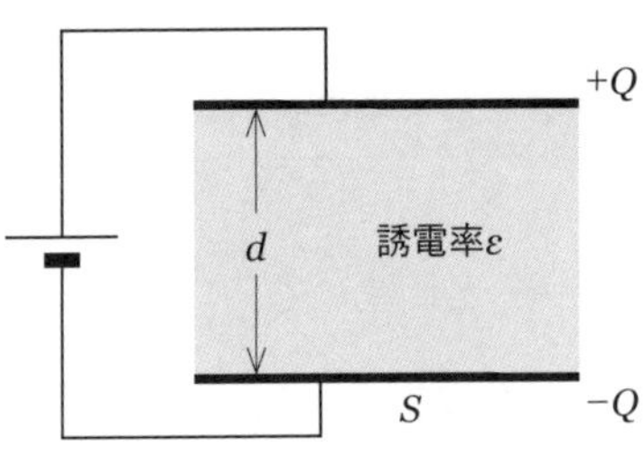

＼つづき／
Q (1) 極板間の電場の強さ E を求めよ。

誘電率 ε を用いると，電荷 $+Q$ から出て電荷 $-Q$ に吸い込まれる電気力線の総本数は $\dfrac{Q}{\varepsilon}$ 本となります。

解答 ガウスの法則より

$$E=\frac{\frac{Q}{\varepsilon}}{S}=\frac{Q}{\varepsilon S}$$

$\boldsymbol{E=\dfrac{Q}{\varepsilon S}}$ …… 答

＼つづき／
Q (2) 極板間の電位差 V を求めよ。

解答 $V=Ed$ の式に(1)の値を代入して

$$V=Ed=\frac{Qd}{\varepsilon S}$$

$\boldsymbol{V=\dfrac{Qd}{\varepsilon S}}$ …… 答

＼つづき／
Q (3) 電気容量 C を求めよ。

解答 コンデンサーの基本式 $Q=CV$ より

$$C=\frac{Q}{V}=\varepsilon\frac{S}{d}$$

$\boldsymbol{C=\varepsilon\dfrac{S}{d}}$ …… 答

18 静電エネルギー

▼解説動画

\押さえよ/

→ 静電エネルギー　$U=\frac{1}{2}QV=\frac{1}{2}CV^2=\frac{Q^2}{2C}$

コンデンサーに蓄えられているエネルギーを求めよう

次の図のように，充電されているコンデンサーに豆電球をつなぐと，一瞬光ります。これは，充電されているコンデンサーにエネルギー(静電エネルギーという)が蓄えられていたからです。

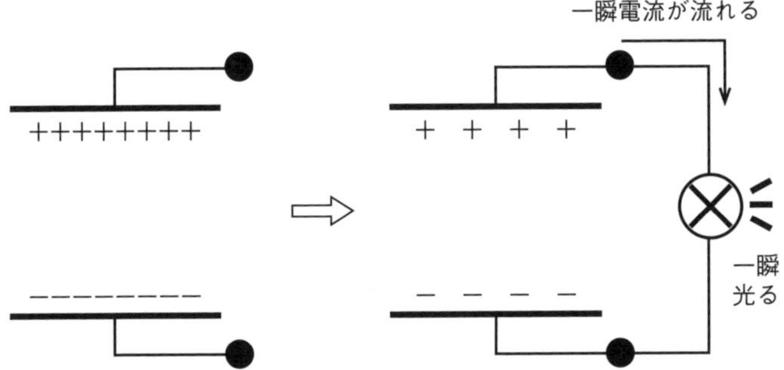

ここでは，**コンデンサーに蓄えられているエネルギー**(静電エネルギー U)を，充電に要した仕事 W から求めることを考えます。

次ページの図(a)(b)(c)のように，極板 A, B の電荷が 0 の状態(エネルギー 0 の状態)からはじめ，B から A に少しずつ電荷 Δq を運んでいく仕事を考えましょう。そして，最終的に極板 A，B の電荷がそれぞれ $+Q$，$-Q$ になるまでに要した仕事 W を求めれば，それがそのときコンデンサーに蓄えられているエネルギー U になります。下のエネルギーと仕事の関係で考えているわけです。

(はじめのエネルギー) + (外からされた仕事) = (あとのエネルギー)

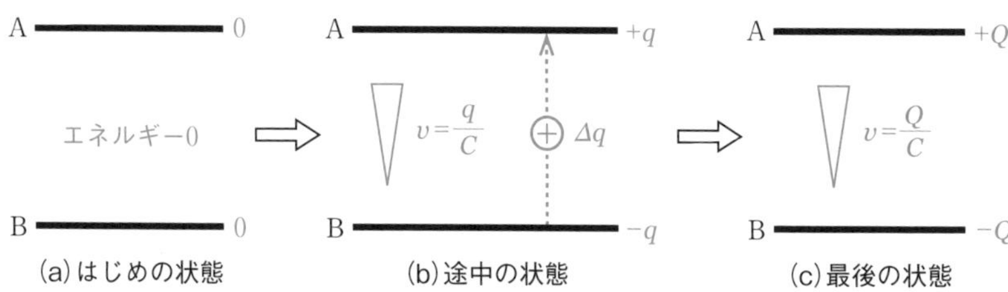

極板A，Bの電荷が0の状態(図(a)の状態)から少しずつ電荷Δqを運んでいき，Aの電荷が$+q$，Bの電荷が$-q$の状態(図(b)の状態)になったとします。このときAB間の電位差vは，コンデンサーの基本式 $Q=CV$ より

$$v=\frac{q}{C}$$

となりますね。この状態からさらに微小電荷Δqを電場に逆らって運ぶ仕事ΔWを求めてみましょう。ここで，Δqが十分小さければ，AB間の電位差vは$\frac{q}{C}$で一定とみなすことができます。仮に，Δqが大きな値だと極板の電荷が変化してしまい，AB間の電位差vも変わってしまいます。微小量を仮定することで，AB間の電位差vを一定とみなすことができるのです。

そしてΔWは，正の微小電荷Δqを，低電位側の極板Bから高電位側の極板Aに，電位差$v=\frac{q}{C}$の間を運ぶ仕事なので，$W=qV$ の関係式を用いると，次のように表されます。

$$\boldsymbol{\Delta W=\Delta q\cdot\frac{q}{C}}$$

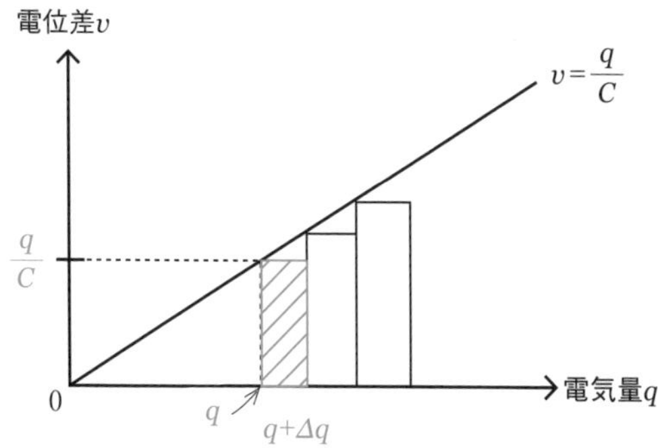

次に，v-q グラフを用いて考えてみましょう。上で考えた，$v = \dfrac{q}{C}$ の式は，C が定数なので，電位差 v は電気量 q に正比例し，原点を通る直線で表されます。また，微小電荷 Δq を移動させている間，電位差 $\dfrac{q}{C}$ は変化しないので，その間にした仕事 $\boldsymbol{\Delta W = \Delta q \cdot \dfrac{q}{C}}$ **は，グラフ中の斜線部分の長方形**で表すことができます。

さらに，電気量が $q+\Delta q$ となった状態では，電位差 $\dfrac{q+\Delta q}{C}$ が一定となり，その状態で微小電荷 Δq を移動させるのに要する仕事は，グラフ中の斜線部分の隣の長方形で表すことができます。これを電気量が Q になるまで続けると，長方形がいくつも隣りあった図形になります。

このように考えていくと，電気量 q が 0 から Q になるまでに要した**全仕事 W は，v-q グラフ中の階段状の面積の和**で表されることがわかります。

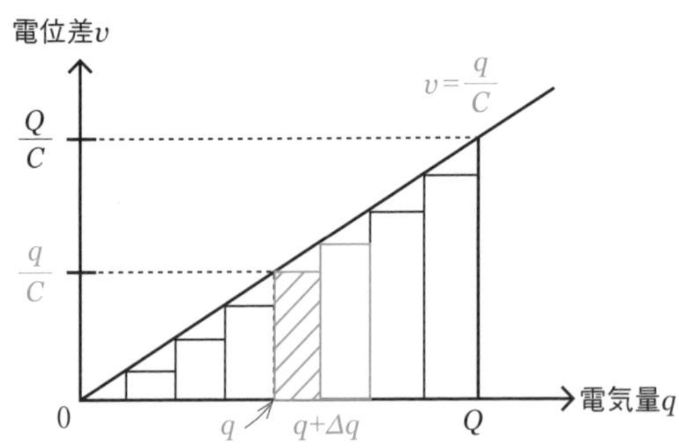

ここで，Wを正確に求めることを考えてみましょう。WはΔqを小さくしていくほど誤差が小さくなっていきます。したがって，Δqを限りなく小さくしていくと，**Wは結局 v-q グラフ中の色付き部分の三角形の面積**で表されるので

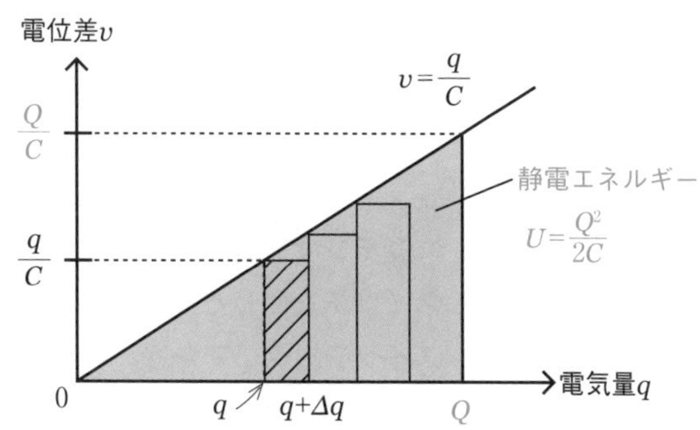

$$W=\frac{Q^2}{2C}$$

となります。これがコンデンサーに蓄えられた静電エネルギーUとなるので

$$U=\frac{Q^2}{2C}$$

と表されます。ここで，コンデンサーの基本式 $Q=CV$ の関係を用いると，静電エネルギーUは，次のように表すこともできます。

$$U=\frac{1}{2}CV^2$$

$$=\frac{1}{2}QV$$

POINT

静電エネルギー　$U=\frac{1}{2}QV=\frac{1}{2}CV^2=\frac{Q^2}{2C}$

POINTで示した静電エネルギーの3つの式は，すべて記憶しておいてください。そして，問題文に与えられている物理量を読み取り，その使い分けができるようにしておきましょう。

19 スイッチの開閉と電気容量の変化

押さえよ

コンデンサーの容量の変化
スイッチを閉じたまま ⇒ V = 一定
スイッチを開いてから ⇒ Q = 一定

今回は，スイッチの開閉と電気容量の変化について学習します。スイッチを閉じたまま電気容量を変化させる場合と，スイッチを開いてから電気容量を変化させる場合とでは，コンデンサーのさまざまな物理量を求めるときに違いが出てきます。この違いについて問題を通して考えていきましょう。

やってみよう Q

図のように，極板間隔 d〔m〕，電気容量 C〔F〕の平行板コンデンサーを，スイッチを経て電圧 V〔V〕の電池につなぐ。

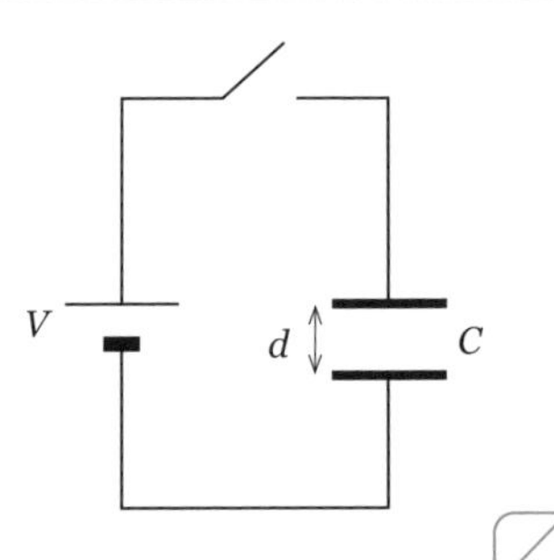

つづき Q

(1) スイッチを閉じたとき，次の①～④の値はそれぞれいくらになるか。

① コンデンサーに蓄えられる電気量 Q〔C〕

解答

コンデンサーの基本式より

$$Q=CV$$

$Q=CV$ ……答

② 極板間の電位差 v〔V〕

スイッチが閉じているとき
極板間の電位差 v は電池の電圧 V と等しいので

$$v=V$$

$v = V$ ……答

③ 極板間の電場の強さ E〔V/m〕

一様な電場と電位差の式 $V=Ed$ より

$$E=\frac{V}{d}$$

$E = \frac{V}{d}$ ……答

④ コンデンサーに蓄えられる静電エネルギー U〔J〕

静電エネルギーの式より

$$U=\frac{1}{2}CV^2$$

$U = \frac{1}{2}CV^2$ ……答

＼つづき／
Q

(2) (1)の充電後，スイッチを閉じたまま極板間隔を $2d$〔m〕にした。(1)の①～④の値は，(1)のときの何倍になるか。

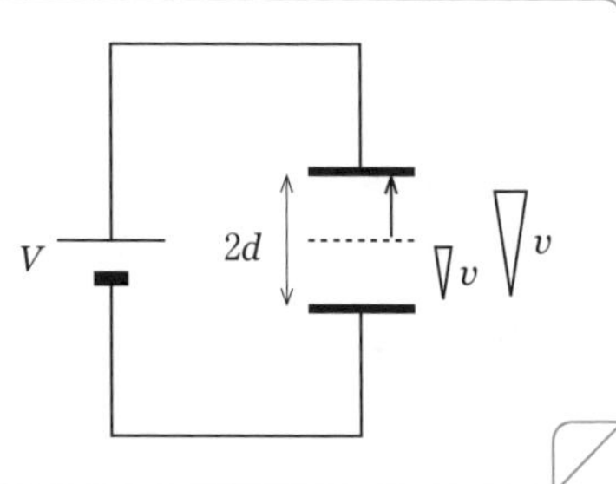

極板間隔を，$2d$〔m〕に広げたあとの電気容量 C' は，$\boldsymbol{C=\varepsilon\frac{S}{d}}$ の式より，

$C' = \varepsilon\frac{S}{2d} = \frac{C}{2}$ となります。

ここで，この問題のポイントは，**スイッチを閉じたまま**極板間隔を変えていることです。この場合，極板間隔を変える前後で極板間の電位差は電池の電圧とつねに等しいので，**極板間の電位差 $\boldsymbol{v}$ は一定**になります。このことに着目して考えてみましょう。

解答

① $Q_2 = C'V = \frac{CV}{2}$　　**$\frac{1}{2}$倍** ……答

② $v_2 = V$　　**1倍** ……答

③ $E_2 = \frac{V}{2d}$　　**$\frac{1}{2}$倍** ……答

④ $U_2 = \frac{1}{2}C'V^2 = \frac{1}{4}CV^2$　　**$\frac{1}{2}$倍** ……答

上の解答で考えたように，問題文中に「**スイッチを閉じたまま**」という内容の記述があったら，極板間の**電位差 V =（一定）**の条件で問題を解いていくようにしましょう。

秘テクニック

スイッチを閉じたまま　⇒　V = 一定

つづき Q

(3) (1)の充電後，スイッチを開いてから極板間隔を $2d$〔m〕にした。
(1)の①～④の値は，(1)のときの何倍になるか。

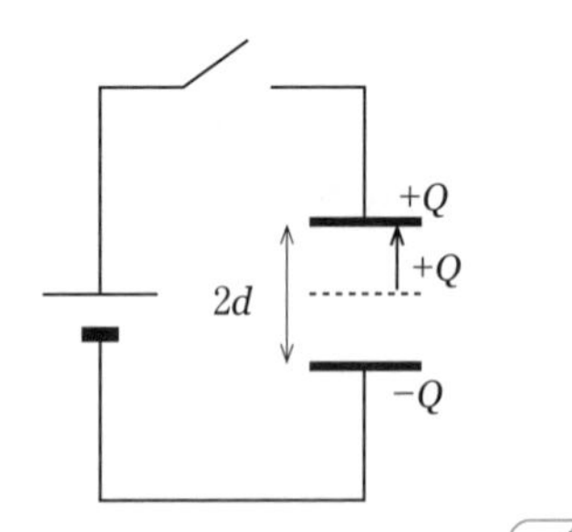

この問題のポイントは，**スイッチを開いてから**極板間隔を変えていることです。この場合，上の極板は電気的に独立しているので，上の極板にある電荷 Q は，とどまったまま動くことはできません。

したがって，極板間隔を変える前後で**電荷 Q は一定**になります。このことに着目して考えていきましょう。

① $Q_3=Q=CV$ **1 倍** ……答

② $v_3=\dfrac{Q}{C'}=\dfrac{CV}{\dfrac{C}{2}}=2V$ **2 倍** ……答

③ $E_3=\dfrac{2V}{2d}=\dfrac{V}{d}$ **1 倍** ……答

④ $U_3=\dfrac{Q^2}{2C'}=\dfrac{(CV)^2}{C}=CV^2$ **2 倍** ……答

(3)の③は，ガウスの法則を用いて考えることもできます。両極板に蓄えられている電荷と極板面積が変わっていないので，極板間の電気力線の本数密度も変わりませんね。

したがって，ガウスの法則より電場は変化せず 1 倍になります。

上の解答で考えたように，問題文中に「**スイッチを開いてから**」という内容の記述があったら，極板に蓄えられている**電気量 $Q=$（一定）**の条件で問題を解いていくようにしましょう。

秘テクニック

スイッチを開いてから ⇒ $Q=$ 一定

20 誘電体①

比誘電率 $\varepsilon_r = \dfrac{\varepsilon}{\varepsilon_0}$　　ε ：誘電体の誘電率

ε_0 ：真空の誘電率

電気容量 $C = \varepsilon_r C_0$　　C_0 ：真空の場合での電気容量

電気を通しにくい物質を不導体または誘電体といいます。今回は，誘電体とコンデンサーの電気容量について学習します。

極板間を誘電体で満たすと，電気容量はどう変化するか？

図(a)のように，コンデンサーの両極板に電池をつなぐと，電池のはたらきにより，正の電荷が下の極板から上の極板に移動します。そのため，極板間には下向きの電場ができて電位差が生じ，極板間の電位差が電池の電位差と等しくなると，電荷の移動は止まります。

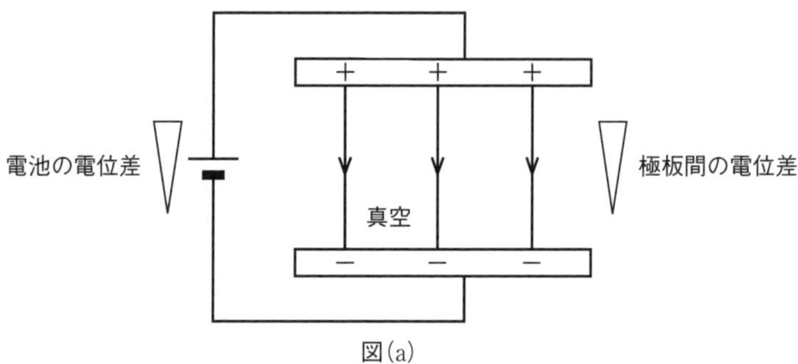

図(a)

次に，図(b)のように，極板間を誘電体で満たします。誘電体は，金属のような導体と異なり，自由に動ける自由電子をもちません。極板間の誘電体を構成する原子や分子は，極板間の電場により**電子配置にずれ**が生じて分極を起こします。そのため，**誘電体の上面には負の電荷**，**下面には正の電荷が現れます**。この現象を誘電分極といいます。

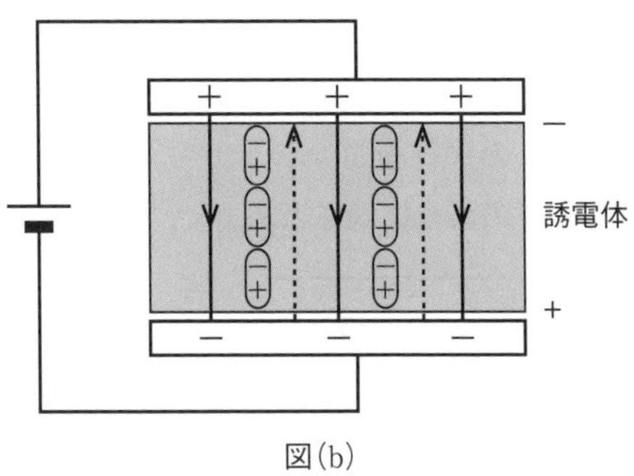

図(b)

誘電体の表面に現れた電荷(**分極電荷**)によって生じた電場は，外部の電場と逆向き(上向き)になるため，極板間の電場は弱まり，極板間の電位差は小さくなります(図(c))。そのため，電池はさらに電荷を移動させ，極板間の電位差が電池の電位差と等しくなると，電荷の移動が止まります(図(d))。

以上の結果より，極板間を誘電体で満たすと，同じ電位差Vで極板上に多くの電気量Qが蓄えられることになり，$Q=CV$ の関係式より，**電気容量Cが大きくなる**ことがわかります。

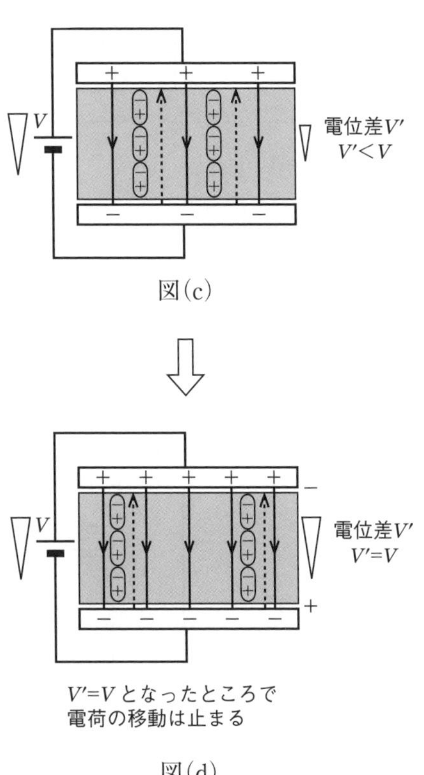

図(c)

図(d)

次に，問題を解いてみましょう。

やって みよう Q

(1) 極板間隔 d，面積 S の平行板コンデンサーの電気容量 C_0 は，真空の誘電率 ε_0 を用いてどのように表されるか。

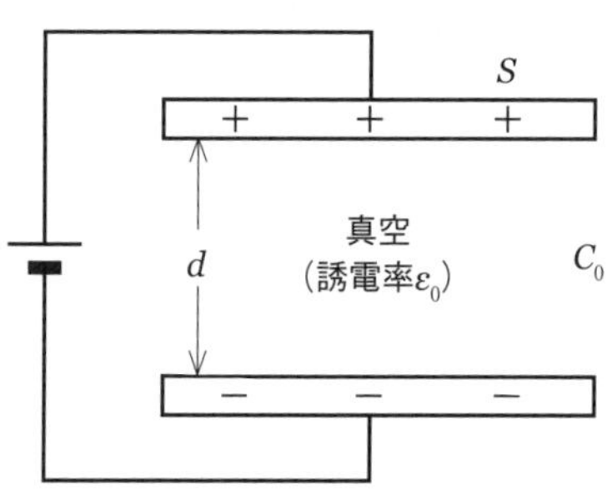

解答

電気容量の式より

$$C_0 = \varepsilon_0 \frac{S}{d}$$

$\boldsymbol{C_0 = \varepsilon_0 \frac{S}{d}}$ ……答

つづき Q

(2) (1)のコンデンサーの極板間を誘電率 ε の誘電体で満たしたコンデンサーの電気容量 C は，どのように表されるか。

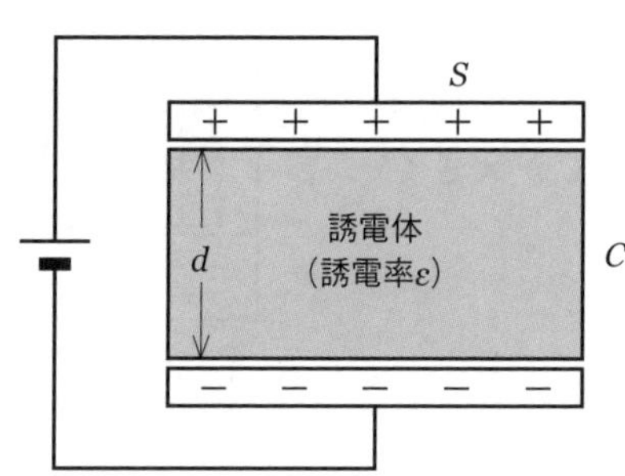

解答 電気容量の式より

$$C=\varepsilon\frac{S}{d}$$

$$\boldsymbol{C=\varepsilon\frac{S}{d}}$$ ……答

ここで，ε と ε_0 の比 $\boldsymbol{\frac{\varepsilon}{\varepsilon_0}=\varepsilon_r}$ …① を**比誘電率**といいます。

つづき Q (3) C を C_0 と ε_r を用いて表せ。

解答 (2)の結果，①式と(1)の結果より

$$C=\varepsilon\frac{S}{d}=\varepsilon_r\varepsilon_0\frac{S}{d}=\varepsilon_r C_0$$

$$\boldsymbol{C=\varepsilon_r C_0}$$ ……答

(3)で考えたように，極板間が比誘電率 ε_r の誘電体で満たされているとき，電気容量 C は，真空の場合の電気容量 C_0 の ε_r 倍になります。この結果も覚えておくと便利ですよ。

POINT !

比誘電率	$\varepsilon_r=\frac{\varepsilon}{\varepsilon_0}$	ε：誘電体の誘電率
		ε_0：真空の誘電率
電気容量	$C=\varepsilon_r C_0$	C_0：真空の場合での電気容量

21 誘電体②

今回は，誘電体のはたらきと接地(アース)の意味について，問題を通して理解していきましょう。

図のように，面積 S，極板間隔 d の平行板コンデンサーの極板Aに電荷 $+Q$ を与え，極板Bを接地する。極板間には面積 S，厚さ l，比誘電率 ε_r の誘電体を極板と平行に入れる。誘電体全体の電気量の和は0であった。真空の誘電率を ε_0 とする。

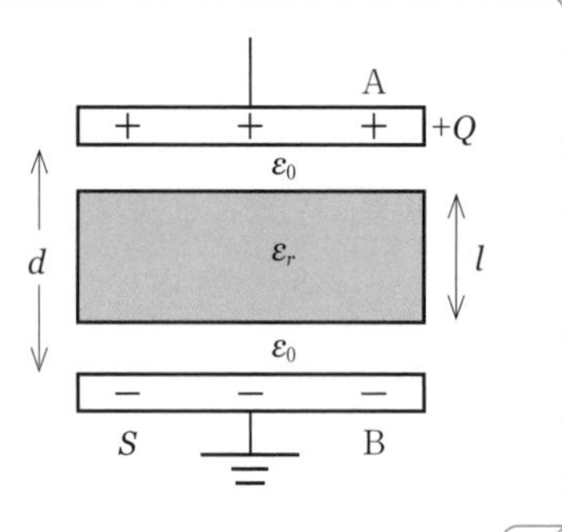

まず，問題文中に出てきた接地が示すことがらについて考えます。**接地(アース)には2つの意味があります**。

1つ目は，電位の基準点，すなわち，接地された導体の電位は，0V(ゼロボルト)という意味です。たとえば，この問題では，接地された極板Bの電位は0Vで，他の部分の電位はすべて極板Bを基準に決めることになります。

2つ目は，電荷の出し入れが自由にできるという意味です。たとえば，この問題では，極板Aに蓄えられた電荷 $+Q$ に引き寄せられて，極板Bには接地した場所，すなわち地球から電荷 $-Q$ が送り込まれるということです。

これらは，問題を解くときに必要となってくることなので，次の POINT としてしっかり記憶しておきましょうね。

POINT

接地(アース)の2つの意味

1. 電位の基準(0V(ゼロボルト))
2. 電荷の出し入れが自由にできる

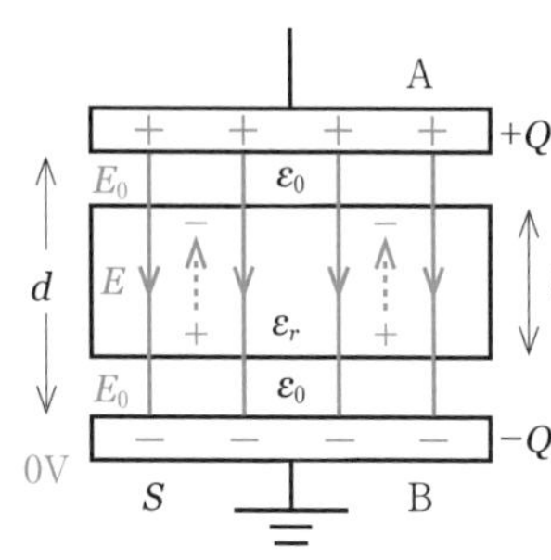

それでは問題について考えていきます。右図を見てください。まず，電荷$+Q$を蓄えた極板Aから，電荷$-Q$を蓄えた極板Bに向かって下向きの電場が生じます。その電場中に誘電体を入れると誘電分極が起こり，誘電体の上面には−の電荷が現れ，下面には+の電荷が現れます。この電荷が作る上向きの電場により，誘電体内部の下向きの電場は弱められます。したがって，コンデンサーの極板間には，図のような電場の分布が生じます。

この図をもとにして，問題を解いていきましょう。

つづき Q

(1) 真空部分の電場の強さE_0を求めよ。

ガウスの法則「**電場の強さE＝1m^{2}あたりの本数**」を用いて解きましょう。

解答

真空部分の電場の強さE_0は，極板AからBへ向かう電気力線の総本数$\dfrac{Q}{\varepsilon_0}$と，極板の面積Sを用いて，ガウスの法則より

$$E_0=\frac{\frac{Q}{\varepsilon_0}}{S}=\frac{Q}{\varepsilon_0 S}$$

$\boldsymbol{E_0=\dfrac{Q}{\varepsilon_0 S}}$ ……答

つづき Q

(2) 誘電体の誘電率εはいくらか。

比誘電率ε_rは，真空の誘電率ε_0と誘電体の誘電率εを用いて，$\varepsilon_r=\dfrac{\varepsilon}{\varepsilon_0}$と表すことができましたね。

解答

比誘電率 $\varepsilon_r=\dfrac{\varepsilon}{\varepsilon_0}$ だから

$$\varepsilon=\varepsilon_r\varepsilon_0$$

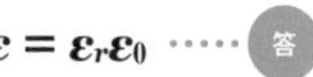

$\boldsymbol{\varepsilon=\varepsilon_r\varepsilon_0}$ ……答

つづき
Q

(3) 誘電体中の電場の強さ E を求めよ。

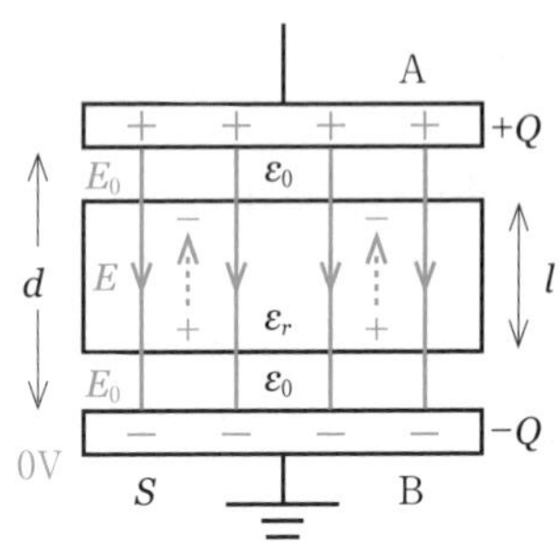

誘電体中の電場の強さは誘電分極により，真空部分の電場の強さより弱くなります。誘電体中での電気力線の本数は，誘電体の誘電率 ε を用いて $\dfrac{Q}{\varepsilon}$ と表されます。したがって，誘電体中の電場の強さ E は，極板の面積 S を用いて，ガウスの法則より，次のように求めることができます。

解答

ガウスの法則より

$$E=\frac{\frac{Q}{\varepsilon}}{S}=\frac{Q}{\varepsilon_r\varepsilon_0 S}$$

$$\boldsymbol{E=\frac{Q}{\varepsilon_r\varepsilon_0 S}}$$ ……答

つづき
Q

(4) 極板 A の電位 V を求めよ。

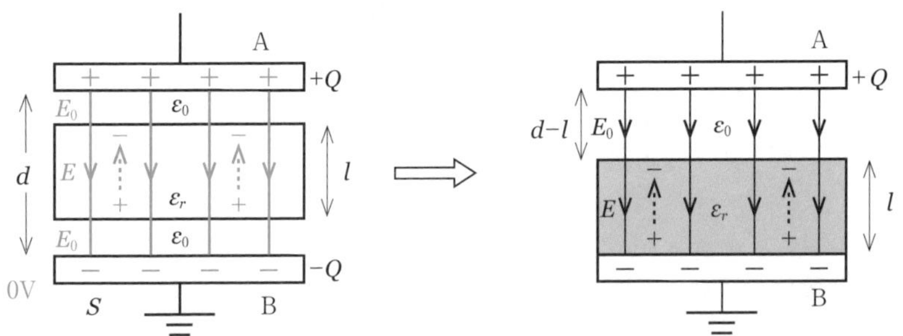

電位の基準は接地されている極板 B なので，ここを 0 V として考えます。誘電体内の電場と真空部分の電場に分けて考えましょう。真空部分の電場は 2 つに分かれていますが，この部分では，+1C の電荷を運ぶときに必要な仕事，すなわち，この部分の電位差は，右上の図のように，ひとまとめに考えても同じになることがわかりますね。

したがって，一様な電場と電位差の式 $V=Ed$ を用いて極板 A の電位 V は，次のように求めることができます。

解答 一様な電場と電位差の式 $V=Ed$ より

$$V=E_0(d-l)+El$$

$$=\frac{Q(d-l)}{\varepsilon_0 S}+\frac{Ql}{\varepsilon_r\varepsilon_0 S}$$

$$=\frac{Q\{\varepsilon_r(d-l)+l\}}{\varepsilon_r\varepsilon_0 S}$$

$$\boldsymbol{V=\frac{Q\{\varepsilon_r(d-l)+l\}}{\varepsilon_r\varepsilon_0 S}}$$ ……答

(5) コンデンサー全体に蓄えられている静電エネルギー U を求めよ。

ここでは Q が与えられていて，(4)で V がわかっていますので，$U=\frac{1}{2}QV$ を使いましょう。

解答 静電エネルギーの式より

$$U=\frac{1}{2}QV=\frac{Q^2\{\varepsilon_r(d-l)+l\}}{2\varepsilon_r\varepsilon_0 S}$$

$$\boldsymbol{U=\frac{Q^2\{\varepsilon_r(d-l)+l\}}{2\varepsilon_r\varepsilon_0 S}}$$ ……答

22 極板間引力

極板間引力の求めかた

平行板コンデンサーに電荷を蓄えると，２つの極板には正・負等量の電荷がそれぞれ蓄えられます。したがって，２つの極板には引力がはたらきます。ここでは，**極板間にはたらく引力の求めかた**について考えましょう。１つの極板を仮にΔdだけ動かしたときに必要となる仕事(**仮想仕事**)と，それに伴う**静電エネルギーの変化**から，極板間引力を求めることができます。この考えかたは，１つの極板を仮想的に動かすだけなので，極板が固定されているような場合でも使うことができますよ。

やってみよう Q

図のように，面積S，極板間隔dの平行板コンデンサーの極板A，Bに，$\pm Q$の電荷が蓄えられている。極板A，Bの間にはたらく引力の大きさFを次のようにして求めた。なお，真空の誘電率をε_0とする。

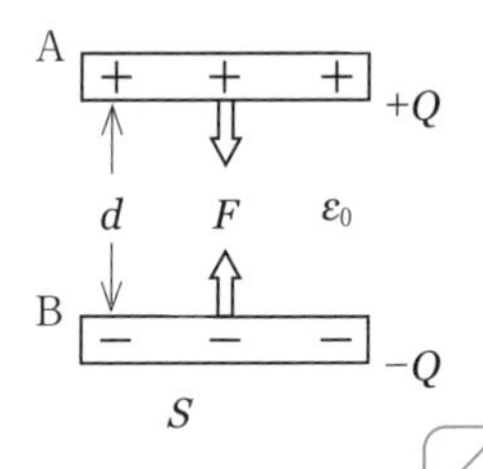

つづき Q

(1) A，B間にはたらく引力に逆らって，AをBからΔdだけ引き離すのに要する仕事ΔWを求めよ。

極板AをBから引き離すために，Aに加えた外力のした仕事を求めましょう。右図を見てください。Aはゆっくり動かす(準静的過程)ので，外力と極板間にはたらく静電気力はつりあいを保ったままです。したがって，Aに加えた外力の大きさはFになります。

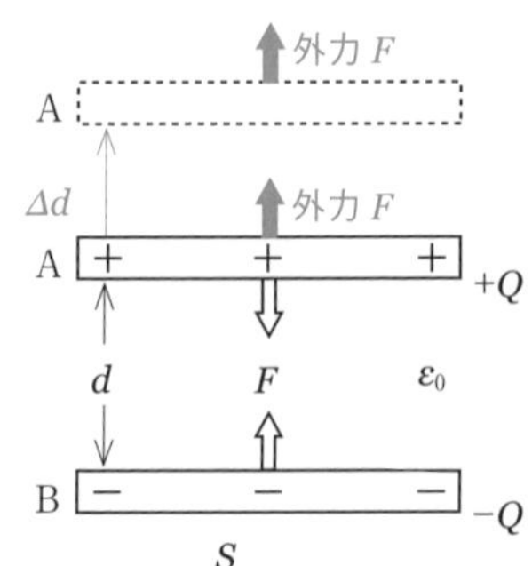

解答 Aに上向きで大きさFの外力を加え，上向きにΔdだけ引き離すので，引き離すのに要する仕事ΔWは

$$\Delta W = F\Delta d$$

$\boldsymbol{\Delta W = F\Delta d}$ …… 答

(2) 引き離す前後のコンデンサーの電気容量C，C'をそれぞれ求めよ。

解答 電気容量の式より

$$C = \varepsilon_0 \frac{S}{d}$$

引き離したあとの極板間隔は$d+\Delta d$となったので

$$C' = \varepsilon_0 \frac{S}{d+\Delta d}$$

$\boldsymbol{C = \varepsilon_0 \frac{S}{d}}$，$\boldsymbol{C' = \varepsilon_0 \frac{S}{d+\Delta d}}$ …… 答

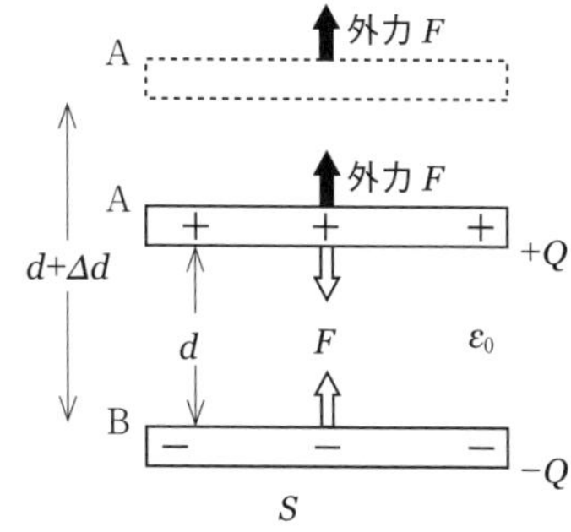

つづき Q

(3) 引き離す前後のコンデンサーの静電エネルギーU，U'をそれぞれ求めよ。

ここで，わかっていることを整理しましょう。引き離す前後の電気容量C，C'の値は(2)からわかっています。また，極板AとBは電気的に独立しているので，極板に蓄えられている電荷は変わらずQのままとなります。したがって，静電エネルギーの式は，$U = \frac{Q^2}{2C}$が使えますね。

解答　静電エネルギーの式より

$$U=\frac{Q^2}{2C}=\frac{dQ^2}{2\varepsilon_0 S}$$

$$U'=\frac{Q^2}{2C'}=\frac{(d+\Delta d)Q^2}{2\varepsilon_0 S}$$

$$\boldsymbol{U=\frac{dQ^2}{2\varepsilon_0 S},\ \ U'=\frac{(d+\Delta d)Q^2}{2\varepsilon_0 S}}$$ ……答

(4) ΔW, U, U' の関係を求めよ。

ΔW, U, U' の関係は，このコンデンサーにエネルギーと仕事の関係

(はじめのエネルギー)＋(外からされた仕事)＝(あとのエネルギー)

を適用すれば求められます。はじめのエネルギーは U, 外からされた仕事は ΔW, あとのエネルギーは U' ですよ。

解答　エネルギーと仕事の関係より

$$U+\Delta W=U'$$

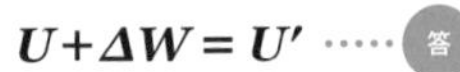

$$\boldsymbol{U+\Delta W=U'}$$ ……答

(5) (4)の関係を用いて，極板 A, B の間にはたらく引力の大きさ $\boldsymbol{F}$ を求めよ。

解答　いままで求めた値を(4)の式に代入して

$$\frac{dQ^2}{2\varepsilon_0 S}+F\Delta d=\frac{(d+\Delta d)Q^2}{2\varepsilon_0 S}$$

$$F\Delta d=\frac{\Delta dQ^2}{2\varepsilon_0 S}$$

$$F=\frac{Q^2}{2\varepsilon_0 S}$$

$$\boldsymbol{F=\frac{Q^2}{2\varepsilon_0 S}}$$ ……答

23 コンデンサーの合成容量

解説動画

\押さえよ/ →

コンデンサーの合成容量

並列接続 $C=C_1+C_2+\cdots+C_n$

直列接続 $\dfrac{1}{C}=\dfrac{1}{C_1}+\dfrac{1}{C_2}+\cdots+\dfrac{1}{C_n}$

コンデンサーの接続方法について考えよう

電気容量C_1, C_2の２つのコンデンサー$\mathrm{C_1}$, $\mathrm{C_2}$が，次のように接続されているとき，(１)を並列接続，(２)を直列接続といいます。ただし，(２)において，はじめ$\mathrm{C_1}$, $\mathrm{C_2}$には電荷が蓄えられていなかったものとします(どちらかのコンデンサーに**電荷があらかじめ蓄えられていた場合，直列接続とはいいません**。これについては25で扱います)。ここで，スイッチを入れて電位差Vの電池で充電することを考えましょう。

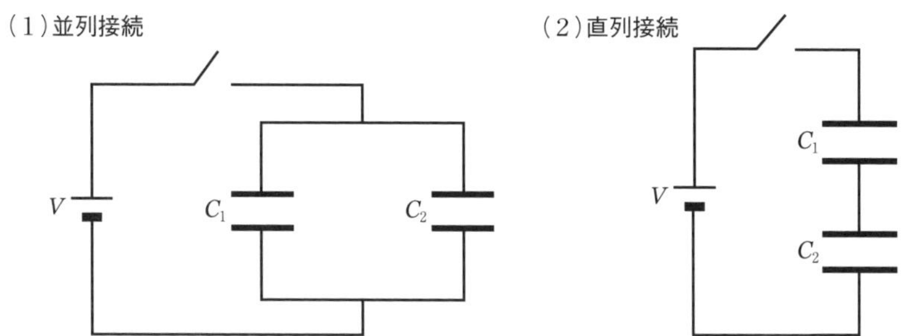

並列接続について考えよう

次ページの図(a)のように，$\mathrm{C_1}$, $\mathrm{C_2}$に蓄えられる電気量をそれぞれQ_1, Q_2とすると，$\mathrm{C_1}$, $\mathrm{C_2}$の極板間の電位差はどちらもVなので，コンデンサーの基本式より，次のように表されます。

$$Q_1=C_1V \qquad Q_2=C_2V$$

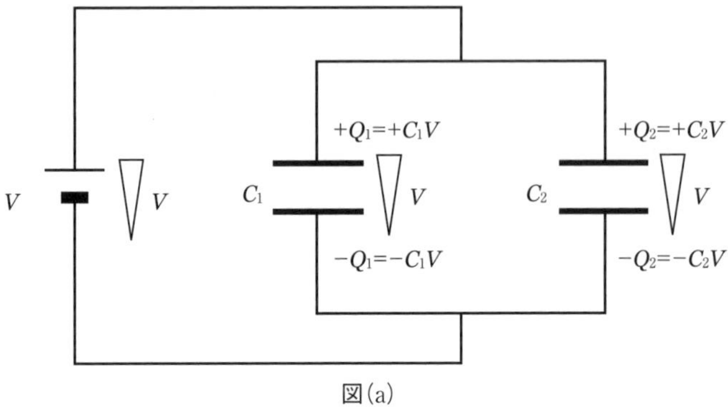

図(a)

C_1，C_2を１つのコンデンサーとみなしたとき，コンデンサー全体に蓄えられる電気量Qは

$$\boldsymbol{Q=Q_1+Q_2=(C_1+C_2)V} \quad \cdots①$$

となります。したがって，**コンデンサー全体の電気容量（合成容量）**Cは，コンデンサー全体に蓄えられる電気量Qとコンデンサー全体にかかる電圧Vを用いて，$C=\dfrac{Q}{V}$と表されるので，①と比べて

$$\boldsymbol{C=\frac{Q}{V}=C_1+C_2}$$

となります。一般に，**電気容量C_1，C_2，…，C_nのn個のコンデンサーを並列に接続したときの合成容量C**は，上と同様に考えて，次のように表すことができます。

$$\boldsymbol{C=C_1+C_2+\cdots+C_n}$$

直列接続について考えよう

前ページの（２）において，スイッチを閉じたとき，コンデンサーC_1の上の極板に蓄えられる電気量を$+Q$とすると，この電荷は電池によってC_2の下の極板から運ばれた電荷なので，C_2の下の極板には$-Q$の電荷が現れます。平行板コンデンサーの向かい合った極

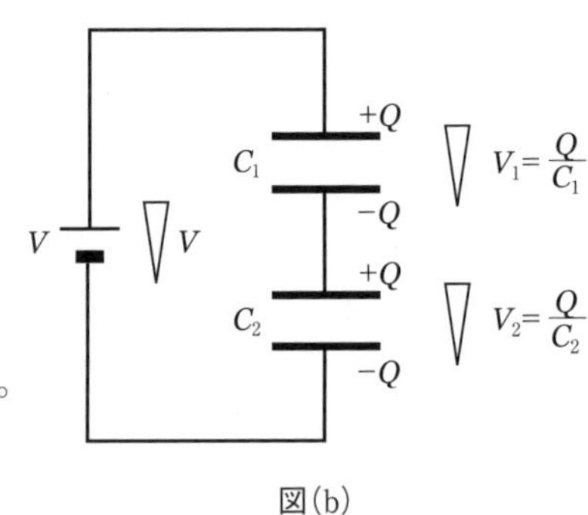

図(b)

板は，必ず正負等量の電荷を蓄えるので，全体としては，図(b)のような電荷分布になります。また，C_1，C_2 の極板間の電位差をそれぞれ V_1，V_2 とすると

$$V_1=\frac{Q}{C_1} \qquad V_2=\frac{Q}{C_2}$$

となります。コンデンサー全体の電位差は，電池の電位差と同じ V なので，電位差の関係は図(b)のようになり

$$V=V_1+V_2$$
$$=\left(\frac{1}{C_1}+\frac{1}{C_2}\right)Q \quad \cdots②$$

となります。

したがって，C_1，C_2 の合成容量 C は，コンデンサー全体に蓄えられる電気量 Q とコンデンサー全体の電位差 V を用いて，$\frac{1}{C}=\frac{V}{Q}$ と表されるので，②式と比べて

$$\frac{1}{C}=\frac{V}{Q}=\frac{1}{C_1}+\frac{1}{C_2}$$

となります。一般に，**電気容量 C_1，C_2，…，C_n の n 個のコンデンサーを直列に接続したときの合成容量 C** は，上と同様に考えて，次のように表すことができます。

$$\frac{1}{C}=\frac{1}{C_1}+\frac{1}{C_2}+\cdots+\frac{1}{C_n}$$

POINT

コンデンサーの合成容量

並列接続　$C=C_1+C_2+\cdots+C_n$

直列接続　$\frac{1}{C}=\frac{1}{C_1}+\frac{1}{C_2}+\cdots+\frac{1}{C_n}$

24 金属板を挿入したコンデンサーの電気容量

コンデンサーの合成容量

P.87

並列接続　$C = C_1 + C_2 + \cdots + C_n$

直列接続　$\dfrac{1}{C} = \dfrac{1}{C_1} + \dfrac{1}{C_2} + \cdots + \dfrac{1}{C_n}$

コンデンサーの極板間に電荷を蓄えていない金属板を挿入すると，コンデンサーの電気容量はどうなるでしょうか。問題演習を通して考えてみましょう。

図のように，極板間隔が d，面積が $2S$ の平行板コンデンサーに，厚さ l，面積 S の電荷を蓄えていない金属板を挿入する。金属板は極板間の右側半分に，極板と平行になるように置かれている。真空の誘電率を ε_0 として，このコンデンサー全体の電気容量 C を求めよ。

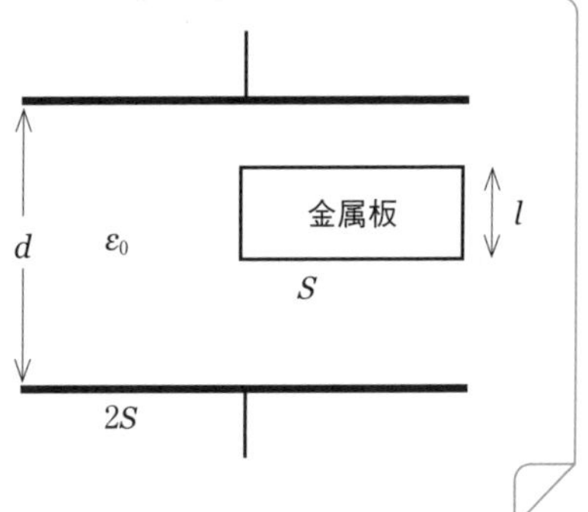

まず，コンデンサーを充電したときの帯電の様子を考えてみましょう。図1のように，金属板は静電誘導によって，上面に負（−）の電荷，下面に正（＋）の電荷が生じます。ここで，金属板はひとつづきの導体なので，図2のように2つの極板と1本の導線とみなすことができます。

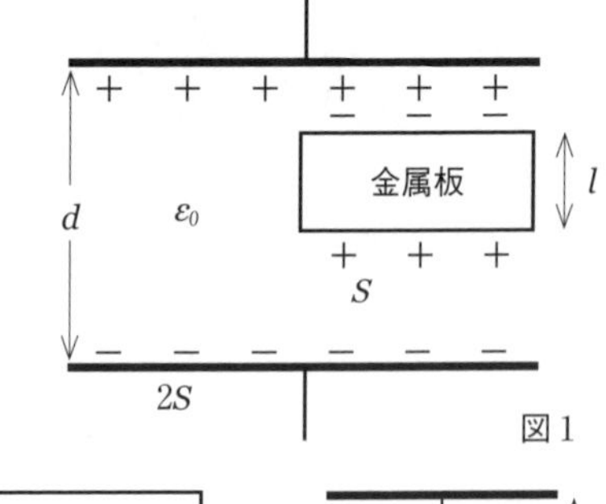

図1

図2

また，静電状態の導線内は等電位なので，面積$2S$の極板は，面積Sの極板2つが導線で並列に結ばれている状態と同じです（図3）。

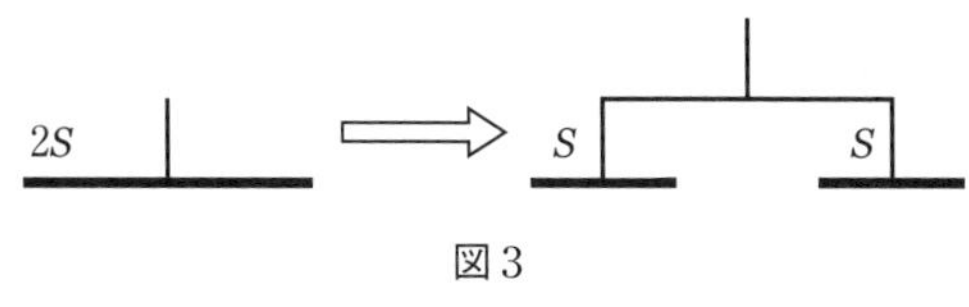

図3

したがって，金属板が挿入されたコンデンサーは図4のような電気容量C_1，C_2，C_3の3つのコンデンサーが接続されたものとみなすことができます。

ここで，電気容量C_1，C_2のコンデンサーの極板間隔をそれぞれd_1，d_2としています。それでは，コンデンサー全体の電気容量を計算してみましょう。

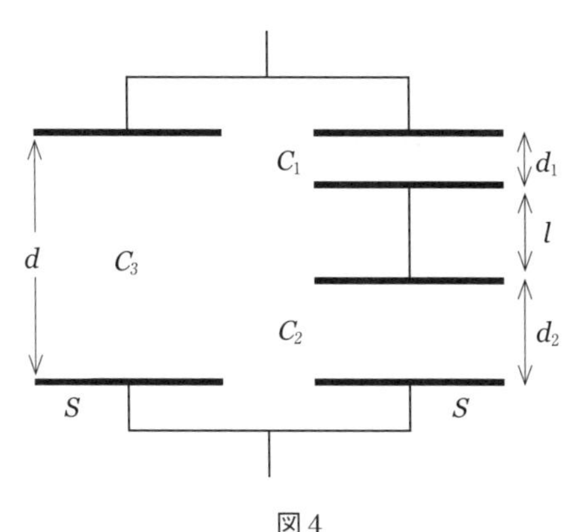

図4

解答　はじめに，右側半分の合成容量C_{12}を求める。

電気容量の式より

$$C_1=\varepsilon_0\frac{S}{d_1}\qquad C_2=\varepsilon_0\frac{S}{d_2}$$

ここで，C_1，C_2は直列接続だから

$$\frac{1}{C_{12}}=\frac{1}{C_1}+\frac{1}{C_2}=\frac{d_1+d_2}{\varepsilon_0 S}$$

次に，$d_1+d_2=d-l$ だから

$$\frac{1}{C_{12}}=\frac{d-l}{\varepsilon_0 S}$$

$$C_{12}=\frac{\varepsilon_0 S}{d-l}$$

また，$C_3=\varepsilon_0\dfrac{S}{d}$で，$C_3$ と C_{12} は並列接続だから，コンデンサー全体の電気容量 C は

$$C=C_3+C_{12}=\frac{\varepsilon_0 S}{d}+\frac{\varepsilon_0 S}{d-l}=\frac{\varepsilon_0 S\,(2d-l)}{d\,(d-l)}$$

$$\boldsymbol{C=\frac{\varepsilon_0 S\,(2d-l)}{d\,(d-l)}}$$ ……答

解答で考えたことを用いて，秘 テクニックをおさえておきましょう。問題の極板間の右側半分の合成容量C_{12}は

$$C_{12}=\frac{\varepsilon_0 S}{d-l}$$

と表されました。この式にはd_1，d_2が含まれていないので，金属板を極板間のどこに挿入しても，電気容量C_{12}は変わらないことがわかります。

そのため，計算しやすいように，金属板を極板に密着させて，**はじめから極板間隔が$\boldsymbol{d-l}$のコンデンサーとみなして解いたほうが考えやすい**ですね。

秘 テクニック

電荷を蓄えていない金属板が挿入されたコンデンサーの電気容量は，極板間隔が$\boldsymbol{d-l}$のコンデンサーと考えてよい。

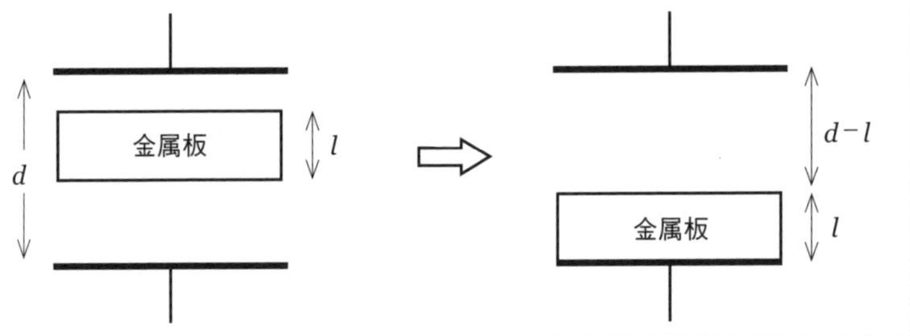

25 電荷を蓄えているコンデンサー

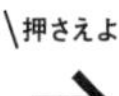

はじめから電荷を蓄えているコンデンサー

1．電荷保存則⇒島を見つける。

2．電位差の式⇒閉回路を1周するとき，電位のアップダウンの総和は0になる。

今回は，スイッチを入れる前のコンデンサーに，あらかじめ電荷が蓄えられている場合について考えてみましょう。

図1のような電気容量1.0 μF，2.0 μF のコンデンサーC_1，C_2 を，それぞれ電圧300V，100V の電池でA, C が高電位になるように充電した。

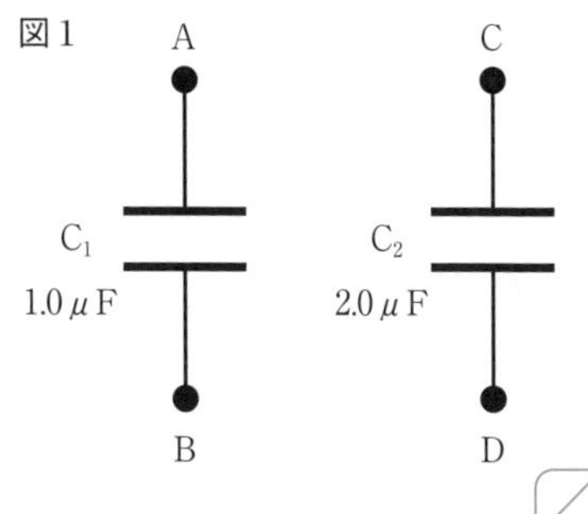

(1) C_1，C_2 に蓄えられた電気量 Q_1，Q_2〔μC〕をそれぞれ求めよ。

解答

コンデンサーの基本式 $Q=CV$ より

$$Q_1=1.0\times300=300$$

$$Q_2=2.0\times100=200$$

$\boldsymbol{Q_1=300\ \mu C}$　　$\boldsymbol{Q_2=200\ \mu C}$ ……

つづき Q

(2) 充電した C_1, C_2 と電圧 550V の電池を図2のように接続し，スイッチを入れた。C_1, C_2 に蓄えられる電気量 $Q_1{}'$, $Q_2{}'$〔μC〕をそれぞれ求めよ。

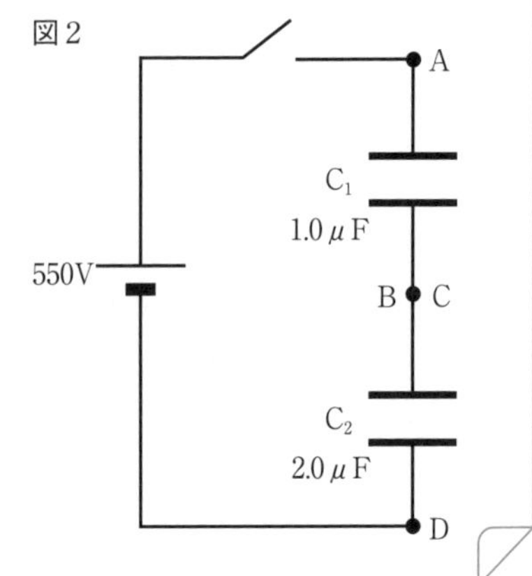

秘 テクニック

はじめから電荷を蓄えているコンデンサーの問題は，次の2つの式を立てて解くとよい。

1．電荷保存則⇒島を見つける。

2．電位差の式⇒閉回路を1周するとき，電位のアップダウンの総和は0になる。

まず秘テクニックの1．電荷保存則の式を立ててみましょう。右図で**色付きの実線に囲まれた部分は，電気的に独立している**(この部分を島とよぶことにします)**ので，スイッチを入れる前後で電気量の和が保存されます**。具体的に見ていきましょう。

右図の島に注目してください。スイッチを入れる前，島の電気量の和は$(-300+200)$ μCです。スイッチを入れたあと，島の電気量の和は $-Q_1'+Q_2'$〔μC〕になります。そして，スイッチを入れる前後で電気量の和が保存されることを表す式が，下の解答中の①式です。

次に，㊙テクニックの2．電位差の式を立ててみましょう。**回路中に閉回路となっている部分を見つけ，電位のアップダウンに注意しながら1周巡っていきます**。ここでは，電池の負極から時計まわりに1周(色付きの点線)し，電位差の式を立ててみます。

まず，電池を上向きにまたぐと電位が550Vアップします。そして，コンデンサーC_1を下向きにまたぐと電位が $\dfrac{Q_1'}{C_1}=\dfrac{Q_1'}{1.0}$〔V〕ダウンします。最後に，コンデンサー$C_2$を下向きにまたぐと電位が $\dfrac{Q_2'}{C_2}=\dfrac{Q_2'}{2.0}$〔V〕ダウンして，スタートに戻り電位差は0になります。このことを表しているのが，下の解答中の②式です。

解答

電荷保存則より

$$-Q_1'+Q_2'=-300+200 \qquad \cdots①$$

電位差の式より

$$550-\frac{Q_1'}{1.0}-\frac{Q_2'}{2.0}=0 \qquad \cdots②$$

②×2−①より

$$\begin{array}{rrcr} & 2Q_1'+Q_2' & = & 1100 \\ -) & -Q_1'+Q_2' & = & -100 \\ \hline & 3Q_1' & = & 1200 \\ & Q_1' & = & 400\ \mu\text{C} \end{array}$$

①に代入して

$$Q_2'=-100+400$$

$$Q_2'=300\ \mu\text{C}$$

$Q_1'=400\ \mu$C　，　$Q_2'=300\ \mu$C ……答

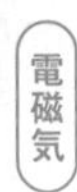

つづき Q

(3) C_1，C_2 の極板間の電位差　V_1，V_2〔V〕をそれぞれ求めよ。

解答　コンデンサーの基本式 $Q=CV$ より

$$V_1=\frac{Q_1'}{C_1}=\frac{400}{1.0}=400$$

$$V_2=\frac{Q_2'}{C_2}=\frac{300}{2.0}=150$$

$\boldsymbol{V_1=400}$ **V**　，　$\boldsymbol{V_2=150}$ **V** ……

解答中の $V_2=\dfrac{300}{2.0}$ の分数式において，300 は 300 μC，2.0 は 2.0 μF で，どちらも 10^{-6} を表す μ（マイクロ）がついています。ここで，μは約分されるので，答えは単に 150V となるのです。

26 極板間への金属板の挿入

解説動画

やってみよう Q

図のように，極板間隔 d，電気容量 C の平行板コンデンサーに，電気量 Q が蓄えられている。極板と同形で厚さ $\frac{d}{2}$ の電荷を蓄えていない金属板を，極板に平行に挿入する。

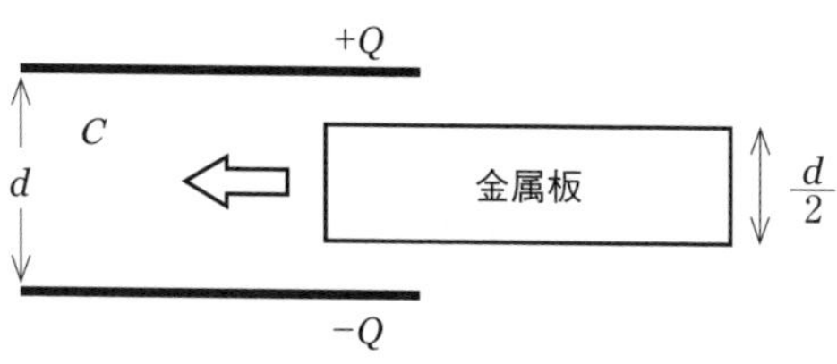

つづき Q

(1) 挿入後の電気容量 C' を求めよ。

復習 P.90

電荷を蓄えていない金属板が挿入されたコンデンサーの電気容量は，極板間隔が $d-l$ のコンデンサーと考えてよい。

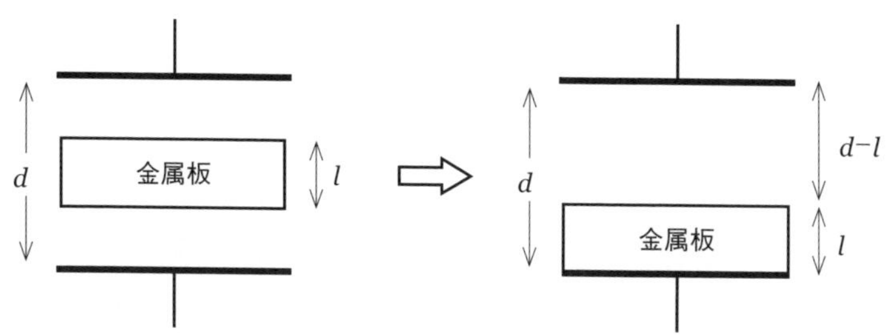

復習 の図より，極板間隔は，$d-\frac{d}{2}=\frac{d}{2}$ と考えればよいですね。

解答

電気容量の式 $C=\varepsilon\frac{S}{d}$ より

$$C'=\varepsilon\frac{S}{\frac{d}{2}}=2\varepsilon\frac{S}{d}=2C$$

$C'=2C$ …… 答

(2) 挿入前後のコンデンサーの静電エネルギー U，U' を求めよ。

挿入前後で変わらない値を考えてみましょう。極板は電気的に独立しているので電気量はQのままですね。それと，挿入前後の電気容量C, C'もわかっているので，使うべき静電エネルギーの式は，$U=\frac{Q^2}{2C}$ になります。

解答

静電エネルギーの式 $U=\frac{Q^2}{2C}$ より

$$U=\frac{Q^2}{2C}\qquad U'=\frac{Q^2}{2C'}=\frac{Q^2}{4C}$$

$U=\frac{Q^2}{2C}$ ，$U'=\frac{Q^2}{4C}$ …… 答

つづき Q

(3) 挿入に要した仕事，すなわち外力のした仕事 W を求めよ。

ここで使う関係式は，もちろんエネルギーと仕事の関係です。

（はじめのエネルギー）＋（外からされた仕事）＝（あとのエネルギー）

ここで,「はじめのエネルギー」は挿入前のコンデンサーの静電エネルギーU,「外からされた仕事」はコンデンサーが外力によりされた仕事W,「あとのエネルギー」は挿入後のコンデンサーの静電エネルギーU'です。

解答

エネルギーと仕事の関係より

$$U+W=U'$$

よって

$$W=U'-U$$

$$=\frac{Q^2}{4C}-\frac{Q^2}{2C}$$

$$=-\frac{Q^2}{4C}$$

$\boldsymbol{W=-\frac{Q^2}{4C}}$ ……答

(4) 挿入の際，金属板はコンデンサーからどちら向きに力を受けたか。

(3)の結果より，外力のした仕事 W は負の値($W<0$)となっています。下の図のように金属板は左に移動しているので，$W<0$ となるためには，外力は右向きにはたらいていることがわかります。

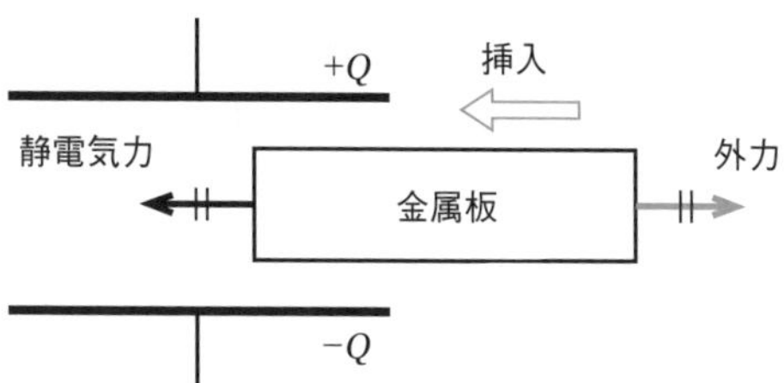

したがって，金属板にはたらく力のつりあいから，金属板がコンデンサーから受けた力(静電気力)は左向きになります。

左向き ……

27 電流

電流　$I=\dfrac{\Delta Q}{\Delta t}$

電流の大きさ　$I=envS$

電流とは何か？

電荷をもった粒子の流れを電流といいます。**電流の向き**は，正の電荷が移動する向き，または負の電荷(自由電子など)が移動する向きと逆向きと定められています。

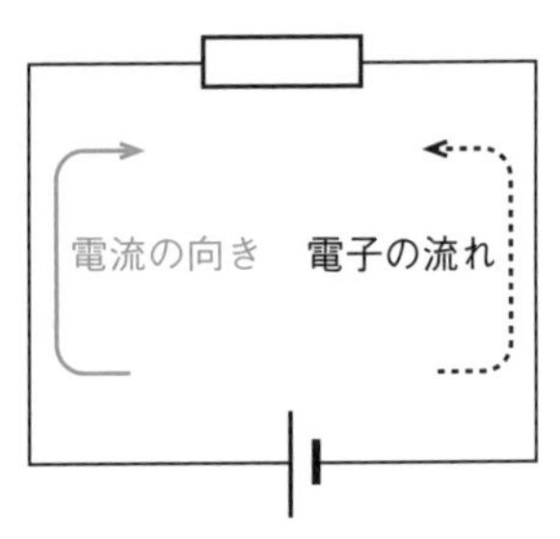

電流の大きさは，単位時間あたりに導体の断面を通過する電気量で表されます。したがって，Δt〔s〕間に導体の断面を通過する電気量がΔQ〔C〕のとき，流れている電流Iは，単位時間(1秒間)あたりに通過する電気量を考えればよいので，次のようになります。

$$I=\frac{\Delta Q}{\Delta t}$$

POINT

電流　$I=\dfrac{\Delta Q}{\Delta t}$

この式から，**電流の単位**は〔C/s〕となりますが，これをアンペア〔A〕と表します。すなわち，1C/s＝1A です。

電流の大きさを自由電子の流れで表そう

次ページの図のように，断面積S〔m^2〕の導体中を電気量$-e$〔C〕の自由電子が平均の速さv〔m/s〕で移動しています。単位体積($1m^3$)あたりの自由

電子の数を n〔1/m^3〕とします。

まず，Δt〔s〕間に図の灰色の断面を通過する自由電子の個数を考えてみましょう。

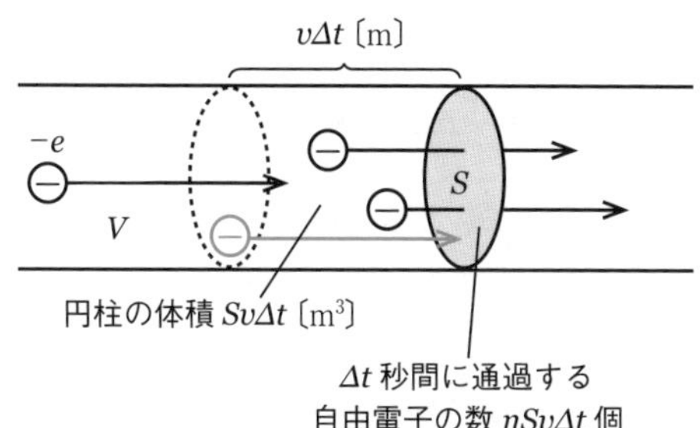

図の灰色の断面にちょうど Δt 秒後に達する自由電子は，Δt 秒前にはこの断面から $v\Delta t$〔m〕だけ手前の位置(点線部分)にいます。したがって，Δt 秒間に灰色の断面を通過する自由電子は，点線部分と灰色部分で囲まれた円柱内にいることになります。この円柱の体積は $Sv\Delta t$〔m^3〕，単位体積(1m^3)あたりの自由電子の数は n〔1/m^3〕なので，Δt 秒間に灰色の断面を通過する自由電子の数(円柱内にある自由電子の数)は，$nSv\Delta t$ 個となります。

ここで，

(総電気量) = (電子１個あたりの電荷) × (電子の数)

なので，Δt 秒間に灰色の断面を通過する電気量の大きさ $|\Delta Q|$〔C〕は

$$|\Delta Q| = envS\Delta t$$

となります。したがって，流れている電流の大きさ I〔A〕は

$$I = \left|\frac{\Delta Q}{\Delta t}\right| = envS$$

と表されます。

POINT

電流の大きさ　$I = envS$

28 オームの法則

オームの法則 $V = RI$

抵抗 $R = \rho \dfrac{l}{S}$

今回は，導体中の自由電子の運動を考えることにより，中学校で習ったオームの法則を導いていきます。まずは，27 で学習した電流の大きさを表す式を思い出しておきましょう。

電流の大きさ　$I = envS$

P.99

自由電子の運動からオームの法則を導こう

図のように断面積S〔m^2〕，長さl〔m〕の導体の両端に電圧V〔V〕を加えます。このとき，導体の左側が高電位となり，導体中には一様な大きさ$E = \dfrac{V}{l}$〔V/m〕の電場が右向きに生じます。電荷$-e$〔C〕の導体中の自由電子は，電場の向きと逆の左向きに 大きさ

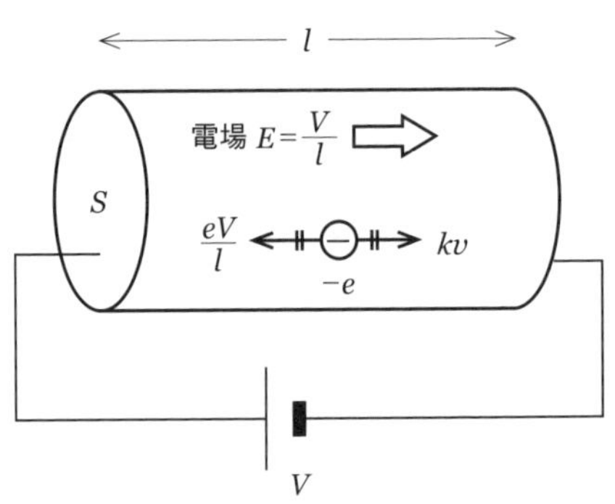

$F = eE = \dfrac{eV}{l}$〔N〕の静電気力を受けて移動します。

移動中の自由電子は，電場から静電気力を受けて加速し，金属の陽イオンと衝突して減速します。自由電子は加速と減速をくり返しながら金属内を進んでいきますが，この運動は，電子の平均の速さv〔m/s〕に比例する抵抗力kv〔N〕(kは比例定数)を受ける等速度運動とみなすことができます。したがっ

て，自由電子の平均の速さv〔m/s〕は，自由電子にはたらく力のつりあいより

$$\frac{eV}{l}=kv \qquad v=\frac{eV}{kl} \qquad \cdots①$$

と求めることができます。また，導体中に流れる電流の大きさI〔A〕は，自由電子の単位体積あたりの個数n〔$1/m^3$〕を用いて $I=envS$ と表されるので，この式に①を代入して

$$I=enS\cdot\frac{eV}{kl}=\frac{e^2nSV}{kl}$$

となります。ここで，$R=\dfrac{kl}{e^2nS}$ $\cdots$② とおくと

$$I=\frac{V}{R} \qquad V=RI$$

と表され，**電流Iは電圧Vに比例する**ことがわかります。

これを**オームの法則**といいます。

POINT

オームの法則　$V=RI$

オームの法則のRは何を表しているか？

オームの法則 $V=RI$ において，電圧Vを一定にとると，Rが大きいほどIは小さくなり，電流Iは流れにくくなります。

すなわち，**Rは電流の流れにくさを表している**ので，Rを**電気抵抗**，または**抵抗**といいます。**抵抗の単位**は**オーム**〔Ω〕を用います。また，②式において $\rho=\dfrac{k}{e^2n}$ とおくと

$$R=\rho\frac{l}{S}$$

となり，**抵抗Rは長さlに比例し，断面積Sに反比例する**ことがわかります。ここで，**ρ**(ギリシャ文字のロウ)**は導体の材質や温度によって決まる定数**で，**抵抗率**といいます。単位は〔Ω·m〕です。

POINT

抵抗　$R=\rho\dfrac{l}{S}$

29 キルヒホッフの法則

\押さえよ/

キルヒホッフの法則
第1法則：電流保存則
第2法則：電位差の式

キルヒホッフの法則

多くの抵抗や電池などが接続された回路において，各部分の電流や電圧を求めるには，次のキルヒホッフの法則を用います。

POINT

キルヒホッフの法則
第1法則：電流保存則
→分岐点に流れ込む電流の和は，分岐点から流れ出る電流の和に等しい。

$I_1 + I_2 = I_3 + I_4$

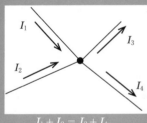

第2法則：電位差の式
→閉回路を1周するとき，電位のアップダウンの総和は0になる。

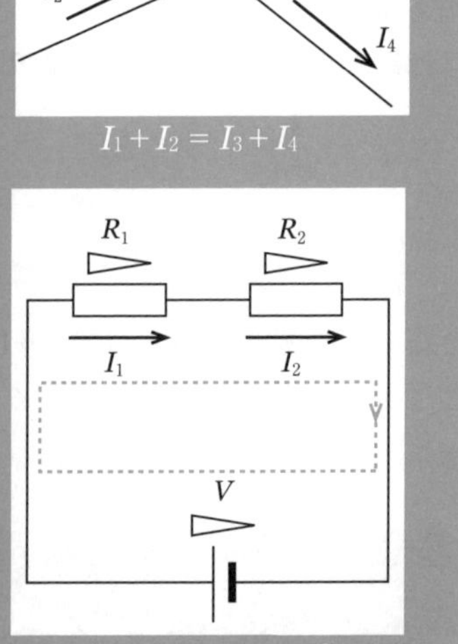

$V - R_1I_1 - R_2I_2 = 0$

やってみよう Q

図の回路において，R1，R2，R3 の各抵抗に流れる電流をそれぞれ求めよ。

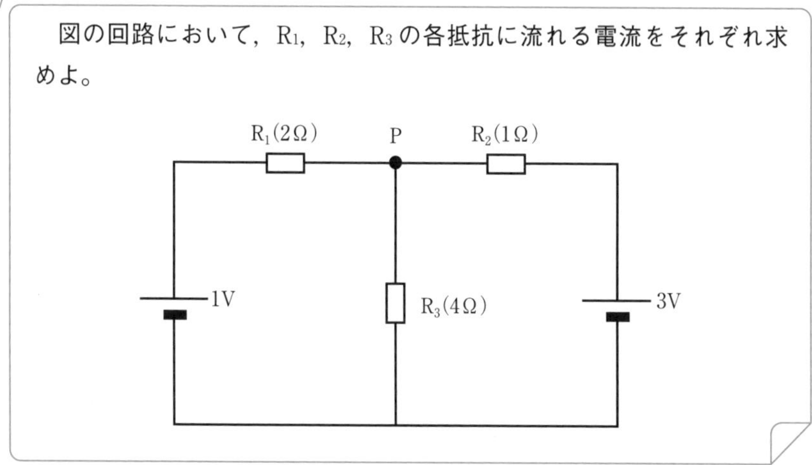

まず，R1，R2 の抵抗に流れる電流を下図の向きに I_1，I_2〔A〕とします。この電流の向きは適当に定めて構いません。**キルヒホッフの第1法則より，分岐点Pに流れ込む電流は I_1+I_2 なので，Pから流れ出る電流，すなわち，R_3 の抵抗を下向きに流れる電流は，I_1+I_2〔A〕**となります。

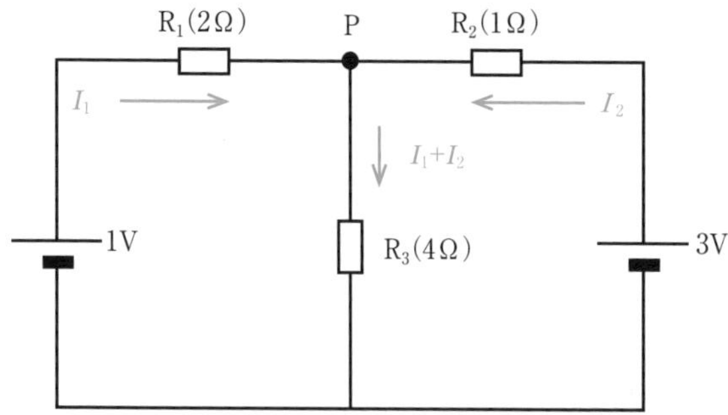

ここで，オームの法則 $V=RI$ を用いて，回路図中の各部分の電位差を記入していきましょう。三角形▷の太い方が高電位側ですよ。まず，2つの電池はどちらも上が高電位ですね。次に，R1(2Ω)の抵抗には，電流 I_1〔A〕が右向きに流れるとしているので，左側が高電位となります。オームの法則 $V=RI$ より，電位差は $2I_1$〔V〕となります。同様にして，R2，R3 の抵抗の電位差を記入していくと，次ページの図のようになります。

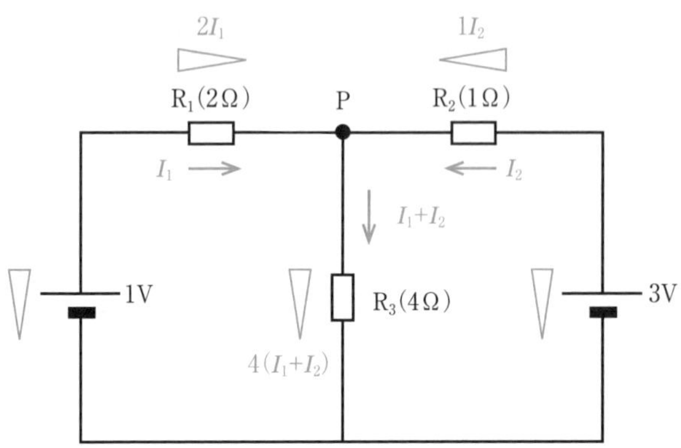

次に，上の回路図を見ながら，**キルヒホッフの第2法則の式**を立てていきましょう。ここで，回路図を見ると，**考えられる閉回路の数は，3通り**(外側，左半分，右半分)あります。未知数はI_1，I_2の2つなので，このうち，**2つの閉回路を選び，1周巡って電位のアップダウンの総和を0と考えて，2つの式を立てればよい**のです。

解答　キルヒホッフの第2法則の式を立てる。

外側の閉回路を時計回りに1周し，電位の上昇・下降を考える。電池で1〔V〕上がり，R_1で$2I_1$〔V〕下がり，R_2で$1I_2$〔V〕上がり，電池で3〔V〕下がるので

$$1-2I_1+I_2-3=0 \quad \text{より} \quad I_2=2I_1+2 \quad \cdots①$$

同様にして，左半分の閉回路について考えると

$$1-2I_1-4(I_1+I_2)=0$$

$$6I_1+4I_2=1 \quad \cdots②$$

①を②に代入して

$$6I_1+8I_1+8=1$$

$$14I_1=-7$$

$$I_1=-0.5$$

これを①に代入して

$$I_2=-1+2=1$$

また

$$I_1+I_2=-0.5+1=0.5$$

求めた値の正負から電流の向きを考えて答えを導く。

R_1 に流れる電流：左向きに 0.5〔A〕 ……答

R_2 に流れる電流：左向きに 1〔A〕

R_3 に流れる電流：下向きに 0.5〔A〕

上の解答に出てきた電流の向きについて，補足しておきます。はじめの設定において，R_1 の抵抗に流れる電流を右向きに I_1〔A〕としたところ，計算結果が，$I_1=-0.5$A になりました。もちろん，これは R_1 を流れる電流が左向きに 0.5A であったことを表しています。

したがって，はじめの設定では，適当に電流の向きを定めておき，計算結果の値の符号から電流の向きを決定すればよいのです。

30 コンテンサーを含む直流回路①

直流回路内のコンデンサーのふるまい

充電前 ⇒ 導線　　充電後 ⇒ 断線

電圧Vの電池，抵抗値Rの抵抗，電気容量Cで，充電されていないコンデンサーを用いて，図のような回路を組みました。ここでは，**直流回路の中にあるコンデンサーのふるまい**について，具体例を通して考えてみましょう。

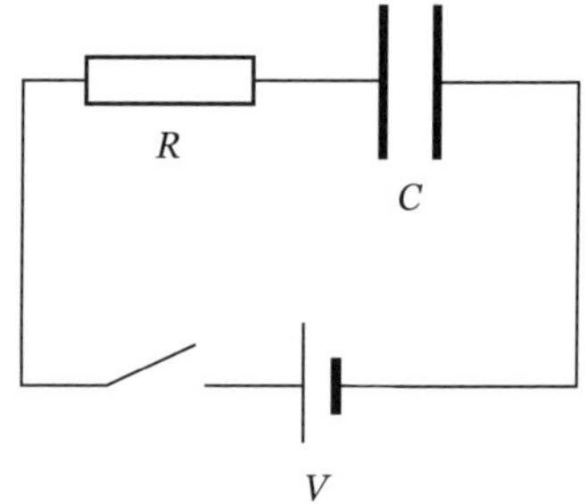

スイッチを入れた瞬間，回路に流れる電流Iはいくらになるか？

図1のように，スイッチを入れた瞬間，コンデンサーに蓄えられている電気量は0なので，コンデンサーの基本式 $V=\dfrac{Q}{C}$ より，$Q=0$ として極板間の電位差は0Vになります。

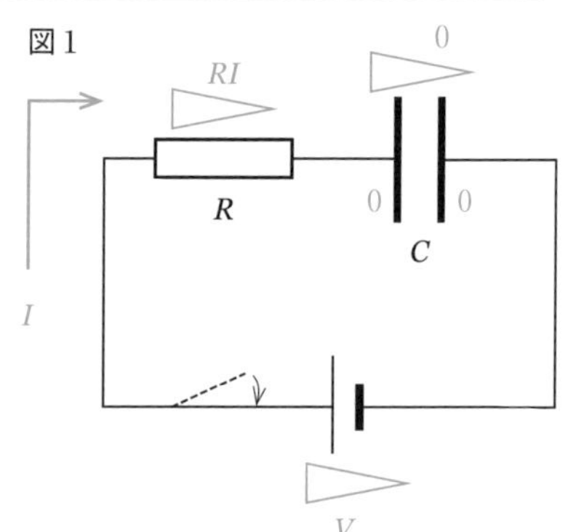

ここで，回路の各部分の電位差を記入すると右図のようになり，キルヒホッフの第2法則は

$$\boldsymbol{V-RI=0}$$

と表されます。したがって，スイッチを入れた瞬間，回路に流れる電流Iは

$$\boldsymbol{I=\frac{V}{R}}$$

と求められます。つまり，**充電されていないコンデンサーは，その部分が導線でつながっているのと同じように扱うことができる**のです。

スイッチを入れて少し時間が経った回路に流れる電流 I はいくらになるか？

図2のように，コンデンサーには電気量 q が蓄えられているため，このとき，コンデンサーの極板間には電位差が生じています。回路の各部分の電位差を記入すると右図のようになり，キルヒホッフの第2法則は

$$V-RI-\frac{q}{C}=0$$

と表されます。したがって，このとき回路に流れる電流 I は

$$I=\frac{V}{R}-\frac{q}{RC} \quad \cdots①$$

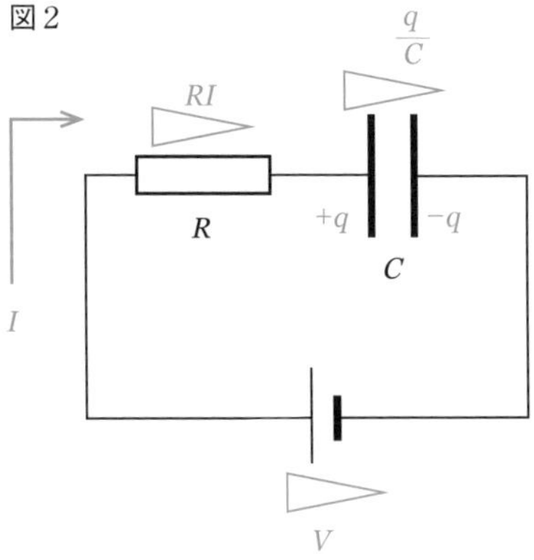

と求められます。さらに，時間が経過すると，①式において q は次第に大きくなり，I は次第に小さくなっていきます。やがて十分に時間が経過すると，コンデンサーの充電は完了します。

図2

コンデンサーの充電が完了すると電流 I，電気量 q はいくらになるか？

コンデンサーは極板どうしが離れたつくりになっているので，充電が完了すると，電流 $I=0$ となります。

図3のように，$I=0$ となるとオームの法則 $V=RI$ より抵抗での電圧降下(電位差)が0となるので，極板間の電位差は，電池の電圧と同じ V になります。したがって，コンデンサーの極板に蓄えられる電気量 q は，$q=CV$ となります。つまり，**充電が完了したコンデンサーは，その部分が断線しているのと同じように扱うことができる**のです。

図3

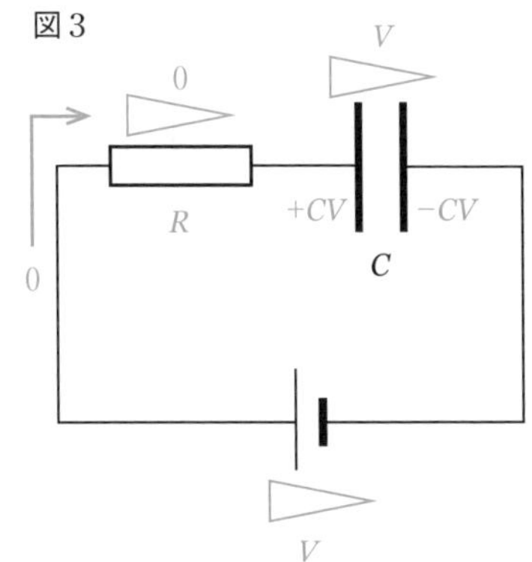

直流回路内にあるコンデンサーは，充電の前後では，まったく違ったふるまいをするので，次の秘テクニックとして，まとめて理解をしておきましょう。

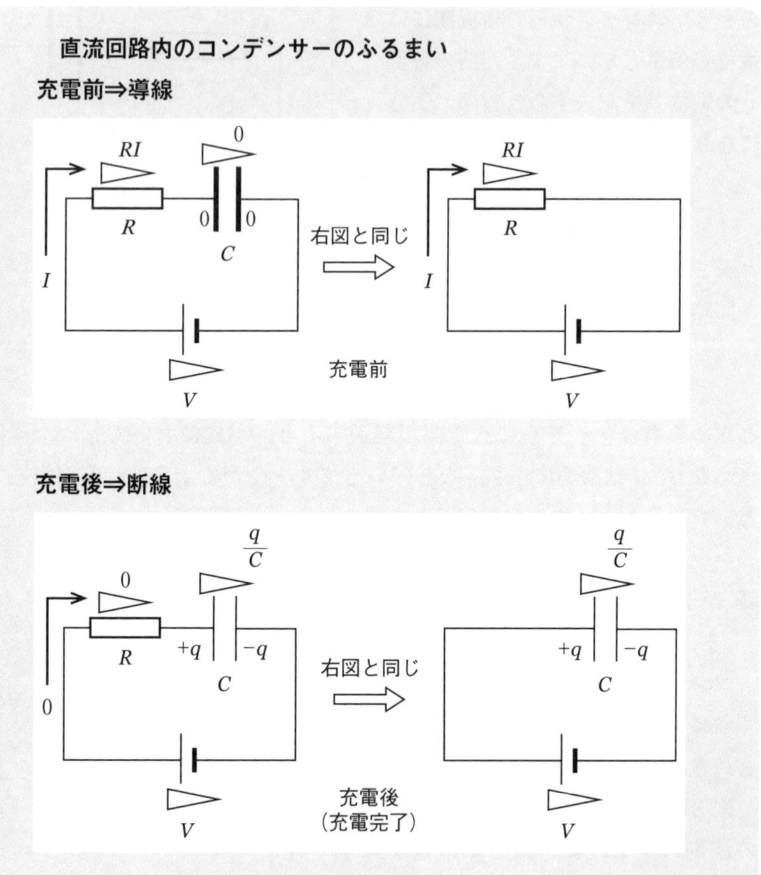

31 コンデンサーを含む直流回路②

解説動画

直流回路内のコンデンサーのふるまい

充電前 ⇒ 導線　　充電後 ⇒ 断線

やってみよう Q

60V の電池，100 Ω，200 Ω の抵抗 R_1，R_2，4.0 μF のコンデンサー C を用いて，図のような回路を組んだ。はじめ，コンデンサーには電荷が蓄えられていないものとする。R_1，R_2 を図の向きに流れる電流を I_1，I_2〔A〕，C に図の向きに流れ込む電流を I_3〔A〕とする。

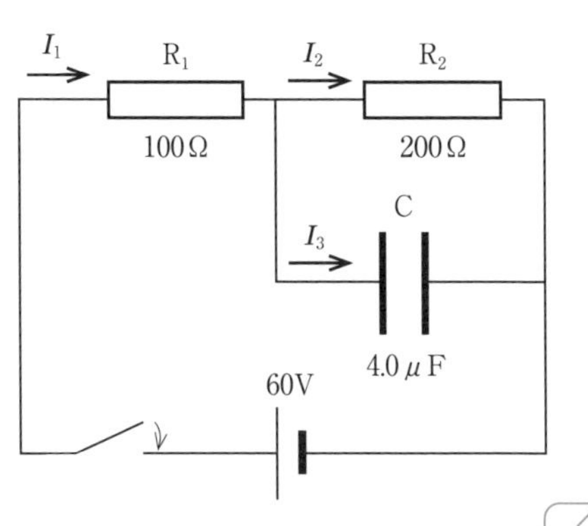

つづき Q

(1) スイッチを入れた瞬間の I_1，I_2，I_3 を求めよ。

30 で学習したように，スイッチを入れた瞬間，コンデンサーは**充電されていない**ので，右図のように，コンデンサーがある部分は**導線でつながれているものとみなす**ことができます。したがって，このとき，抵抗 R_2 には電流が流れず，$I_2 = 0$ で，次の式が成り立ちます。

$$I_1 = I_3$$

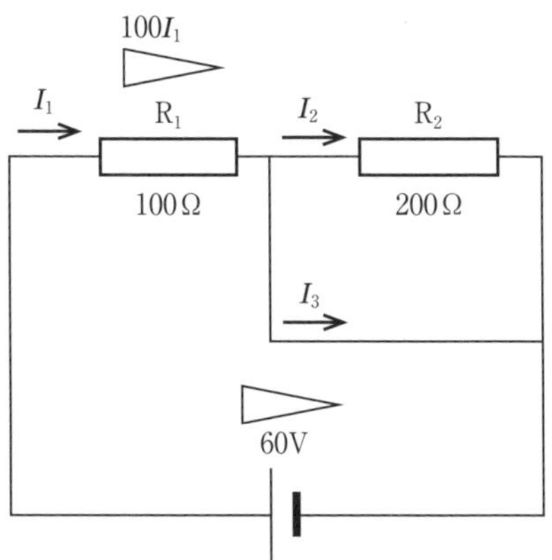

解答

R_2 には電流が流れないから

$I_2=0$

また，キルヒホッフ第１法則（$I_1=I_2+I_3$）より

$I_1=I_3$

キルヒホッフ第２法則より

$60-100I_1=0$

$I_1=0.6$

$I_1=I_3=0.6$

$\boldsymbol{I_1=I_3=0.6}$ **A**　，　$\boldsymbol{I_2=0}$ **A** …… 

(2) スイッチを入れて十分に時間が経過した後の I_1，I_2，I_3 を求めよ。

スイッチを入れて十分に時間が経過すると，コンデンサーの**充電は完了**し，コンデンサーがある部分は**断線しているものとみなす**ことができます。したがって，$I_3=0$ となります。

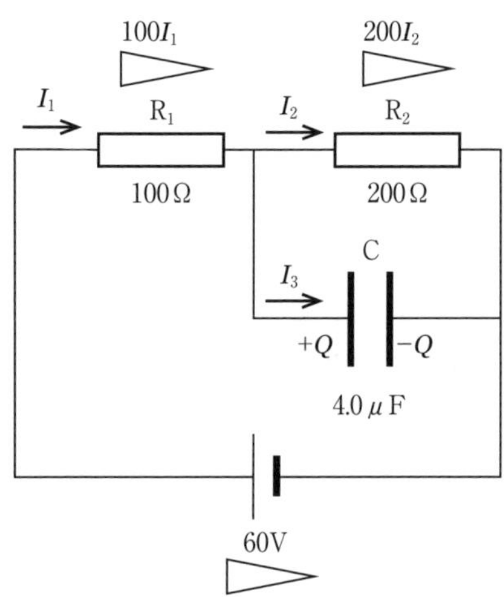

解答　充電後のコンデンサーには電流が流れないから

$$I_3=0$$

よって，キルヒホッフ第１法則$(I_1=I_2+I_3)$より

$$I_1=I_2$$

キルヒホッフ第２法則より

$$60-100I_1-200I_1=0$$
$$300I_1=60$$
$$I_1=0.2$$
$$I_1=I_2=0.2\text{A}$$

$I_1=I_2=0.2$ A　，　$I_3=0$ A ……

つづき Q

(3)　(2)のとき，Cの極板間の電位差V〔V〕と蓄えられる電気量Q〔μC〕を求めよ。

解答　コンデンサーの極板間の電位差Vは，並列接続になっている抵抗R_2の電圧降下と同じだからオームの法則より

$$V=R_2I_2$$
$$=200\times0.2=40\text{〔V〕}$$

コンデンサーの基本式より

$$Q=CV$$
$$=4.0\times40=160\text{〔μC〕}$$

$V=40$ V　，　$Q=160$ μC ……

32 合成抵抗

合成抵抗

直列接続 $R=R_1+R_2+\cdots+R_n$

並列接続 $\dfrac{1}{R}=\dfrac{1}{R_1}+\dfrac{1}{R_2}+\cdots+\dfrac{1}{R_n}$

直列接続の合成抵抗を求めよう

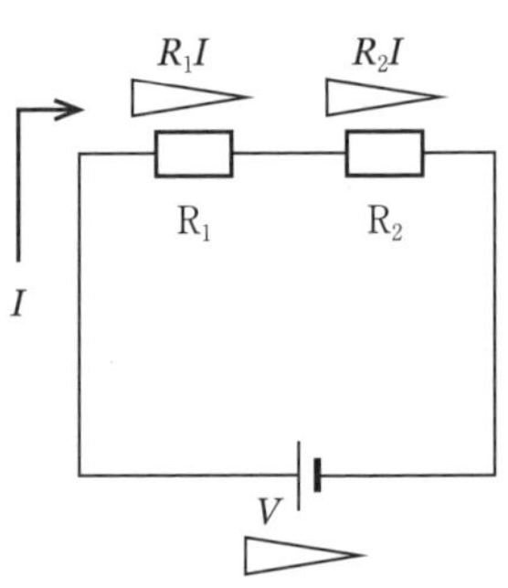

図のように抵抗値 R_1, R_2〔Ω〕の抵抗 $\mathrm{R_1}$, $\mathrm{R_2}$ を直列に接続し，両端に電圧 V〔V〕を加えます。このとき，回路に流れる電流を I〔A〕とすると，各抵抗に流れる電流はどちらも I〔A〕になるので，$\mathrm{R_1}$, $\mathrm{R_2}$ にかかる（加わる）電圧は，R_1I, R_2I〔V〕となります。両端に加えた電圧 V〔V〕は，$\mathrm{R_1}$, $\mathrm{R_2}$ にかかる電圧の和で表されるので

$$V=R_1I+R_2I=(R_1+R_2)I$$

となります。したがって，２つの抵抗を１つの抵抗とみなした全体の抵抗，すなわち合成抵抗 R〔Ω〕は，全体に加えた電圧 V〔V〕と，全体に流れる電流 I〔A〕を用いて

$$R=\frac{V}{I}=R_1+R_2 \qquad \cdots①$$

となります。一般に，**R_1, R_2, …, R_n〔Ω〕の n 個の抵抗を直列接続したときの合成抵抗 R〔Ω〕は**，①式と同様に考えることができるので，次の式で表されます。

$$R=R_1+R_2+\cdots+R_n$$

直列接続の合成抵抗 $R=R_1+R_2+\cdots+R_n$

並列接続の合成抵抗を求めよう

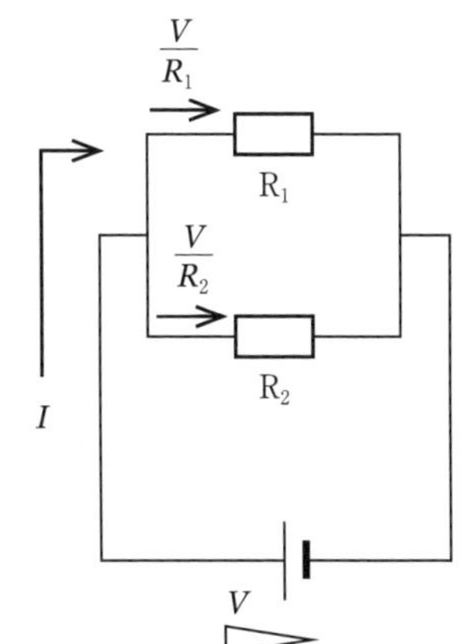

図のように，抵抗 R_1，R_2 を並列に接続し，両端に電圧 V〔V〕を加えます。このとき，R_1，R_2 にかかる電圧は，どちらも V〔V〕になるので，各抵抗に流れる電流は，$\frac{V}{R_1}$，$\frac{V}{R_2}$〔A〕となります。回路全体に流れる（電池から流れ出る）電流 I〔A〕は，R_1，R_2 に流れる電流の和で表されるので

$$I=\frac{V}{R_1}+\frac{V}{R_2}=\left(\frac{1}{R_1}+\frac{1}{R_2}\right)V$$

となります。したがって，全体の抵抗（合成抵抗）R〔Ω〕は，全体に流れる電流 I〔A〕と全体に加えた電圧 V〔V〕を用いて

$$\frac{1}{R}=\frac{I}{V}=\frac{1}{R_1}+\frac{1}{R_2} \qquad \cdots②$$

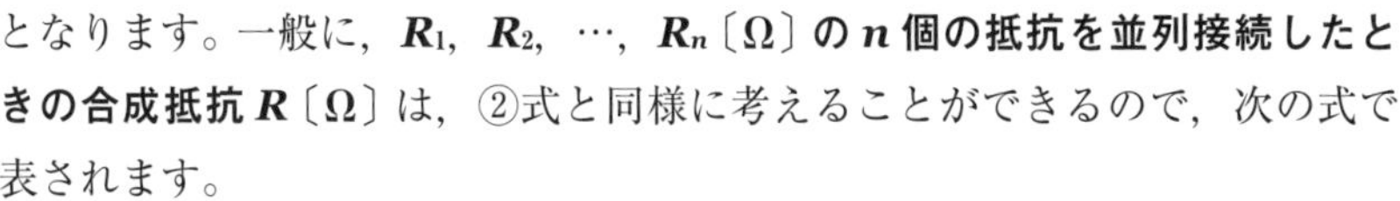

となります。一般に，**R_1，R_2，…，R_n〔Ω〕の n 個の抵抗を並列接続したときの合成抵抗 R〔Ω〕**は，②式と同様に考えることができるので，次の式で表されます。

$$\frac{1}{R}=\frac{1}{R_1}+\frac{1}{R_2}+\cdots+\frac{1}{R_n}$$

並列接続の合成抵抗　$\frac{1}{R}=\frac{1}{R_1}+\frac{1}{R_2}+\cdots+\frac{1}{R_n}$

33 ホイートストンブリッジ

解説動画

ホイートストンブリッジ

$$\frac{R_1}{R_2}=\frac{R_3}{R_x}$$

（R_x は未知の抵抗値）

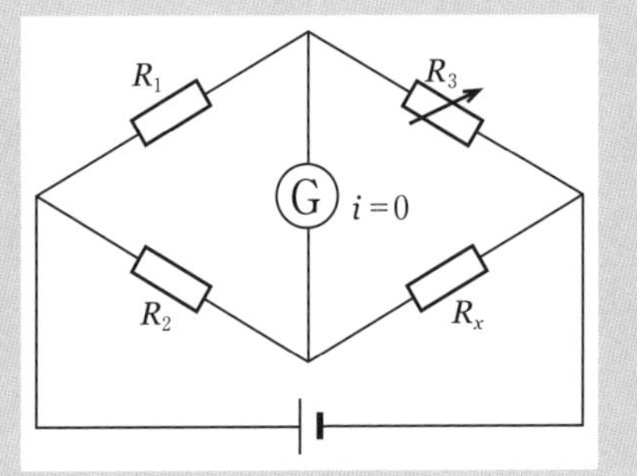

次の問題を解いて，32 の内容を復習しておきましょう。

P.113

1 本 r〔Ω〕の抵抗で図のような回路をつくりました。合成抵抗 R〔Ω〕を求めよ。

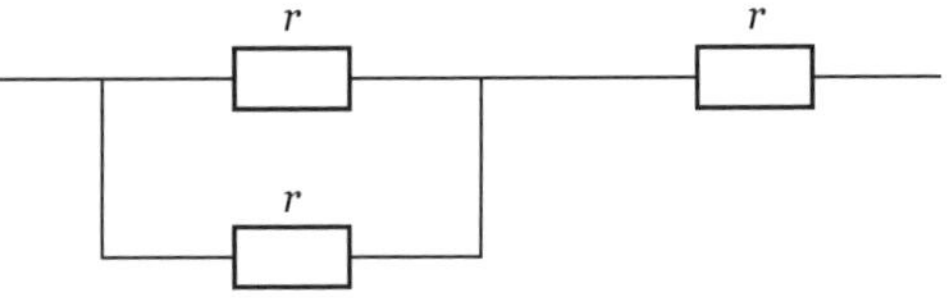

回路の左半分の並列部分の合成抵抗を R_L〔Ω〕とすると

$$\frac{1}{R_L}=\frac{1}{r}+\frac{1}{r}=\frac{2}{r}$$

$$R_L=\frac{r}{2}$$

したがって，合成抵抗 R〔Ω〕は，R_L〔Ω〕と r〔Ω〕の直列接続とみなせるので

$$R=R_L+r=\frac{3}{2}r$$

$\frac{3r}{2}$〔Ω〕……答

今回は，未知抵抗の抵抗値を精密に測定する方法について考えます。オームの法則によれば，抵抗値は $R=\dfrac{V}{I}$ より求められるので，未知抵抗に流れる電流 I を電流計で測定し，未知抵抗にかかる電圧 V を電圧計で測定すれば，抵抗値 R は計算により求められるはずです。しかし，この方法では電流 I や電圧 V を測定しているときに，電流計や電圧計にも電流が流れてしまうため，測定値に誤差が生じてしまいます。

ここでは，測定器に電流が流れないように工夫した回路を紹介しましょう。

ホイートストンブリッジとは何か？

未知の抵抗値 R_x を精密に測定するために用いられる次のような回路を，ホイートストンブリッジといいます。抵抗値 R_1，R_2，R_3，R_x〔Ω〕の抵抗，検流計G，電池を図１のように接続します。

ここで，記号 (可変抵抗器の記号) は，抵抗値を自由に変えることのできる抵抗(可変抵抗器)を表しています。いま，検流計Gに流れる電流が0になるように可変抵抗器 R_3〔Ω〕を調節します。R_1，R_2〔Ω〕に流れる電流をそれぞれ I_1，I_2〔A〕とすると，Gには電流が流れないので R_3，R_x〔Ω〕に流れる電流もそれぞれ I_1，I_2〔A〕となります。

図１

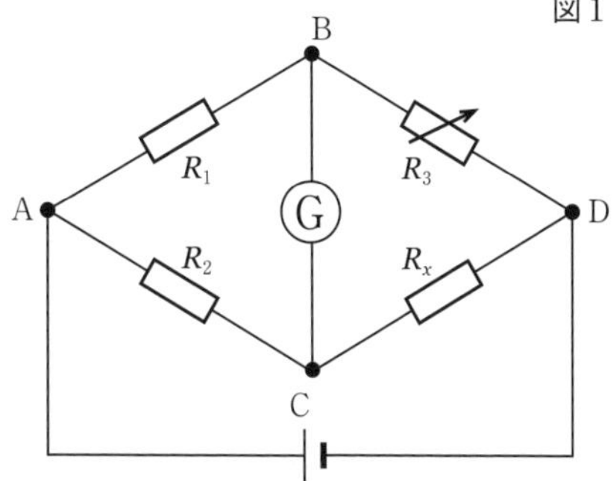

図２

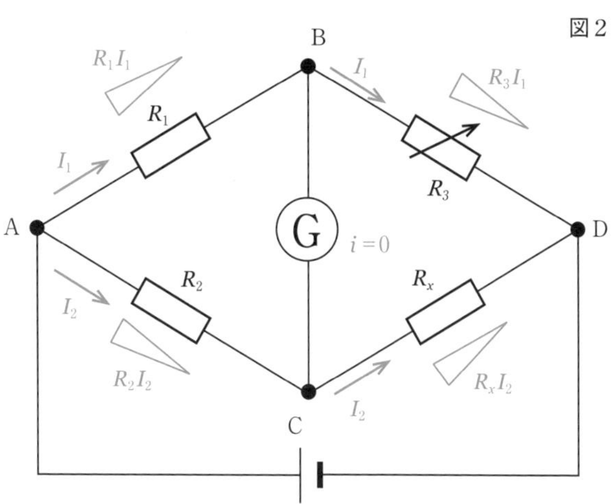

ここで，回路中の２点B，Cが等電位であることに注意しましょう。これは２点B，C間に電流が流れていないことからわ

かりますね。そして，各抵抗での電圧降下(電位差)を回路に記入すると，図2のようになります。これをキルヒホッフの第２法則として式で表すと，次のようになります。

A，B間の電圧降下と，A，C間の電圧降下は等しいので

$$\boldsymbol{R_1I_1 = R_2I_2}$$

B，D間とC，D間の電圧降下も等しいので

$$\boldsymbol{R_3I_1 = R_xI_2}$$

上の２式を，辺々割り算すると

$$\boldsymbol{\frac{R_1}{R_3} = \frac{R_2}{R_x}}$$

$$\boldsymbol{\frac{R_1}{R_2} = \frac{R_3}{R_x}}$$

ホイートストンブリッジでは，検流計Gに電流が流れないように調節しているので，**検流計の内部抵抗の影響を受けずに，未知の抵抗値 $\boldsymbol{R_x}$〔Ω〕を精密に測定することができる**のです。

POINT

ホイートストンブリッジ

$$\boldsymbol{\frac{R_1}{R_2} = \frac{R_3}{R_x}}$$

($\boldsymbol{R_x}$ は未知の抵抗値)

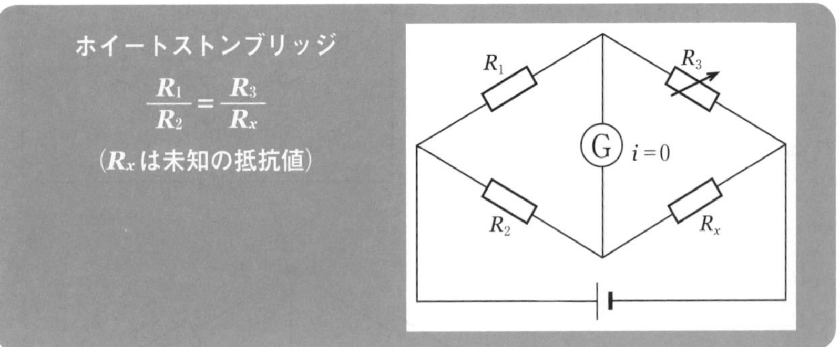

回路の図中にある抵抗値 R_1，R_2，R_3，R_x の抵抗の位置と，式 $\frac{R_1}{R_2} = \frac{R_3}{R_x}$ の位置関係が同じなので，覚えやすい関係式ですね。

34 非オーム抵抗

電球(非オーム抵抗)を含む直流回路の解きかた

1. 電球に流れる電流をI，かかる電圧をVとして，電位差の式を立てる。

2. 電位差の式のグラフと特性曲線の交点を読みとる。

通常の抵抗は，オームの法則 $V=RI$ にしたがって電流I，電圧Vが変化していきます。ですから，I–Vグラフは直線になります。しかし，豆電球や白熱電球の場合，オームの法則にはしたがわず，I–Vグラフも曲線になります。このように，オームの法則にしたがわない抵抗を**非オーム抵抗**，または**非直線抵抗**といいます。今回は，非オーム抵抗に流れる電流や，かかる(加わる)電圧の求めかたを学習します。

右のグラフは，電球Lに加えた電圧V〔V〕と流れる電流I〔A〕との関係(電圧－電流特性)を表しています。この電球L，5Ωの抵抗，および1Vの電池を用いて回路(1)，(2)，(3)を組んだ。それぞれの回路において，Lにかかる電圧VとLに流れる電流Iを求めよ。

(改　信州大)

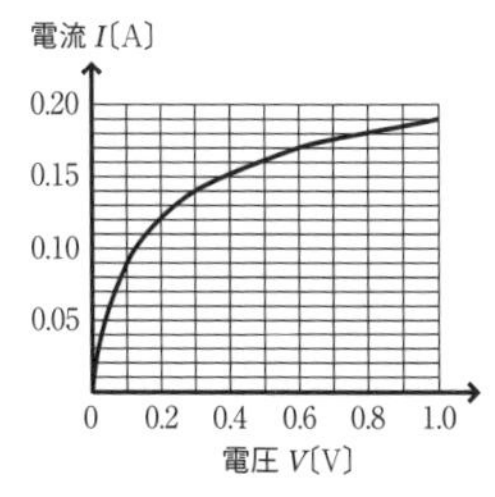

回路(1)

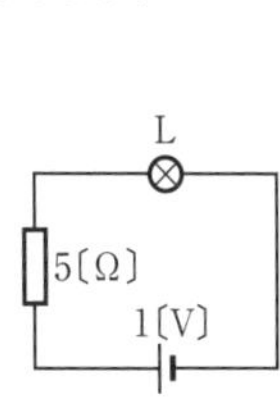

回路(2)

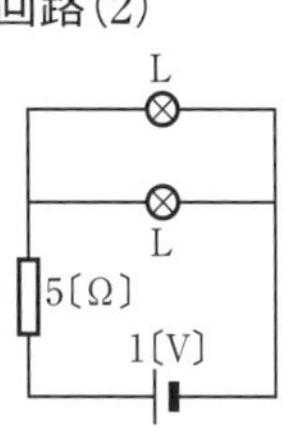

回路(3)

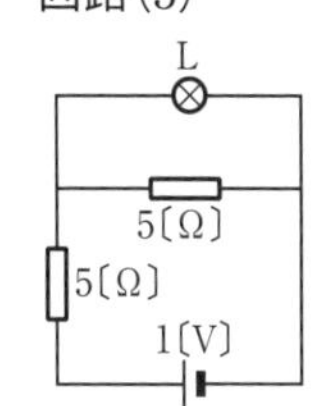

秘 テクニック

電球(非オーム抵抗)を含む直流回路の解きかた

1．電球に流れる電流をI，かかる電圧をVとして，電位差の式(閉回路1周の電位差の総和は0)を立てる。

2．電位差の式のグラフと特性曲線の交点を読み取る。

それでは，回路(1)を用いて 秘 テクニックの使いかたを考えていきましょう。

まず，回路(1)の図に，電流Iと各素子(電池，抵抗，電球)の電圧を記入していきます。各素子のどちらが高電位になるかを注意して記入してくださいね。そして，回路(1)の図を見ながら，電位差の式(キルヒホッフの第2法則)を立てると，次のようになります。

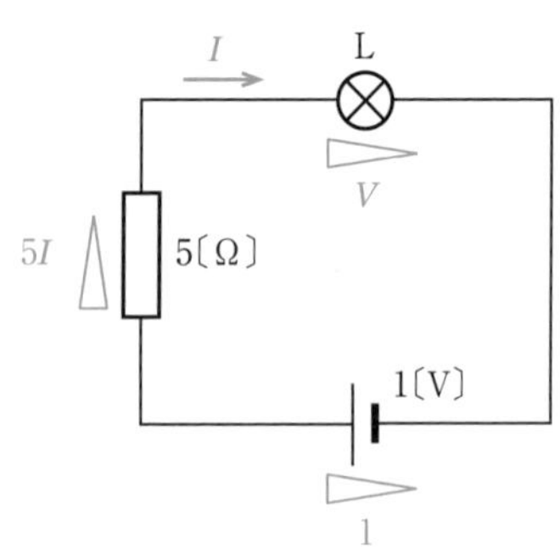

解答

回路(1)の電位差の式
(キルヒホッフの第2法則)は

$$1-5I-V=0$$

$$I=-\frac{1}{5}V+0.2$$

この式をI–Vグラフ上にかき，特性曲線との交点を読みとると

$$V=0.3,\ \ I=0.14$$

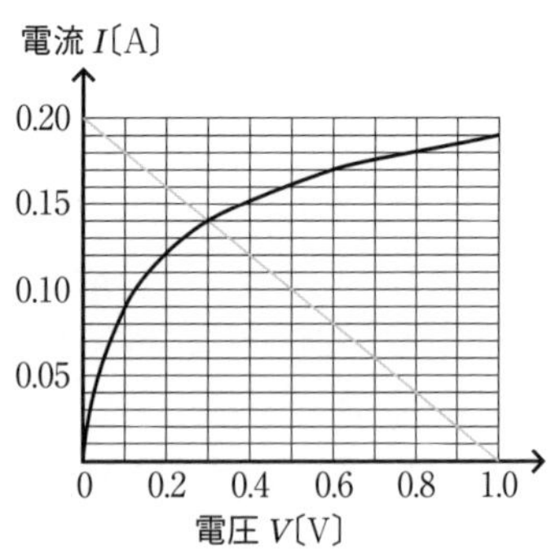

$V=0.3$V ，$I=0.14$A …… 答

解答中で使った 秘 テクニック2「電位差の式 $\left(I=-\frac{1}{5}V+0.2\right)$ と特性曲線の交点を読み取る」についてくわしく考えてみましょう。

では，なぜ交点の座標が電球Lにかかる電圧や流れる電流を表しているのでしょうか。回路(1)の中にある電球Lは，かかる電圧 V と流れる電流 I の関係を表した特性曲線と，電球Lがある回路(1)の電位差の式(キルヒホッフの第2法則)の2つの条件を同時に満たす必要があります。ですから，2つのグラフの交点を読んで，実際に電球Lにかかる電圧 V と，流れる電流 I の値を求めているのです。

回路(2)についても同様に解いていきましょう。まず，回路(2)の図に，電流 I と各素子の電圧を記入していきます。ここで，電池に流れ込む電流，すなわち5Ωの抵抗に流れる電流は，$2I$〔A〕になることに注意してください。電位差の式(キルヒホッフの第2法則)は次のようになります。

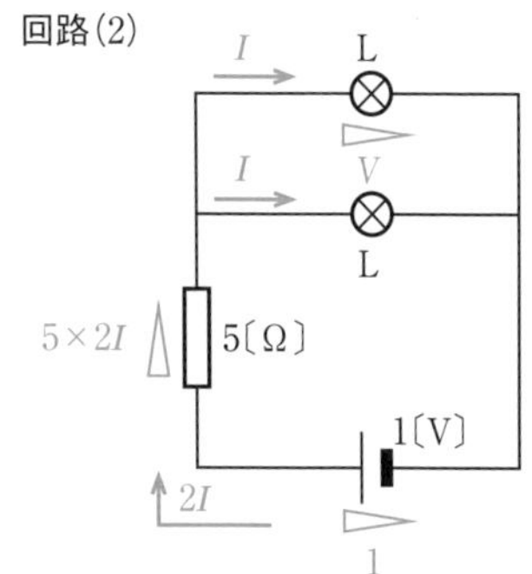

解答 回路(2)の電位差の式(キルヒホッフの第2法則)より

$$1-10I-V=0$$

$$I=-\frac{1}{10}V+0.1$$

この式を I–V グラフ上にかき，特性曲線との交点を読みとると

$V=0.1$，$I=0.09$

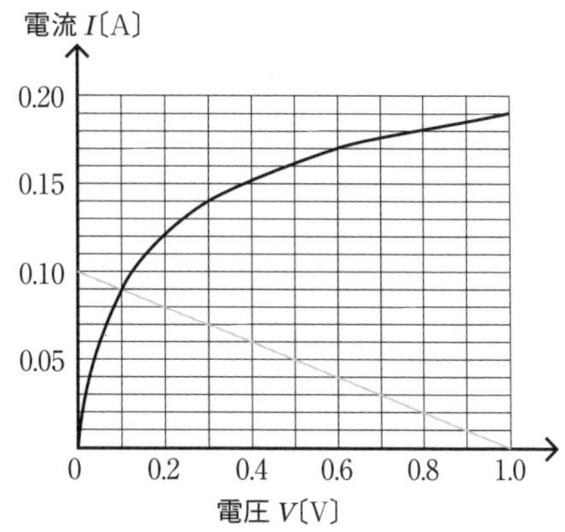

$V=0.1$V　，　$I=0.09$A …… 

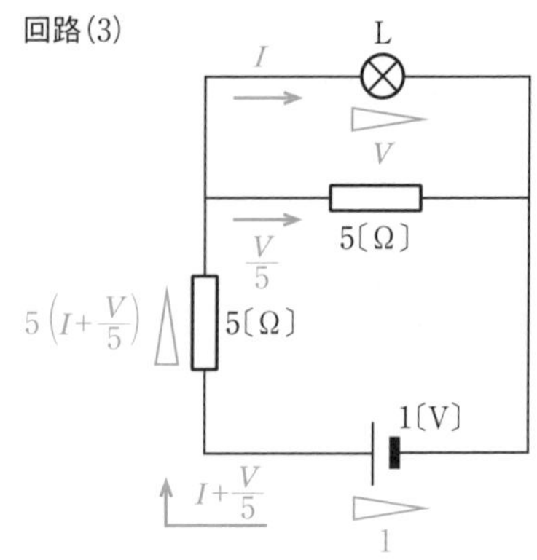

回路(3)についても同様に解いていきましょう。まず，回路(3)の図に，電流Iと各素子の電圧を記入していきます。ここで，電球Lと上にある抵抗は並列接続なので，電圧はどちらもV〔V〕となり，この5Ωの抵抗に流れる電流は$\frac{V}{5}$〔A〕になります。したがって，回路図の左下にある抵抗に流れる電流は$\left(I+\frac{V}{5}\right)$〔A〕となり，この5Ωの抵抗の電圧は$5\left(I+\frac{V}{5}\right)$〔V〕になります。回路図を見ながら電位差の式(キルヒホッフの第2法則)を立てると，次のようになります。

解答

回路(3)の電位差の式(キルヒホッフの第2法則)より

$$1-5\left(I+\frac{V}{5}\right)-V=0$$

$$I=-\frac{2}{5}V+0.2$$

この式をI–Vグラフ上にかき，特性曲線との交点を読みとると

$V=0.2$，$I=0.12$

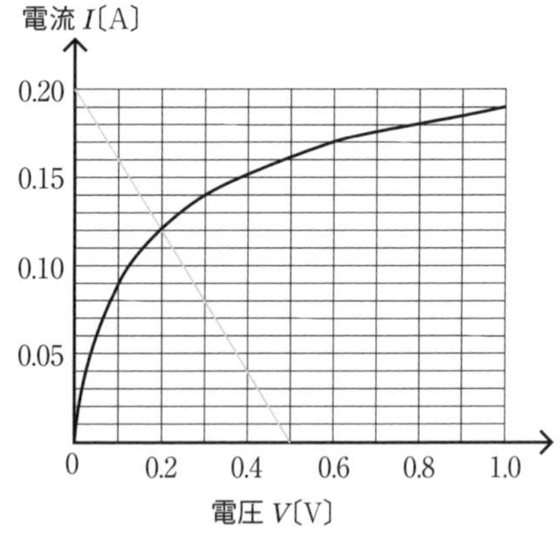

$V=0.2$V　，　$I=0.12$A ……答

35 電池の起電力と内部抵抗

電池の端子電圧　$V=E-rI$
(E：起電力　r：内部抵抗　I：電流)

電池はどのようなはたらきをしているのか？

電池のはたらきは，水をくみ上げるポンプにたとえられます。ポンプは，水を低いところから高いところへくみ上げるはたらきをしていますね。

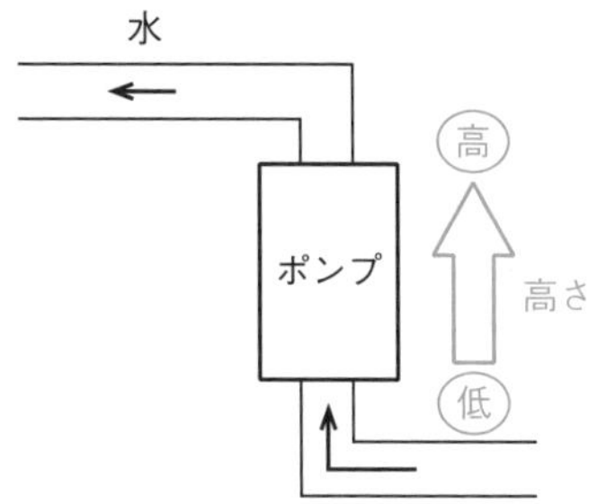

同様に，電池は**正の電荷を電位の低いところから高いところへ運ぼうとするはたらき**をしています。電池のこのようなはたらきを**起電力**といいます。また，**電池の両極側に現れる電圧**を**端子電圧**といいます。

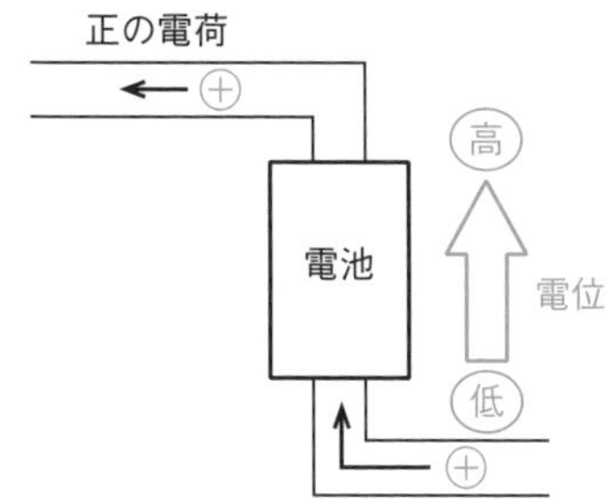

電池の起電力と端子電圧の違いを知ろう

電池に電流が流れていなければ，電池の端子電圧V〔V〕と起電力E〔V〕は等しくなります。しかし，電池に電流I〔A〕が流れると，**電池の内部抵抗r〔Ω〕による電圧降下の分だけ，端子電圧Vは起電力Eよりも小さくなります。**

よって，端子電圧Vは次のように表されます。

$$V=E-rI$$

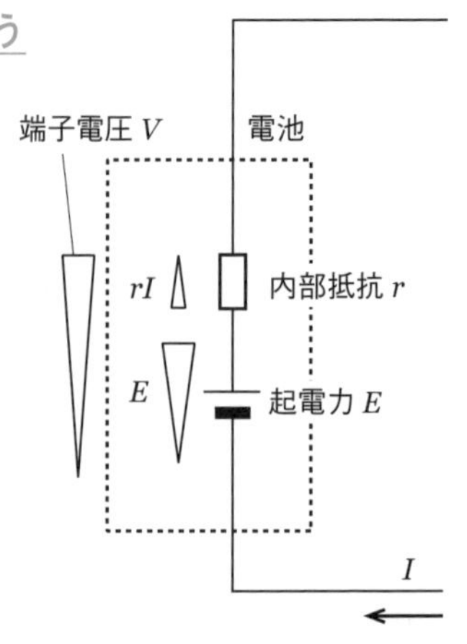

POINT

電池の端子電圧　$V=E-rI$

（E：起電力　r：内部抵抗　I：電流）

やってみよう Q

次の文章中の空欄［ア］，［イ］に入れる数値を求めよ。

５つの異なる抵抗をそれぞれ電池に接続し，抵抗両端の電圧と流れる電流を測定したところ，図(a)の結果を得た。これは，図(b)のように，電池を，内部抵抗とよばれる抵抗rと電圧(起電力)Eの直流電源が，直列接続されたものと考えることにより説明される。

図(a)の結果から，Eは［ア］V，rは［イ］Ωと求められる。

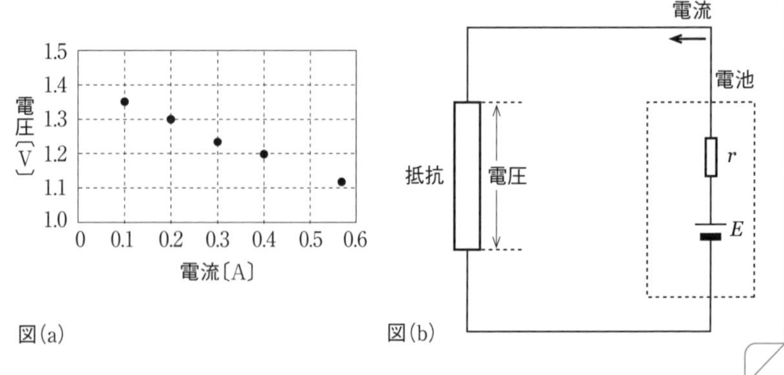

図(a)　図(b)

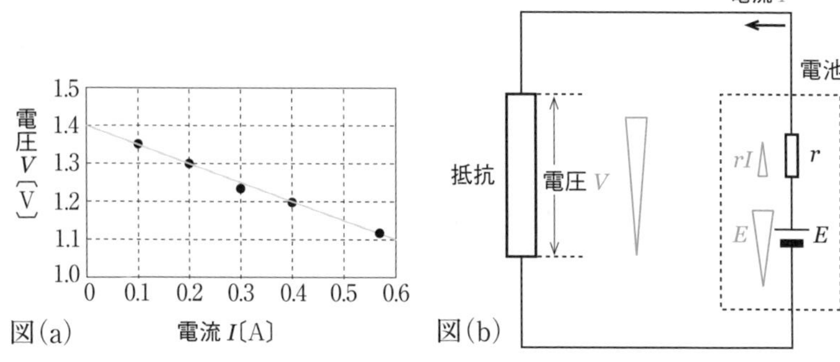

図(a)　図(b)

まず，抵抗両端の電圧を V〔V〕，流れる電流を I〔A〕とおきます。そして，図(b)の中にわかることをすべてかき込んでみましょう。上図のようになりましたね。図(a)の V–I グラフも完成させておきましょう。

図(b)より，抵抗両端の電圧 V は電池の端子電圧と等しいので，次の式が成り立ちます。

解答

$$V=E-rI$$

上式において，E，r は定数なので，V は I の1次関数である。V–I グラフの V 切片が E，傾きが $-r$ になるので，図(a)のグラフを読んで

$$E=1.40,\ r=0.50$$

ア：**1.40**　，　イ：**0.50** ……答

36 電力

電力 $P = IV = RI^2 = \dfrac{V^2}{R}$

復習 P.99

断面積 S〔$\mathrm{m^2}$〕の導線内を，電気量 $-e$〔C〕の自由電子が平均の速さ v〔m/s〕で移動している。導線を流れる電流の大きさ I〔A〕はいくらか。ただし，単位体積中の自由電子の数を n〔$1/\mathrm{m^3}$〕とする。

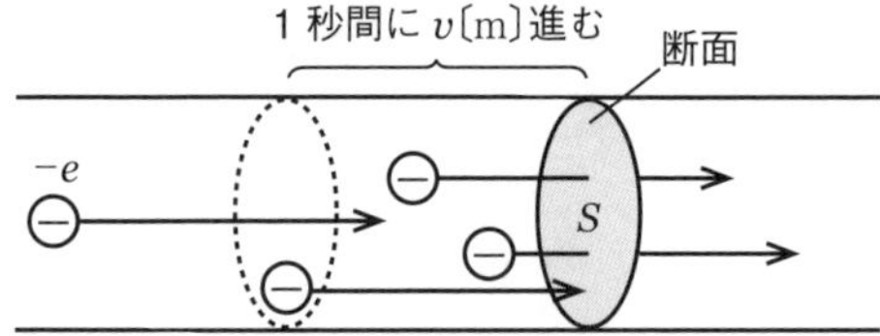

電流の大きさ I は，導線の断面を 1 秒間に通過する電気量，すなわち上の図の点線と断面の間の円柱に含まれる自由電子の電荷の大きさの総量に等しいので

$I = envS$

ジュール熱とは何か？

次ページの図のように，長さ l〔m〕の導線の両端に V〔V〕の電圧を加えると，導線内に 強さ $E = \dfrac{V}{l}$〔V/m〕の一様な電場が右向きに生じます。電気量 $-e$〔C〕の自由電子は，電場から 大きさ $F = eE = \dfrac{eV}{l}$〔N〕の静電気力を左向きに受けて移動します。自由電子は静電気力を受けて加速するのですが，導線を構成している陽イオンと衝突を起こし減速してしまいます。この

ように，自由電子は加速と減速を繰り返しながら，平均して v〔m/s〕の速さで移動します。ここで，自由電子は $F=\dfrac{eV}{l}$〔N〕の静電気力を左向きに受けて，左向きに１秒間あたり v〔m〕進んでいるので，１個の自由電子が電場から単位時間（１秒間）あたりにされる仕事〔J/s〕は

$$\boldsymbol{Fv=\frac{eVv}{l}}$$

となります。

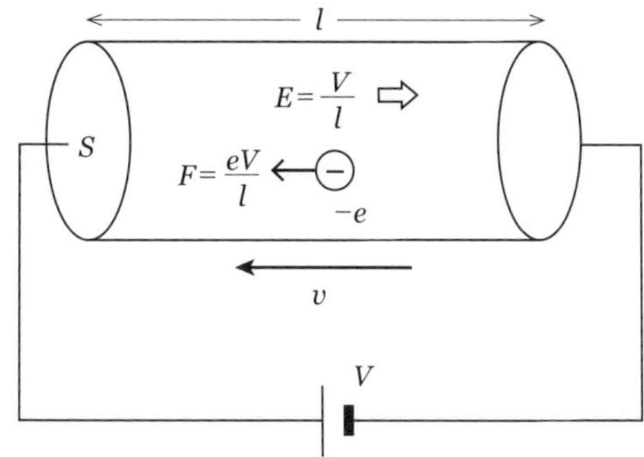

こうして，自由電子が電場からされた仕事は，衝突の際すべて導線を構成している陽イオンに受け渡され，陽イオンの熱振動のエネルギーに変換されます。すなわち，電気のエネルギーが，熱のエネルギーに変わるのです。このように，**電流が流れている抵抗で発生する熱**を**ジュール熱**といいます。

電力とは何か？

単位体積中の自由電子の数を n〔1/m^3〕，導線の断面積を S〔m^2〕とすると，長さ l〔m〕の導線内の自由電子の数は nSl 個だから，導線内で単位時間あたりに発生するジュール熱 P〔J/s〕は，上で求めた１個の自由電子が電場から単位時間あたりにされる仕事 Fv の個数（nSl）倍になり

$$\boldsymbol{P=nSl\times Fv}$$

$$\boldsymbol{=nSl\times\frac{eVv}{l}}$$

$$\boldsymbol{=nSeVv}\quad\cdots①$$

となります。

ここで，P.124 で求めた $I = envS$ を①式に代入して，さらに変形すると

$$P = IV \quad \cdots ②$$

となります。オームの法則 $V = RI$ を用いて②式を変形すると

$$P = IV = RI^2 = \frac{V^2}{R}$$

と表されます。このように，**電流が単位時間にする仕事 P** を**電力**といい，**電流のする仕事率**です。電力 P の単位は，仕事率の単位**ワット〔W〕**と同じです。

電力　$P = IV = RI^2 = \frac{V^2}{R}$

また，**電流がある時間内にする仕事の総量**を**電力量**といいます。たとえば，**1〔W〕×1 時間で消費する電力量**を**1 ワット時〔Wh〕**といいます。

37 電流計・電圧計

分流器は電流計に並列に接続し，倍率器は電圧計に直列に接続する。

電流計とその特徴について学ぼう

回路のある部分に流れる電流を測定するためには，右図のように測定したい部分に電流計を直列に接続します。このとき，電流計の接続によって回路の抵抗が増し，測定しようとする電流が変化することがないように，電流計の内部抵抗は非常に小さくしてあります。

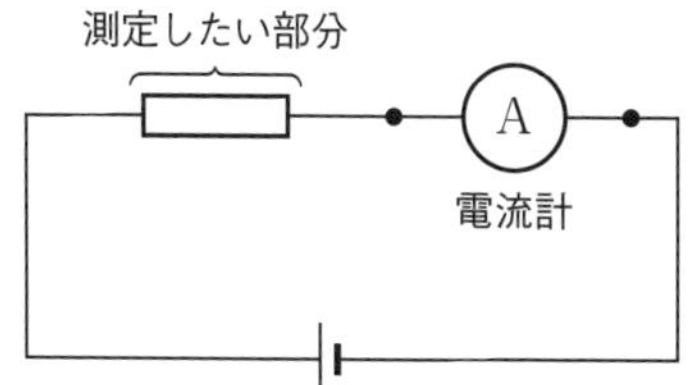

分流器とは何か？

図1のように内部抵抗 r_A〔Ω〕で，I〔A〕まで測定できる電流計を用いて，nI〔A〕まで測定できるようにするには，どうすればよいでしょうか。そのためには，図2のように抵抗値 R〔Ω〕の**抵抗を電流計に並列に接続**して，電流を抵抗のほうへ逃がせばよいのです。電流計には I〔A〕流し，合計で nI〔A〕流れるようにしたいので，この抵抗には $(n-1)I$〔A〕流れるようにすればよいのです。このような抵抗を**分流器**といいます。

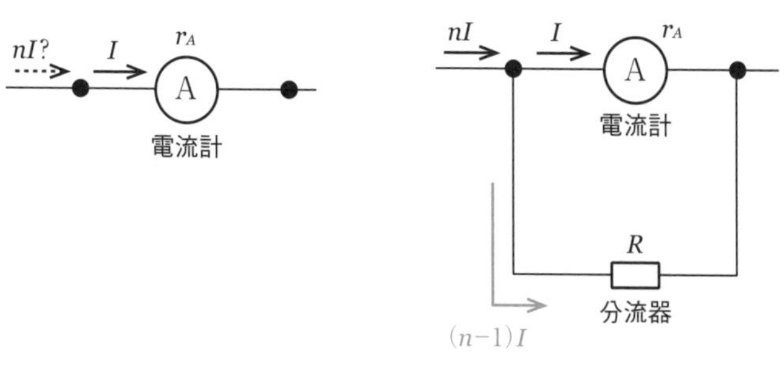

図1　　図2

やってみよう Q

図2の分流器の抵抗値 R〔Ω〕を求めよ。

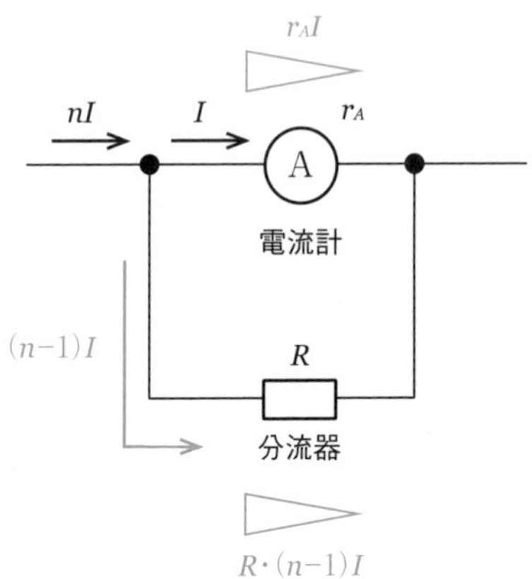

各部に流れる電流と，そこでの電圧降下を図2の中にかき込むと，上図のようになります。ここで，電流計と分流器は並列接続であり，電圧降下は等しくなるので，次の関係が成り立ちます。

解答

電流計と分流器の電圧降下は等しいので

$$r_A I = R\cdot(n-1)I$$

$$R = \frac{r_A}{n-1}$$

$$\boldsymbol{R = \frac{r_A}{n-1}}$$ ……答

電圧計とその特徴について学ぼう

回路のある部分にかかる電圧を測定するためには，右図のように測定したい部分に電圧計を並列に接続します。このとき，電圧計に大きな電流が流れて測定する電圧が変化することのないように，電圧計の内部抵抗は非常に大きくしてあります。

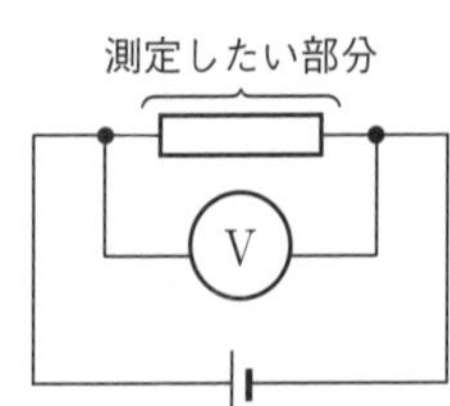

倍率器とは何か？

図3のように内部抵抗 r_V〔Ω〕で，V〔V〕まで測定できる電圧計を用いて，nV〔V〕まで測定できるようにするには，どうすればよいでしょうか。そのためには，図4のように，抵抗値 R〔Ω〕の**抵抗を電圧計に直列に接続**して $(n-1)V$〔V〕の電圧がこの抵抗にかかるようにすればよいのです。このような抵抗を**倍率器**といいます。

この結果，電圧計では V〔V〕，全体では nV〔V〕の電圧が測定できるようになるのです。

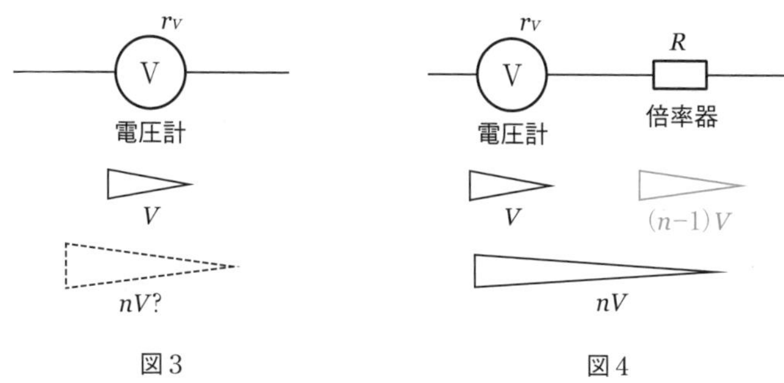

図3　図4

やってみよう Q　図4の倍率器の抵抗値 R〔Ω〕を求めよ。

図4より，電圧計と倍率器は直列接続であり，流れる電流は等しくなるので，次の式が成り立ちます。

解答　電圧計と倍率器に流れる電流は等しいので

$$\frac{V}{r_V}=\frac{(n-1)V}{R}$$

$$R=(n-1)r_V$$

$\boldsymbol{R=(n-1)r_V}$ ……答

38 磁場

解説動画

\押さえよ/

→ **磁場 ⇒ ＋1Wbの磁極が受ける磁気力**

電磁気の磁気といえば，磁石をイメージする人が多いと思いますが，現在では，磁気作用は電荷の運動によって起こることがわかっています。そこで今回は，まず磁石について学び，39からは電荷の運動による磁気作用について学んでいくことにしましょう。

磁気力に関するクーロンの法則について学ぼう

棒磁石が鉄などを引きつける力(磁気力)は，両端付近がもっとも強くなっています。この部分を磁極といいます。

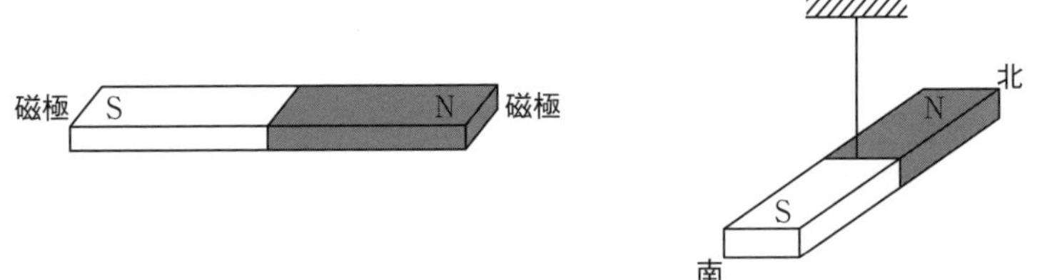

棒磁石を水平につるすと，ほぼ南北を向いて静止します。**北を向く磁極**をN極，**南を向く磁極**をS極といいます。**同種の磁極間**には斥力(せきりょく)，**異種の磁極間**には引力がはたらきます。

磁極の強さは磁気量で表され，**N極の磁気量を正**，**S極の磁気量を負**とそれぞれ定めて，**磁気量の単位**にはウェーバ〔Wb〕が用いられます。

右図のように，磁気量の大きさが m_1，m_2〔Wb〕の２つの磁極が r〔m〕離れているとき，磁極間にはたらく磁気力の大きさ F〔N〕は，次の式で表されます。

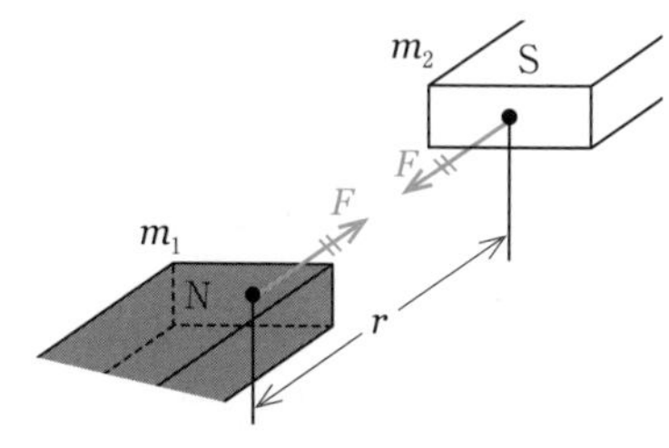

$$F = k_m\frac{m_1 m_2}{r^2}$$ （k_m は比例定数）

これを磁気力に関するクーロンの法則といいます。次の 復習 に示した静電気力に関するクーロンの法則と似た形をしていますね。対比させて覚えておきましょう。

P.12

静電気力に関するクーロンの法則　$F = k\frac{q_1 q_2}{r^2}$

F〔N〕　：静電気力の大きさ

k〔$N\cdot m^2/C^2$〕：比例定数

q_1，q_2〔C〕：２つの点電荷の電気量の大きさ

r〔m〕　：点電荷の距離

磁極によって磁場を定義しよう

電荷に静電気力を及ぼす空間が電場であったのと同様に，**磁極に磁気力を及ぼす空間**を磁場（磁界）といいます。そこで，電場と同様に，磁場を次のように定義します。

POINT

磁場　⇒　＋1Wbの磁極が受ける磁気力

したがって，m〔Wb〕の磁極が受ける磁気力が $\vec{F}$〔N〕であるとき，その点での磁場の強さ $\vec{H}$ は次のように表されます。

$$\vec{H} = \frac{\vec{F}}{m}$$

POINT ❗

磁場の強さ　$\vec{H}=\dfrac{\vec{F}}{m}$

❗ POINTの式より，**磁場の強さの単位**は〔N/Wb〕となることがわかります。電場の定義と比べてみましょう。

復習

P.14
P.15

電場　⇒　+1C の電荷が受ける静電気力

q〔C〕の電荷が受ける静電気力が $\vec{F}$〔N〕であるとき，その点での電場 $\vec{E}$ は次のように表されます。

$$\vec{E}=\frac{\vec{F}}{q}$$

磁場についても電場と対比させて覚えておきましょう。

磁力線とは何か？

電場中で，正電荷を受ける力の向きに少しずつ動かしていくと曲線がかけます。この曲線は電気力線（りきせん）とよばれていましたね。同様に，**磁場中で磁石のN極が受ける力の向きに少しずつ動かしたときにできる曲線**が磁力線です。したがって，**磁力線は磁石のN極から出てS極に入ります。**

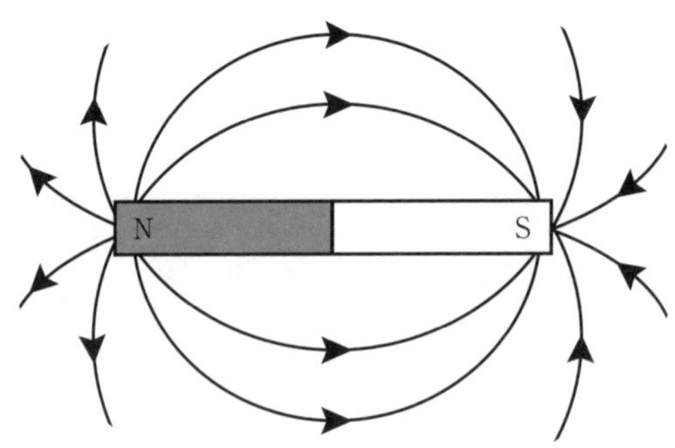

39 電流が作る磁場

▽解説動画

\押さえよ/ →

直線電流が作る磁場　$H = \dfrac{I}{2\pi r}$

円形電流が作る磁場　$H = \dfrac{I}{2r}$

ソレノイドの電流が作る磁場　$H = nI$

直線電流が作る磁場について考えよう

電流の向きは右ねじの進む向きと同じ

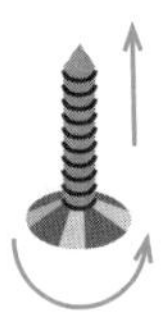

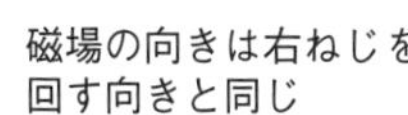

磁場の向きは右ねじを回す向きと同じ

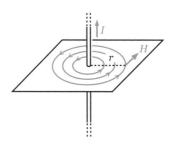

直線電流が作る磁場は，電流に垂直な面内で電流を中心として同心円状に生じます。電流の向きを右ねじの進む向きにとると，磁場の向きは右ねじを回す向きになり，また，磁場の強さ H〔N/Wb〕は，電流の強さ I〔A〕に比例し，電流からの距離 r〔m〕に反比例して，次のように表されます。

POINT

直線電流が作る磁場　$H = \dfrac{I}{2\pi r}$

上式より，**磁場の強さの単位**は〔A/m〕と表せることがわかります。すなわち，1N/Wb = 1A/m です。

これから磁気の分野を学習していくと，向きを考える場面が多く現れます。そこで，どのような場合にも成り立つ便利な秘テクニックを教えておきましょう。

秘 テクニック

磁気の分野で問われる“向き”は，すべて右ねじの法則で説明できる。

右ねじになじみがない人もいると思いますので，ここで別の覚えかたにも触れておきましょう。

右ねじの
進む向き
右ねじを
回す向き

右図のように，右手で“グー”を作り，親指を立ててください。このとき，曲げた４本指の向きが右ねじを回す向き，親指の向きが右ねじの進む向きに相当します。すなわち，**磁気で問われる“向き”は，すべてこの指使いで解決できる**ということです。

円形電流が作る磁場について考えよう

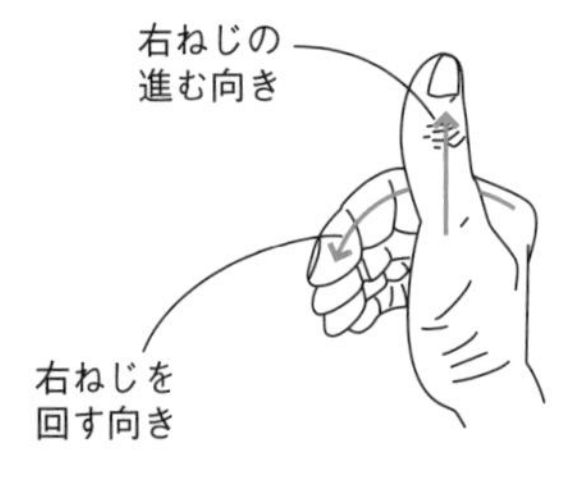

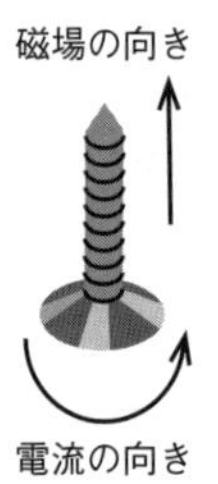

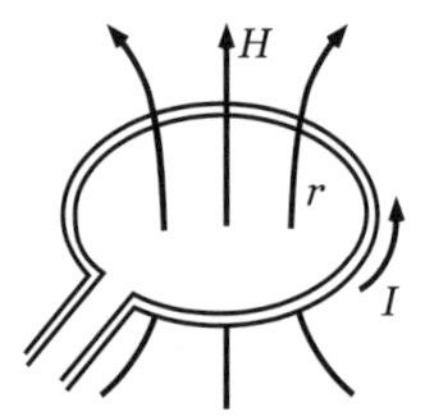

円形電流が作る磁場も，上図のように，右ねじの法則で表されます。この場合，右ねじを回す向きが電流の向き，右ねじの進む向きが磁場の向きを表しています。円形電流がその中心に作る磁場の強さ H〔A/m〕は，電流の強さ I〔A〕に比例し，円の半径 r〔m〕に反比例して，次のように表されます。

POINT

円形電流が作る磁場　$H=\dfrac{I}{2r}$

ソレノイドの電流が作る磁場について考えよう

導線を密に巻いた長い円筒状のコイルをソレノイドといいます。

ソレノイドに流れる電流が作る磁場も，右図のように，右ねじの法則で理解できます。この場合，右ねじを回す向きが電流の向き，右ねじの進む向きが磁場の向きを表しています。ソレノイド内部に生じる磁場の強さH〔A/m〕は，1mあたりの巻き数n〔回/m〕，電流の強さI〔A〕にそれぞれ比例し，次のように表されます。

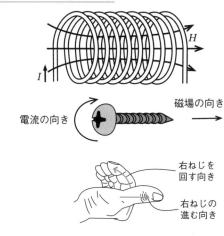

POINT

ソレノイドの電流が作る磁場　$H=nI$

40 電流が磁場から受ける力

▽解説動画

＼押さえよ／

磁束密度　$B = \mu H$　（μ：透磁率）
電流が磁場から受ける力　$F = lI \times B$

電流が磁場から受ける力について考えよう

下図のように，電流 I〔A〕が流れている長さ l〔m〕の導線が，強さ H〔A/m〕の磁場に垂直に置かれています。この導線が受ける力 F〔N〕は，I，l，H のどの値にも比例します。比例定数を μ とすると，次のように表されます。

$F = \mu lIH$　…①

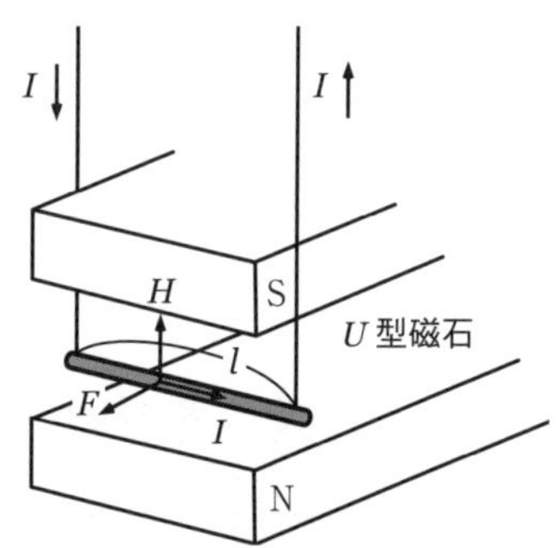

①式において，μ は**電流のまわりの物質によって決まる定数**で，透磁率といいます。真空の透磁率 μ_0 は，$\mu_0 = 1.26 \times 10^{-6}$N/A^2 であり，空気中の透磁率もこれとほぼ等しい値です。

μ と H の積を B で表し，これを磁束密度といいます。

POINT

磁束密度　$B = \mu H$　（μ：透磁率）

真空中や空気中において，磁束密度 B の向きは磁場 H の向きと一致します。B を用いると，①式は次のように表されます。

$F = IlB$ …②

②式は次のような形で記憶しておくと，力 F の向きもわかるのでとても便利です。

POINT

電流が磁場から受ける力　$F = lI \times B$

$F = lI \times B$ の式において，I は磁束密度 B に垂直な電流の成分を考えましょう。$I \times B$ の記号の×は右ねじを回す向きを表します。すなわち，下図のように**電流 I の向きから磁束密度 B の向き（磁場 H と同じ向き）に右ねじを回したとき，ねじの進む向きが受ける力 F の向き**を表しています。ここでの l は向きをもたない定数なので，向きとは関係ありませんね。

次に，磁束密度 B の単位について考えます。

②式より $B = \dfrac{F}{Il}$ となるので，**磁束密度 B の単位**は〔N/A･m〕となりますが，これをテスラ〔T〕といいます。すなわち，1N/A･m = 1T です。

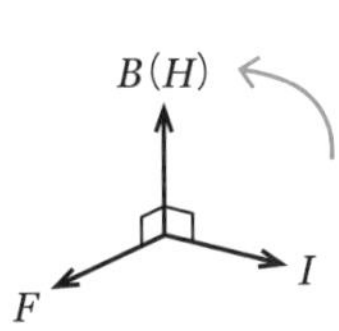

やってみよう Q

図のように電流 I〔A〕が流れている長さ l〔m〕の導線が磁束密度 B〔T〕の磁場と θ の角をなして置かれている。(1)～(3)の問いに答えよ。

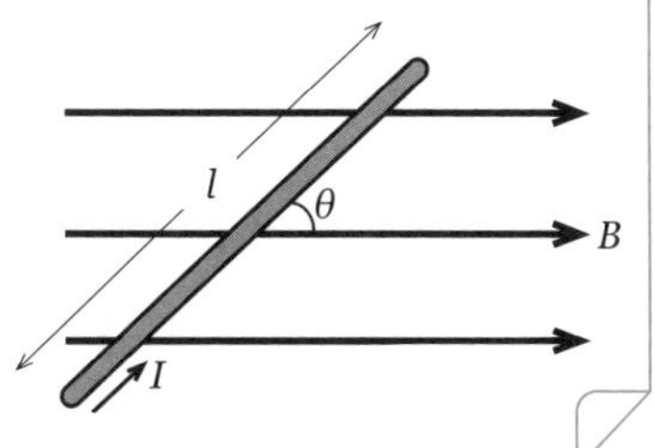

つづき Q

(1) $\theta=90^\circ$ のとき導線が受ける力の大きさと向きを求めよ。

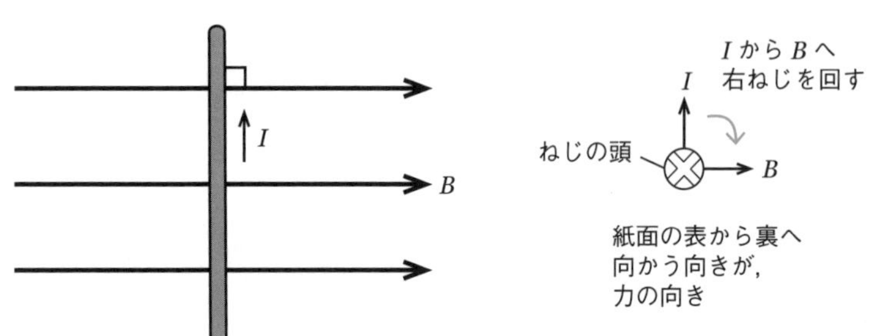

磁場の向きに対して垂直な電流の成分を考えればよいので，この場合は，$\theta=90^\circ$ で，$I\sin 90^\circ = I$ ですね。

解答 $\theta=90^\circ$ のとき，磁場に対して垂直に流れる電流の成分は，$I\sin 90^\circ=I$ なので，電流 I が流れている長さ l の導線が磁束密度 B の磁場から受ける力の大きさ F は

$$F=lIB$$

また，右ねじの法則より，力の向きは紙面の表から裏へ向かう向きとなる。

$F=lIB$〔N〕 …… 

紙面の表から裏へ向かう向き

つづき Q

(2) $\theta=0^\circ$ のとき導線が受ける力の大きさと向きを求めよ。

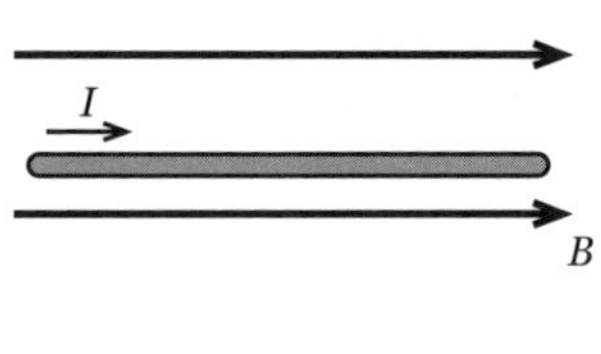

解答 $\theta=0^\circ$ のとき，磁場に対して垂直に流れる電流の成分は，$I\sin 0^\circ=0$ なので，導線が磁場から受ける力は 0 となる。

$F=0$N …… 答

(3) $\theta=30^\circ$ のとき導線が受ける力の大きさと向きを求めよ。

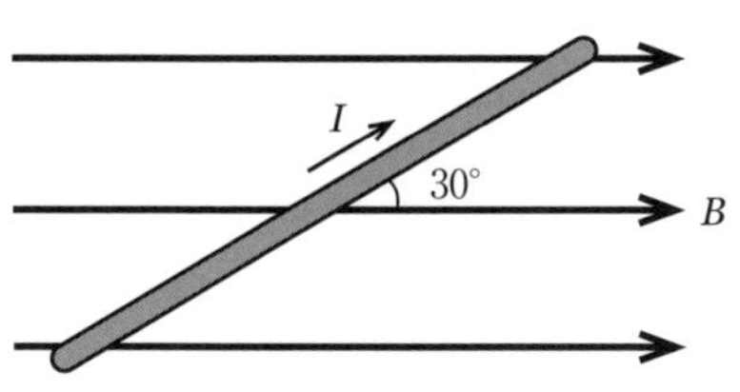

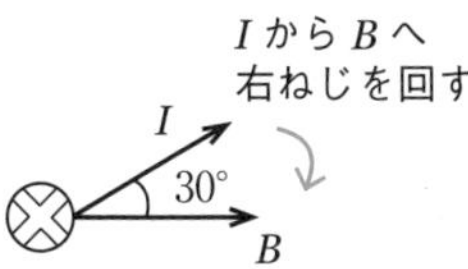

紙面の表から裏へ
向かう向きが,
力の向き

解答 $\theta=30^\circ$ のとき，磁場に対して垂直に流れる電流の成分は，$I\sin 30^\circ=\dfrac{I}{2}$

なので，導線が磁場から受ける力の大きさ F は

$$F=l\cdot\frac{I}{2}\cdot B=\frac{lIB}{2}$$

また，右ねじの法則より，力の向きは紙面の表から裏へ向かう向きとなる。

$$\boldsymbol{F=\frac{lIB}{2}}\ \text{〔N〕}$$ ……答

紙面の表から裏へ向かう向き

41 平行電流間にはたらく力

磁束密度　$B = \mu H$　　(μ：透磁率)

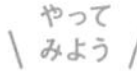

P.136
P.137

電流が磁場から受ける力　$F = Il \times B$

やってみよう Q

右の図のように透磁率 μ_0〔N/A^2〕の真空中で，間隔 d〔m〕の平行な直線導線に電流 I_1，I_2〔A〕を同じ向きに流す。

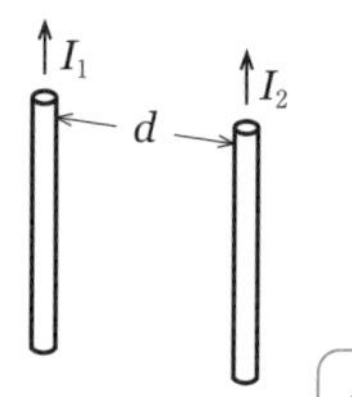

Q

(1) 電流 I_1 が電流 I_2 の位置に作る磁場 H_1〔A/m〕と磁束密度 B_1〔T〕を求めよ。また，B_1 の向きを図中に記入せよ。

磁場 H_1 の強さは，直線電流が作る磁場の式 $H = \dfrac{I}{2\pi r}$ より求めることができます。磁場 H_1 の向きは，右図のように，右ねじの法則を用いて考えます。I_1 の向きを右ねじの進む向き，H_1 の向き(B_1 の向きも同じ)を右ねじを回す向きとして求めることができます。

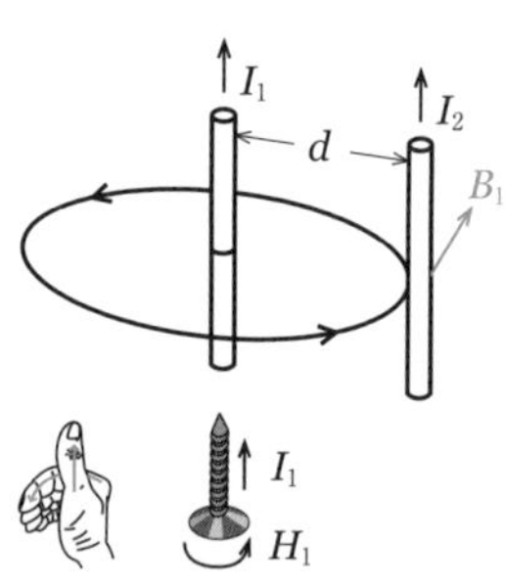

直線電流が作る磁場の式と，磁束密度と磁場の関係式 $B = \mu H$ より

$$H_1 = \frac{I_1}{2\pi d} \qquad B_1 = \mu_0 H_1 = \frac{\mu_0 I_1}{2\pi d}$$

$$\boldsymbol{H_1 = \frac{I_1}{2\pi d},\ B_1 = \frac{\mu_0 I_1}{2\pi d}}$$ ……答

B_1 の向きは，解説の図参照

つづき
Q

(2) 電流 I_2 の l〔m〕の部分が受ける力 F_2〔N〕を求めよ。また，F_2 の向きを図中に記入せよ。

力 F_2 は，電流が磁場から受ける力の式 $F=lI\times B$ を用いて求めます。右図のように，力 F_2 は，I_2 から B_1 の向きに右ねじを回したときに，右ねじが進む向きにはたらきます。

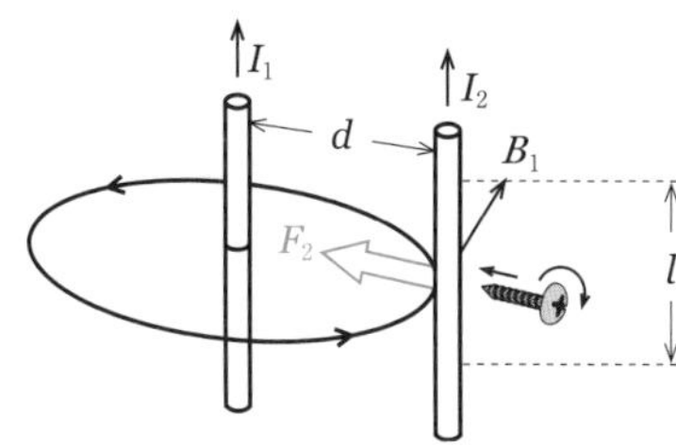

解答

$F=lI\times B$ において，電流 I_2 が磁束密度 B_1 によって受ける力 F_2 を求めるのだから

$$F_2=lI_2B_1=\frac{\mu_0 lI_1I_2}{2\pi d}$$

$$\boldsymbol{F_2=\frac{\mu_0 lI_1I_2}{2\pi d}}$$ ……答

F_2 の向きは，解説の図参照

つづき
Q

(3) 電流 I_2 が電流 I_1 の位置に作る磁束密度 B_2〔T〕を求めよ。また，B_2 の向きを図中に記入せよ。

(1)と同様，直線電流が作る磁場の式 $H=\dfrac{I}{2\pi r}$ と，右ねじの法則を用いて解いていきましょう。ここでは，I_2 の向きが右ねじの進む向き，$H_2(B_2)$ の向きが，右ねじを回す向きに相当します。

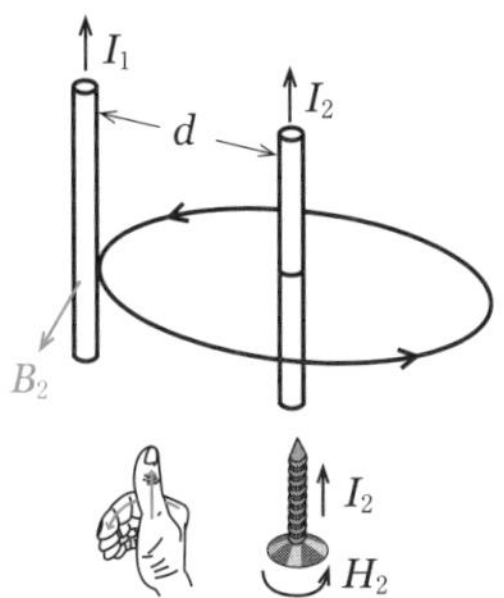

解答 $H=\dfrac{I}{2\pi r}$ において，電流 I_2 が作る磁場 H_2 を求めるのだから

$$H_2=\frac{I_2}{2\pi d}$$

磁束密度と磁場の関係式 $B=\mu H$ より

$$B_2=\mu_0 H_2=\frac{\mu_0 I_2}{2\pi d}$$

$$\boldsymbol{B_2=\frac{\mu_0 I_2}{2\pi d}}$$ ……答

B_2 の向きは，解説の図参照

(4) 電流 I_1 の l〔m〕の部分が受ける力 F_1〔N〕を求めよ。また，F_1 の向きを図中に記入せよ。

(2) と同様，$F=lI\times B$ を用いて解いていきましょう。力 F_1 は，I_1 から B_2 の向きに右ねじを回したときに，右ねじが進む向きにはたらきます。

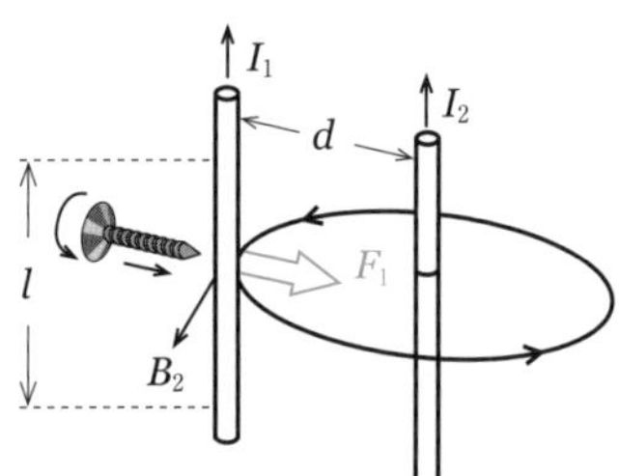

解答 $F=lI\times B$ において，電流 I_1 が磁束密度 B_2 によって受ける力 F_1 を求めるのだから

$$F_1=lI_1 B_2=\frac{\mu_0 lI_1 I_2}{2\pi d}$$

$$\boldsymbol{F_1=\frac{\mu_0 lI_1 I_2}{2\pi d}}$$ ……答

F_1 の向きは，解説の図参照

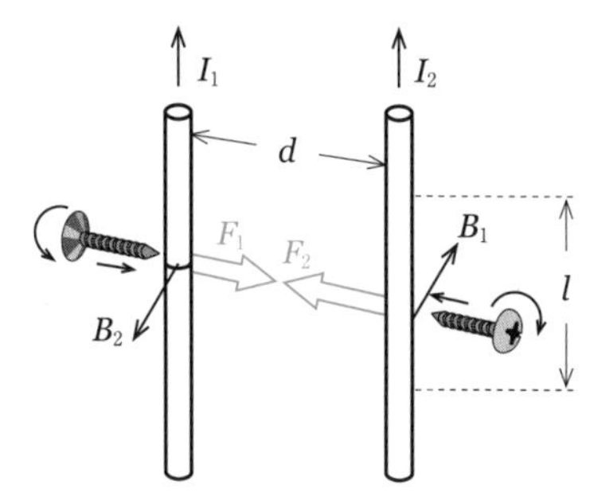

解説を読んでみて，何か気づいたことはありませんか。実は，(2)で求めたF_2と(4)で求めたF_1は同じ大きさで，互いに逆向きになっています。つまり，電流I_2が電流I_1から受ける力F_2と，電流I_1が電流I_2から受ける力F_1は，作用・反作用の関係にあるということです。

42 ローレンツ力

\押さえよ/

→ **ローレンツ力(りょく)　$f = qv \times B$**

P.137

電流 I〔A〕が流れている長さ l〔m〕の導線が，磁束密度 B〔T〕の磁場に垂直に置かれている。この導線が磁場から受ける力 F〔N〕はいくらか。また，Fの向きを図中に記入せよ。

40で，電流が磁場から受ける力Fは $F = lI \times B$ と覚えましたね。力Fの向きはIからBへ右ねじを回したとき右ねじが進む向きなので，右図のように，手前向きになります。また，力Fの大きさは，IとBが垂直なので，次のように表されます。

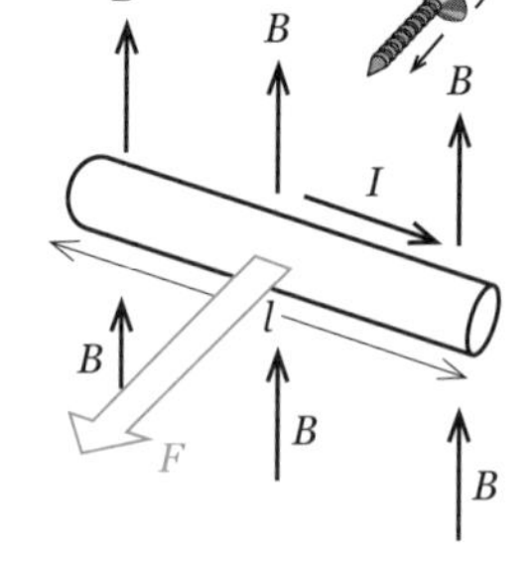

解答　　$F = lIB$ ……答　…①

導線が受ける力から，運動する電子にはたらく力を求めよう

下図のように，導線の断面積をS〔m^2〕とし，電荷$-e$〔C〕の自由電子が速さv〔m/s〕で導線内を移動していると考えます。

単位体積あたりの自由電子の数をn〔1/m^3〕とすると，電流I〔A〕は

$I = envS$　…②

と表されます。②を①に代入すると

$F = l \cdot envS \cdot B$　…③

となります。導線が磁場から受ける力Fは，導線内を移動する自由電子が磁場から受ける力f〔N〕の総和と考える

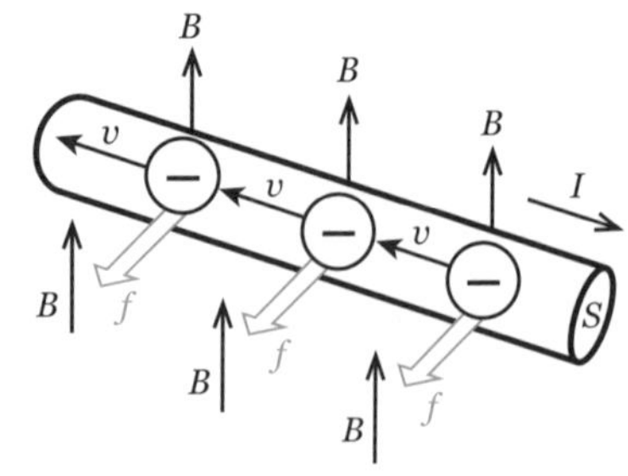

ことができます。

そこで，この導線内の自由電子の総数が nSl であることから f を用いて F を表すと

$$F = f \cdot nSl \quad \cdots④$$

よって，③，④より1個の自由電子が磁場から受ける力 f〔N〕は

$$f = evB$$

となります。一般に，**磁場中を運動する荷電粒子が磁場から受ける力**を**ローレンツ力**といいます。

ローレンツ力について学ぼう

磁束密度 B〔T〕の磁場中を，電荷 q〔C〕の荷電粒子が，磁場と垂直に速度 v〔m/s〕で運動しているとき，この粒子にはたらく**ローレンツ力 f の大きさ**は

$$f = qvB$$

と表されます。この式は，POINTの形で記憶しておくと，ローレンツ力 f の向きもわかるのでとても便利です。

POINT

ローレンツ力　$f = qv \times B$

ここで，$v \times B$ の記号×は，$F = lI \times B$ の式と同様に，右ねじを回す向きを表しています。すなわち，図のように，**電荷が正($q>0$)の場合，v から B の向きに右ねじを回し，右ねじの進む向きがローレンツ力 f の向き**になります。電荷が負($q<0$)の場合は，右ねじが進む向きと逆向きにローレンツ力 f がはたらきます。

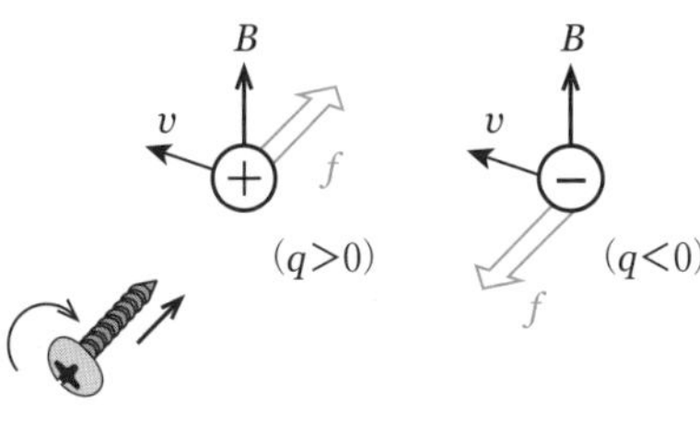

なお，ここでは，荷電粒子の速度 v が磁束密度 B に垂直な場合を説明しました。仮に，荷電粒子の速度が磁束密度 B に垂直ではない場合は，速度の B に垂直な方向成分を考え，これを v に代入すればよいのです。この考えかたも $F = lI \times B$ の式と同じですね。

43 磁場中の荷電粒子の運動

復習 ローレンツ力 $f = qv \times B$

ローレンツ力fは，正電荷$(q>0)$と負電荷$(q<0)$では逆向きにはたらきます。正電荷のときは，速度vの向きから磁束密度Bの向きに右ねじを回し，右ねじの進む向きがローレンツ力fの向きになります。ただし，負電荷の場合は逆向きになるので注意してくださいね。

やってみよう Q

真空中にz軸方向正の向きで磁束密度B〔T〕の一様な磁場がある。質量m〔kg〕，電気量$q(>0)$〔C〕の荷電粒子を原点Oから，y軸方向正の向きに速さv〔m/s〕で打ち出す。

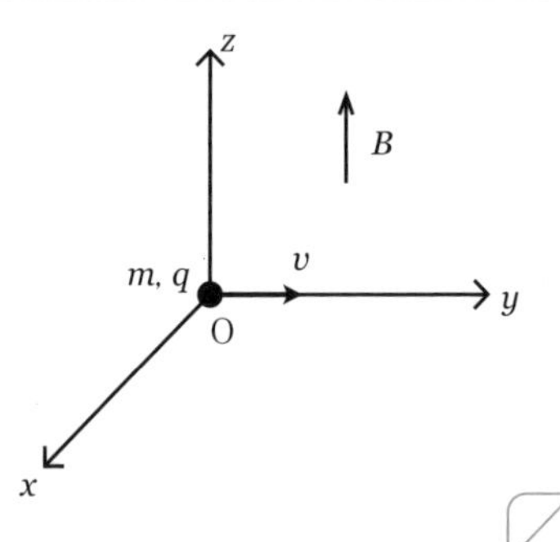

つづき Q

(1) 原点Oにおいて，荷電粒子にはたらくローレンツ力の大きさf〔N〕とその向きを求めよ。

荷電粒子の電荷は正$(q>0)$なので，荷電粒子にはたらくローレンツ力の向きは，右図のように，vからBの向きに右ねじを回したときの右ねじの進む向き，すなわち，x軸正の向きになります。ローレンツ力の大きさfは，vとBが垂直なので次のように表されます。

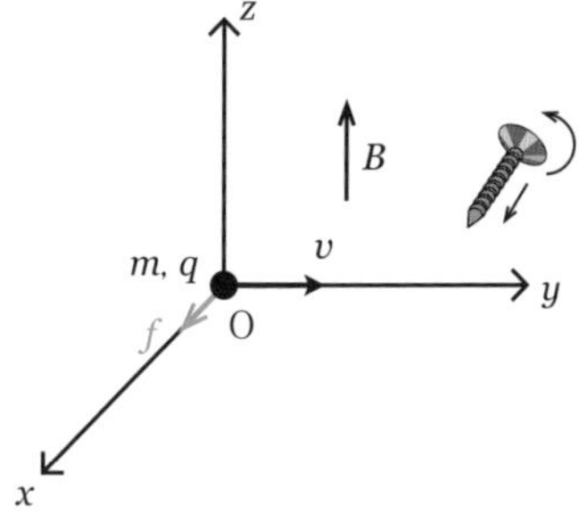

解答 ローレンツ力の大きさ

$$f = qvB$$

$f = qvB$〔N〕，x 軸正の向き …… 

つづき Q

(2) 荷電粒子の軌道を右図にかき込み，運動の向きを矢印で示せ。

荷電粒子にはたらくローレンツ力fの向きは，下図のように，x-y平面内にあって荷電粒子の速度vにつねに垂直になります。したがって，ローレンツ力fは向心力の役割を果たし，荷電粒子はx-y平面内で等速円運動をすることになります。よって，ここで立てるべき式は円運動の方程式になります。

解答 運動方程式より

$$m\frac{v^2}{r} = qvB$$

$$r = \frac{mv}{qB} \quad \cdots ①$$

①式より，荷電粒子はx-y平面内で点$\left(\frac{mv}{qB},\ 0,\ 0\right)$を中心とする半径$\frac{mv}{qB}$の等速円運動をすることがわかる。

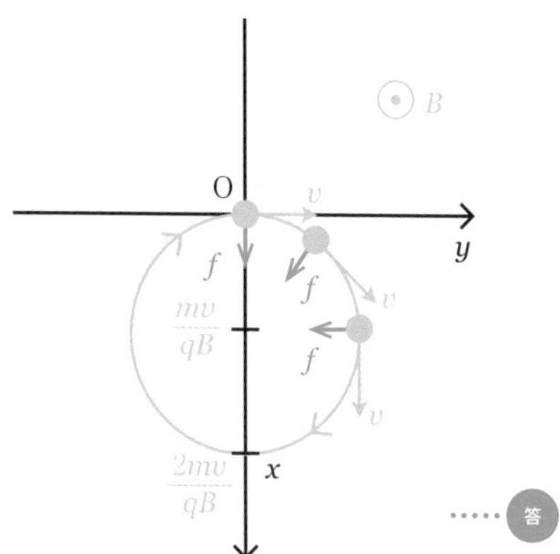

…… 答

つづき

Q

(3) 運動の周期 T〔s〕を求めよ。

円運動の周期は，荷電粒子が1周するのに要する時間だから，「円運動の周期 = 1周の距離÷速さ」から周期 T を求めればよいですね。

解答

$$T=\frac{2\pi r}{v}$$

①より r の値を代入して

$$T=\frac{2\pi}{v}\times\frac{mv}{qB}=\frac{2\pi m}{qB}$$

$$\boldsymbol{T=\frac{2\pi m}{qB}}$$ ……答

つづき

Q

(4) 同じ荷電粒子を原点Oから z 軸正の向きに速さ v〔m/s〕で打ち出す。荷電粒子は，このあとどのような運動をするか。

ローレンツ力の式 $f=qv\times B$ において，v と B が平行なので右ねじを回すことができず，B に垂直な速度の成分も0なので，この場合，ローレンツ力ははたらかない$(f=0)$ことになります。

解答

荷電粒子はローレンツ力を受けないので，z 軸上を速さ v のままで等速直線運動をする。

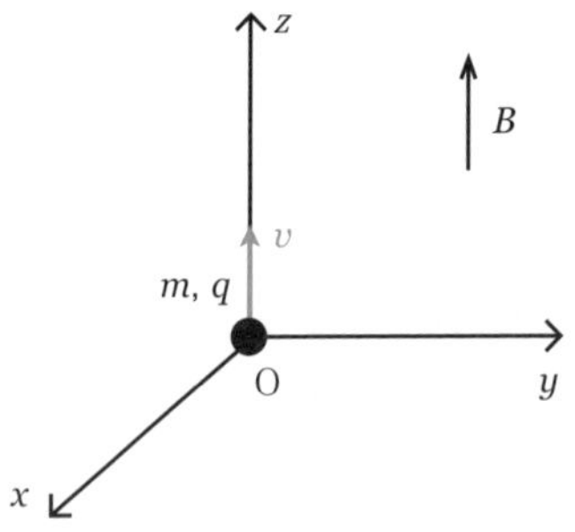

z 軸上を速さ v で等速直線運動をする。 ……答

44 電磁誘導①

▽解説動画

レンツの法則
誘導起電力は磁場の変化を妨げる向きに生じる。

電磁誘導とは何か？

図1のように，磁石をコイルに入れたり出したりすると，コイルの両端に起電力が生じ，検流計Gに電流が流れます。しかし，磁石をコイル内で静止させると，起電力は生じません。

また，図2のように，磁場の中にコイルを入れたり出したりするときにも，コイルの両端に起電力が生じます。

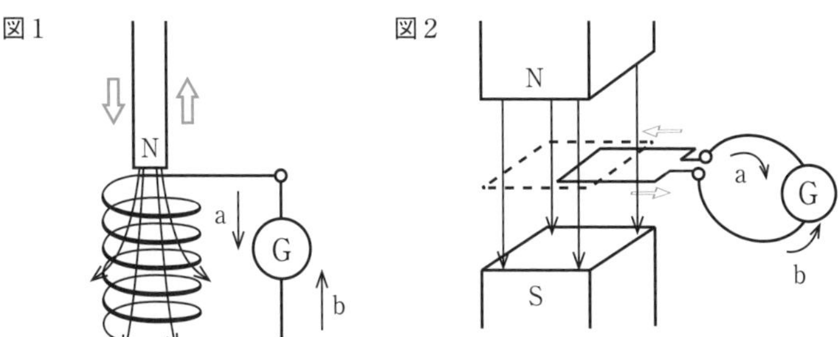

このように**コイル内の磁場が変化することによって，コイルに起電力が生じる現象**を**電磁誘導**といい，生じた起電力を**誘導起電力**，流れた電流を**誘導電流**といいます。

誘導起電力の向きには，どのようなきまりがあるのか？

磁石をコイルの中に出し入れする場合(図１)，入れるときと出すときとではコイルに生じる誘導起電力は逆向きになります。また，磁石のＮ極をＳ極に変えても，誘導起電力は逆向きになります。磁場の中にコイルを出し入れする場合(図２)も同様のことが起こります。

くわしく調べてみると，**誘導起電力の向き**に関しては，次に示す**レンツの法則**が成り立っていることがわかります。

POINT !

レンツの法則
誘導起電力は磁場の変化を妨げる向きに生じる。

上の! POINTに示した“レンツの法則”の意味を，下のQやってみようを解きながら，具体的に考えていきましょう。

やってみよう Q

前のページの図１，図２において，次の(1)～(4)の場合，検流計Ｇに流れる電流の向きは図中のａ，ｂのどちら向きか。

つづき Q

(1) 図１において，Ｎ極をコイルに近づける。

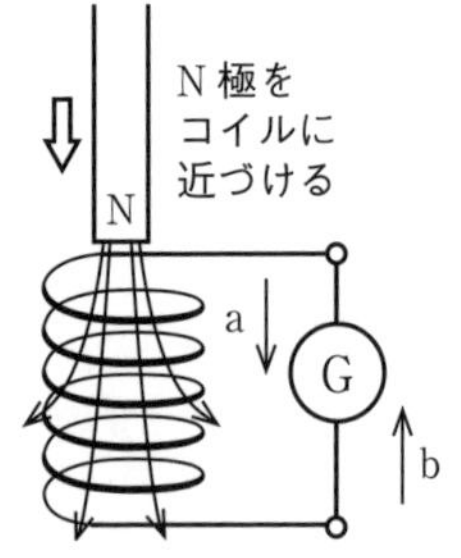

変化を妨げる
磁場の向き
誘導電流の
向き

右図のように，Ｎ極をコイルに近づける場合を考えます。磁力線はＮ極から出ていく向きなので，コイル内の磁場は下向きになります。そして，Ｎ極をコイルに近づけると，コイル内の下向きの磁場が強くなります。レンツの法則によれば，コイルには**磁場の変化を妨げる向きに誘導起電力が生じます**。そのため，下向きの磁場が強くなるのを妨げる向き，すなわち，上向きの磁場を作る向きに，コイルには誘導起電力が生じ，誘導電流が流れることになります。右手の図を見ながら向きを確認してみてください。

解答　レンツの法則より，コイルには上向きの磁場を作る向きに誘導起電力が生じ，誘導電流が流れるので，検流計Gに流れる電流の向きはbとなる。

b ……答

(2) 図1において，N極をコイルから遠ざける。

N極をコイルから遠ざける場合，コイル内の下向きの磁場が弱くなります。レンツの法則によれば，下向きの磁場が弱くなるのを妨げる向き，すなわち，下向きの磁場を作る向きに，コイルには誘導起電力が生じ，誘導電流が流れます。自分の右手を使って，向きが確認できましたね。

解答　レンツの法則より，コイルには下向きの磁場を作るように誘導電流が流れるので，Gに流れる電流の向きはaとなる。

a ……答

(3) 図1において，S極をコイルから遠ざける。

S極をコイルから遠ざける場合，コイル内の上向きの磁場が弱くなります。レンツの法則によれば，上向きの磁場が弱くなるのを妨げる向き，すなわち，上向きの磁場を作る向きに，コイルには誘導起電力が生じ，誘導電流が流れます。

解答　レンツの法則より，コイルには上向きの磁場を作るように誘導電流が流れるので，Gに流れる電流の向きはbとなる。

b ……答

(4) 図2において，コイルを磁場中に入れていく。

右図のように，コイルを磁場中に入れていく場合，コイル内の下向きの磁場が強くなります。レンツの法則より，下向きの磁場が強くなるのを妨げる向き，すなわち，上向きの磁場を作る向きに，コイルには誘導起電力が生じ，誘導電流が流れます。

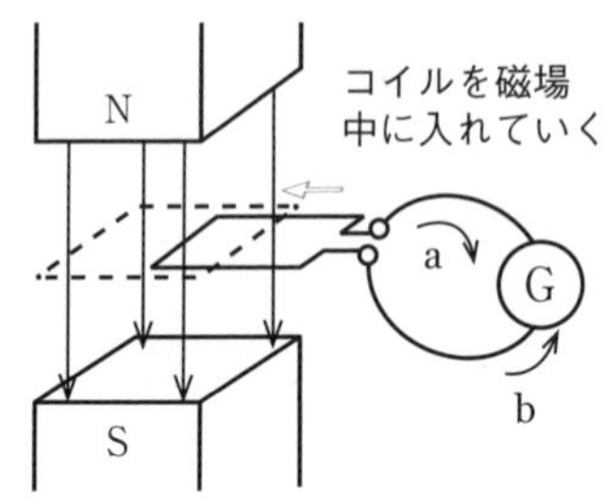

解答 レンツの法則より，コイルには上向きの磁場を作るように誘導電流が流れるので，Gに流れる電流の向きはbとなる。

b ……  答

45 電磁誘導②

▼解説動画

＼押さえよ／ →

ファラデーの電磁誘導の法則

$$V = -N\frac{\Delta\Phi}{\Delta t}$$ （Φはファイと読む）

磁束とは何か？

磁束密度 B〔T〕の磁場中に，磁場と垂直な断面積 S〔$\mathrm{m^2}$〕を考えます。このときの B と S の積 BS を，この面を貫く磁束といいます。すなわち，**磁束 Φ**（ファイ）は次のように表されます。

$\Phi = BS$ …①

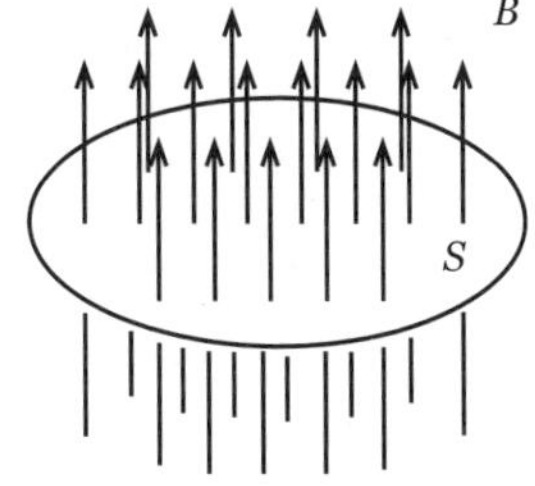

POINT

磁束　$\Phi = BS$

磁束の単位は，磁気量と同じウェーバー〔Wb〕です。①式の右辺の単位は，B と S の積なので〔$\mathrm{T \cdot m^2}$〕であり，左辺の単位は〔Wb〕なので，
$1\mathrm{T \cdot m^2} = 1\mathrm{Wb}$ となります。

したがって，**磁束密度の単位**は $1\mathrm{T} = 1\mathrm{Wb/m^2}$ と表すこともできます。

コイルの電位の高低を調べよう

次ページの図のように，コイルを上向きに貫く磁束が増加しているとき，それを妨げる向き，すなわち，コイルには下向きの磁束を作るように誘導起電力が生じ，回路が閉じている場合は実際に誘導電流が流れます。さて，この場合，a，b どちらが高電位になるでしょうか。次の㊙テクニックを見てください。電位の高低が問われているとき，**誘導起電力の生じている導体（この場合コイル）を電池に見たてます**。ここでは，下向きの磁束を作るように誘導起電力が生じるので，コイルには時計回りに電流を流そうとする向き，すなわち，コイルを電池に見たてると右図のような向きに誘導起電力が生じます。

したがって，見たてた電池の正極側である a が高電位になります。

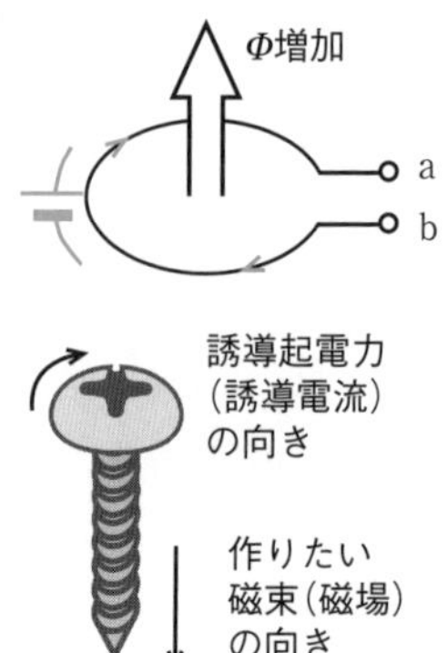

秘
テクニック

電位の高低は，誘導起電力が生じている導体を電池に見たててみるとわかりやすい。

電磁誘導の法則とは何か？

ここでは，誘導起電力の向きと大きさを式で表すことを考えてみましょう。

図1のように，1巻きのコイルを貫く磁束 $\boldsymbol{\Phi}$〔Wb〕が，$\boldsymbol{\Delta t}$〔s〕間に $\boldsymbol{\Delta\Phi}$〔Wb〕だけ増加(上向きの磁束が増加)したとします。このとき，コイルに生じる誘導起電力 V〔V〕は，図2のように $\boldsymbol{\Phi}$ や V に正の向きを定めると，次の式で表すことができます。

図1

$\Phi \to \Phi + \Delta\Phi$

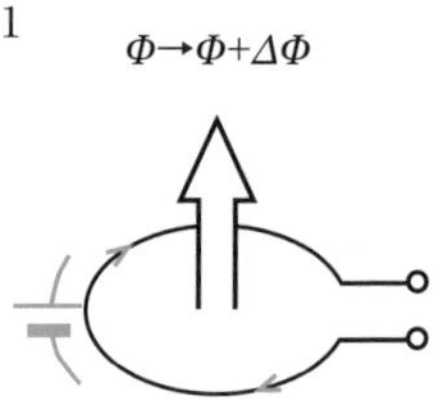

図2

Φ の正の向き

V の正の向き

$$V = -\frac{\Delta\Phi}{\Delta t} \quad \cdots②$$

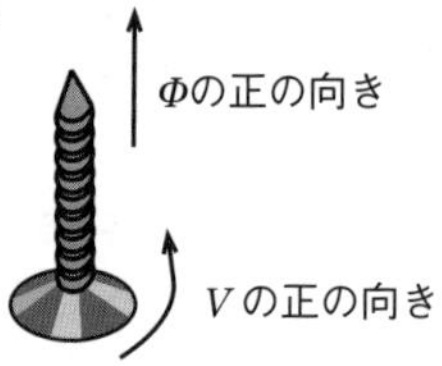

②式のマイナスの符号は，誘導起電力が磁束の変化を妨げる向きに生じることを表しているので，**レンツの法則がマイナスの符号に現れている**と言うことができます。具体的な説明は，次のページでします。

また，N巻きのコイルは1巻きのコイルをN個直列につないだものと見なせるので，N巻きのコイルに生じる誘導起電力V〔V〕は

$$V = -N\frac{\Delta\Phi}{\Delta t} \quad \cdots③$$

と表されます。これをファラデーの電磁誘導の法則といいます。

それでは，向きと符号について具体的に説明していきましょう。ここでは，コイルを上向きに貫く磁束が増加しているので，図2よりΦの正の向きに注意すると，

$$\frac{\Delta\Phi}{\Delta t} > 0$$

となります。そして，コイルに生じる誘導起電力の向きは，レンツの法則より図1のコイルでは時計回りになるので，これは図2よりVの正の向きに注意すると $V<0$ となることを表しています。したがって，②や③の式の右辺にはマイナスの符号が付いているのです。

ファラデーの電磁誘導の法則　$V = -N\frac{\Delta\Phi}{\Delta t}$

46 電磁誘導③

復習 ファラデーの電磁誘導の法則　$V=-N\dfrac{\Delta\Phi}{\Delta t}$

P.155

ファラデーの電磁誘導の法則の右辺に，マイナスの符号がつく理由をもう一度確認しておきましょう。

誘導起電力 V と磁束 Φ の正の向きを，図1のような右ねじの関係で定めた場合，図2で示す向きに磁束 Φ を増加させる $\left(\dfrac{\Delta\Phi}{\Delta t}>0\right)$ と，誘導起電力 V は矢印の向きに生じ，これは負の向きなので，V はマイナスの値になりますね。

図1
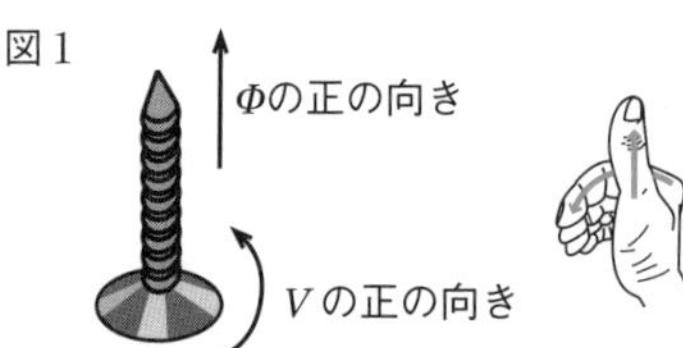

図2
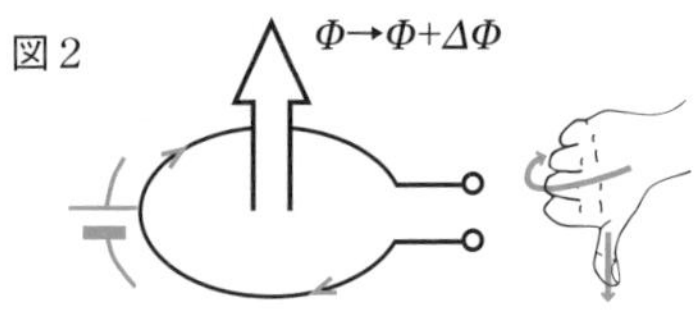

やってみよう Q

断面積 $S=1.0\times10^{-3}\,\mathrm{m}^2$，巻き数 $N=2000$ のコイルを図の点線の向きに一様な磁束が貫いている。その磁束密度 B〔T〕の時間変化が下の B–t グラフで与えられている。このコイルに生じる誘導起電力 V〔V〕と時間 t〔s〕の関係を表すグラフをかけ。ただし，b が a よりも高電位の場合を正とする。

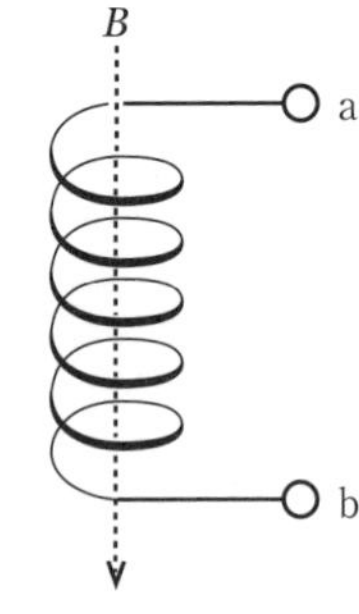

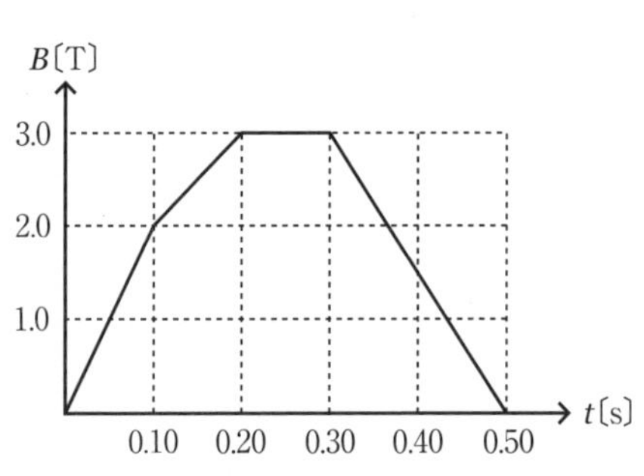

この問題では，誘導起電力の向きと磁束の向きの関係が，右ねじの関係になっていません。このような場合，無理やり，$V = -N\dfrac{\Delta\Phi}{\Delta t}$ の式を使おうとすると，ミスが生じてしまいます。そこで，電磁誘導の法則を使う場合は，特に指示がない限り，次の秘テクニックのように，**大きさと向きを別々に考えて解いたほうがミスを防ぐことができる**のです。

秘テクニック

電磁誘導の法則の使いかた

電磁誘導の法則は，誘導起電力の大きさ $|V|$ と向きを別々に求めたほうが考えやすい。

大きさ：$|V| = N\left|\dfrac{\Delta\Phi}{\Delta t}\right|$

向き：磁束の変化を妨げる向き

それでは，問題を解きながら具体的に考えていきましょう。まずは，コイルに生じる誘導起電力の大きさ $|V|$ を式にします。

$|V| = N\left|\dfrac{\Delta\Phi}{\Delta t}\right|$，$\Phi = BS$ より

$$|V| = N\left|\dfrac{\Delta(BS)}{\Delta t}\right|$$

断面積 S は時間によらず一定なので，次式のように変形できます。

$$|V| = N\left|S\dfrac{\Delta B}{\Delta t}\right| \quad \cdots(\mathrm{i})$$

ここで B–t グラフにおいて
$0\mathrm{s} \leqq t < 0.10\mathrm{s}$ の範囲を①，
$0.10\mathrm{s} \leqq t < 0.20\mathrm{s}$ の範囲を②，
$0.20\mathrm{s} \leqq t < 0.30\mathrm{s}$ の範囲を③，
$0.30\mathrm{s} \leqq t \leqq 0.50\mathrm{s}$ の範囲を④
とします。

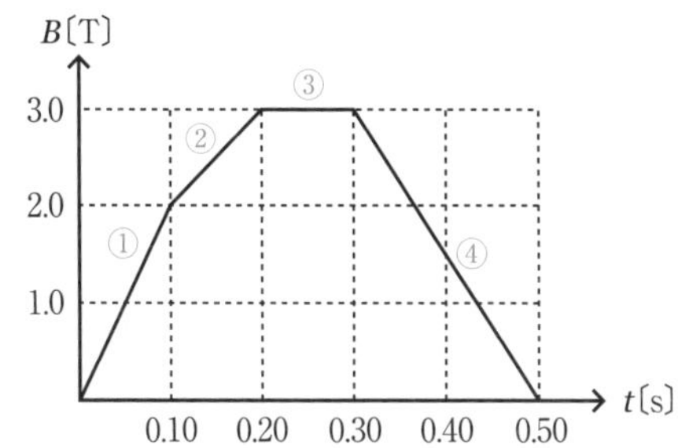

まず，(i)式にそれぞれ値を代入して，誘導起電力の大きさ$|V|$を求めます。ただし，(i)式において$\dfrac{\Delta B}{\Delta t}$は，$B$–$t$グラフの傾きであることに注意してくださいね。範囲①を例にして，代入計算を示すと以下のようになります。

$$|V_1| = 2000 \times \left|1.0 \times 10^{-3} \times \frac{2.0}{0.10}\right| = 40$$

次に，範囲①を例にして，誘導起電力の向きを考えましょう。B–tグラフの範囲①は，時間とともにBが増加しているので，コイルを貫く下向きの磁束が増加しています。コイルには上の向きの磁束を作るように誘導起電力が生じるので，コイルは右図のような電池でたとえることができます。したがって，bが高電位となり，本問の設定ではVは正になります。

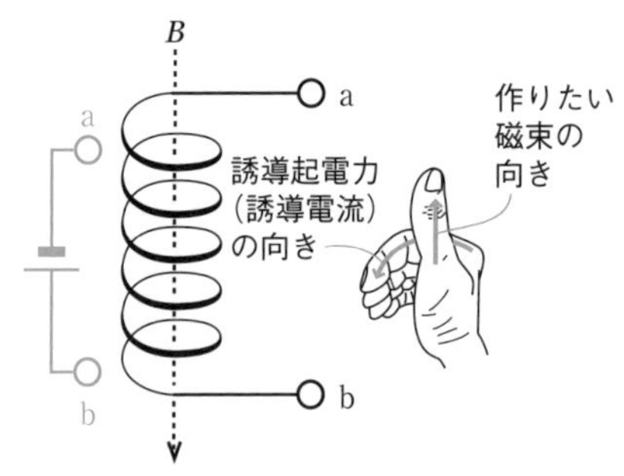

①～④のすべての範囲について，誘導起電力の大きさ$|V|$と向きを別々に求めていくと，次の解答のようになります。

解答

グラフの①$(0 \leqq t < 0.10)$について考える。

$$|V_1| = 2000 \times \left|1.0 \times 10^{-3} \times \frac{2.0}{0.10}\right| = 40\text{V}$$

(bが高電位なので正)

グラフの②$(0.10 \leqq t < 0.20)$について考える。

$$|V_2| = 2000 \times \left|1.0 \times 10^{-3} \times \frac{1.0}{0.10}\right| = 20\text{V}$$

(bが高電位なので正)

グラフの③$(0.20 \leqq t < 0.30)$について考える。

$|V_3| = 0\text{V}$　(a，b等電位)

グラフの④(0.30≦t≦0.50)について考える。

$$|V_4| = 2000 \times \left| 1.0 \times 10^{-3} \times \frac{-3.0}{0.20} \right| = 30\text{V}$$

(a が高電位なので負)

これらをグラフ化すると，次のようになる。

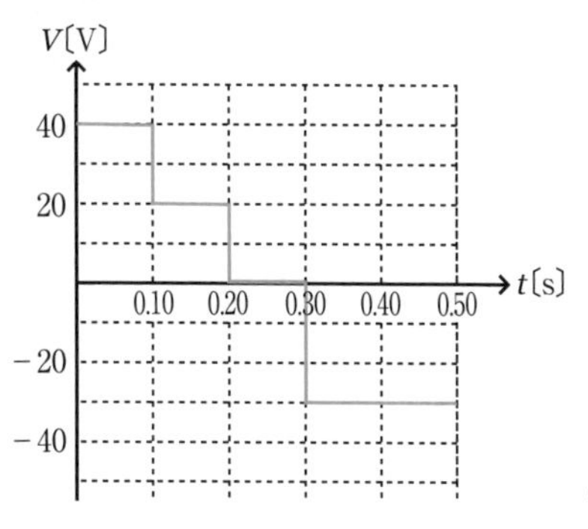

……答

47 導体棒に生じる誘導起電力

導体棒に生じる誘導起電力　$V = lv \times B$

導体棒に生じる誘導起電力を求めよう

図1

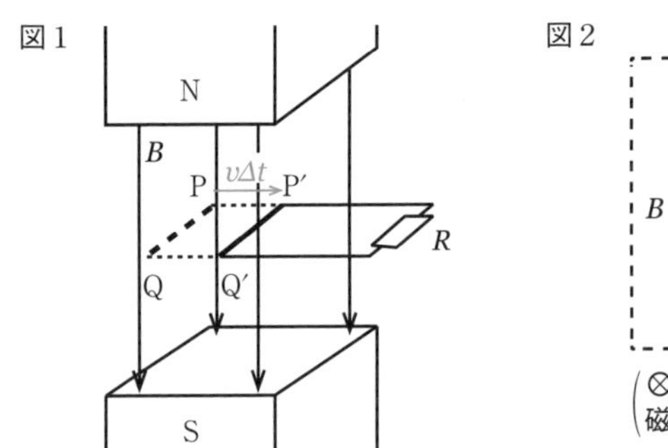

図2　(上から見た図)

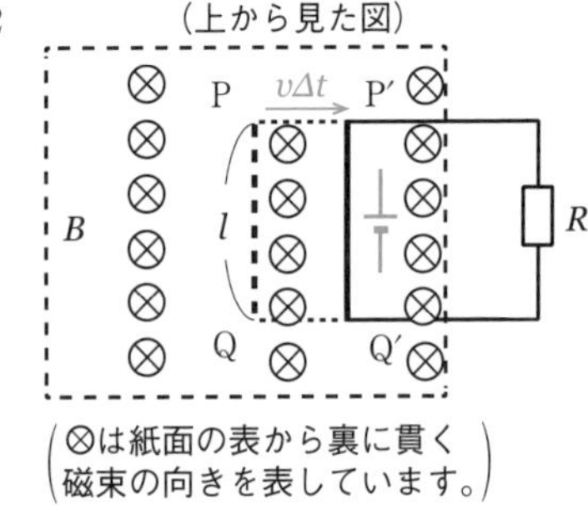

(⊗は紙面の表から裏に貫く磁束の向きを表しています。)

図1のように，磁束密度B〔T〕の一様な磁場中で，抵抗R〔Ω〕をつないだ長さl〔m〕の導体棒PQが，磁場と導体棒のどちらにも垂直な方向に速度v〔m/s〕で移動しています。

導体棒PQは速度v〔m/s〕で動いているので，Δt〔s〕間に$v\Delta t$〔m〕だけ移動します。図2によれば，この間にコイルを貫く磁束は長方形PQQ′P′の面積 $\Delta S = lv\Delta t$〔m^2〕の分だけ減少するので，貫く磁束は $\Delta\Phi = B\Delta S = Blv\Delta t$〔Wb〕だけ減少します。

したがって，このとき生じる誘導起電力の大きさV〔V〕は

$$V = \left|\frac{\Delta\Phi}{\Delta t}\right| = lvB \quad \cdots①$$

となります。

次に，レンツの法則を用いて誘導起電力の向きについて考えてみましょう。導体棒PQの移動とともに，コイルを貫く下向きの磁束が減少するので，下向きの磁束を作る向き，すなわちQ→Pの向きに電流を流そうとする向きに，誘導起電力が生じます。これは，導体棒PQを電池にたとえると図2のよう

になり，PはQよりも高電位になることがわかります。

導体棒に生じる誘導起電力を表す①式は，次の❗POINTのような形で記憶しておくと，誘導起電力の向きもわかるのでとても便利です。

POINT

導体棒に生じる誘導起電力　$V=l\boldsymbol{v}\times\boldsymbol{B}$

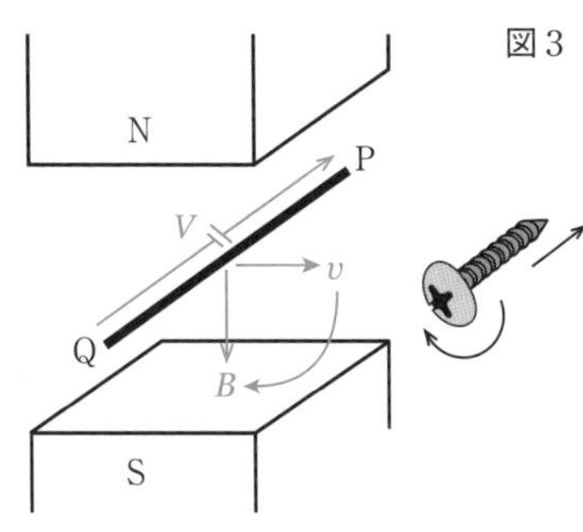

図3

❗POINTの式中に出てくる$v\times B$の扱いかたについて説明をしておきます。前ページの例を使って考えていきましょう。図3のように，$v\times B$は今までと同様に，速度vの向き（右向き）から磁束密度Bの向き（下向き）に右ねじを回したとき，右ねじの進む向き（Q→Pの向き）が誘導起電力Vが生じる向きになることを表しています。もちろん，これは前ページで考えたレンツの法則による向きと一致していますね。便利な式なので，ぜひ使いこなせるようにしておいてください。

導体棒が磁場から受ける力を求めよう

ここで扱っているコイルは閉回路になっているので，導体棒PQにはQ→Pの向きに誘導電流Iが流れ，Iは次の式で表すことができます。

$$I=\frac{V}{R}=\frac{lvB}{R}\text{〔A〕}\quad\cdots②$$

したがって，導体棒PQは，磁場から$F=lI\times B$の力を受けることになります。受ける力の向きは図4のように，電流Iの向きから磁束密度Bの向きに右ねじを回し，右ねじの進む向きで表され，速度vと逆向き（左向き）になります。また，受ける力の大きさFは次の式で表せます。

図4

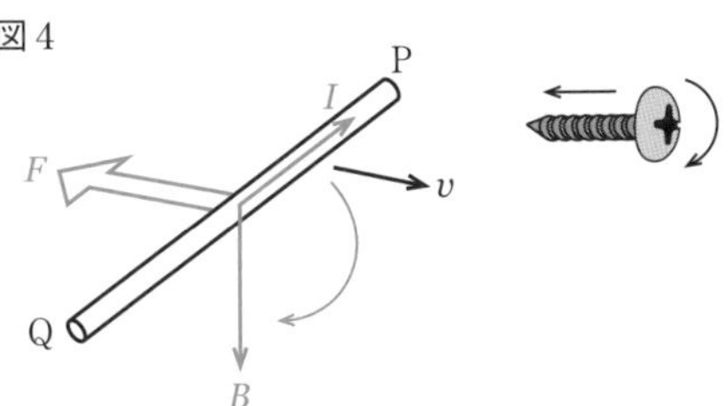

$$F=lIB=\frac{l^2vB^2}{R}$$

導体棒を一定の速度 v で移動させるにはどうすればよいか？

導体棒PQを一定の速度 v で移動させ続けるには，どうすればよいでしょうか。PQにはたらく力をつりあわせなければならないので，PQが磁場から受ける力 F(左向き)と同じ大きさの外力を速度 v と同じ向き(右向き)に加え続ければよいのです。

次に，この外力がする仕事率 P〔W〕を計算してみましょう。

仕事率は1秒間あたりの仕事でしたね。1秒間にPQは外力の向き(右向き)に v〔m〕移動するので，1秒間あたりの外力のする仕事，すなわち外力のする仕事率 P〔W〕は，次の式で表すことができます。

$$P = Fv = \frac{l^2v^2B^2}{R}$$

ここで，②式を使って P を I を用いて表すと，$P = RI^2$ となります。これは**外力のする仕事率 P が，最終的には抵抗で消費される電力に変換されている**ことを表しています。すなわち，**電磁誘導においてもエネルギー保存則が成り立っている**ことがわかります。

48 誘導起電力とローレンツ力

解説動画

図1のように，磁束密度 B〔T〕の一様な磁場中で，磁場と垂直な長さ l〔m〕の導線PQを，磁場と導線に垂直な方向に速度 v〔m/s〕で動かします。

図1

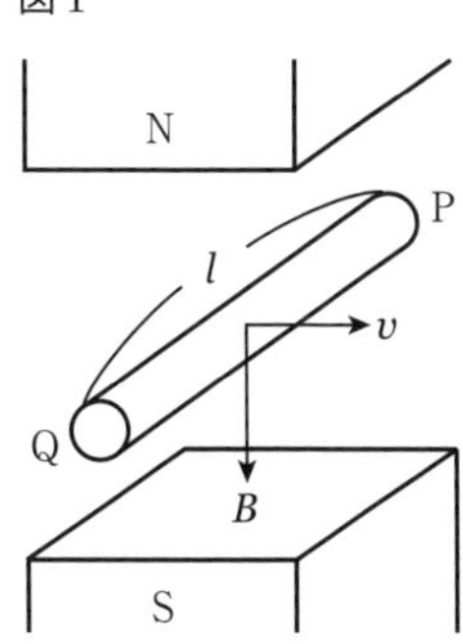

PQに生じる誘導起電力 V〔V〕はいくらか。
また，PとQではどちらが高電位か。
導体棒に生じる誘導起電力 V の式

$$V = lv \times B$$

を用いて考えましょう。誘導起電力 V の生じる向きは，右図より v から B の向きに右ねじを回したとき，右ねじの進む向き，すなわちQ→Pの向きになります。

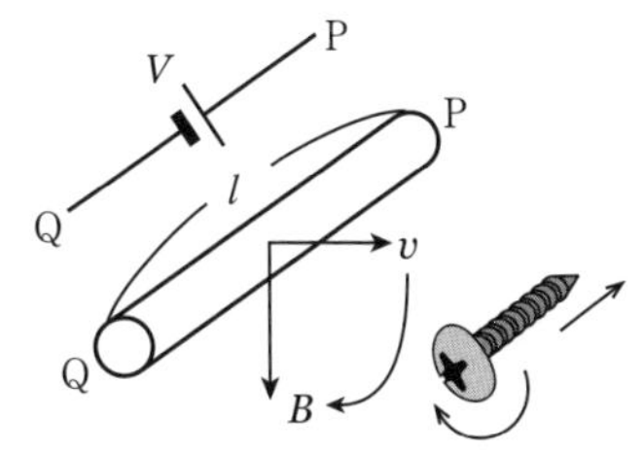

これは，Q→Pに電流を流そうとする向きであり，このことから，PQを電池に例えてPが高電位だとわかります。

誘導起電力の大きさ V はPQと v と B がすべて互いに垂直になっているので

$$V = lvB$$

導線内の自由電子にはたらくローレンツ力から $V = lvB$ の式を導こう

図1の導線PQには，Pが高電位となる誘導起電力 $V = lvB$〔V〕が生じま

した。復習問題では，この関係を導体棒に生じる誘導起電力の式 $V=lv\times B$ を用いて導きましたね。ここでは $V=lvB$ の式を導線内の自由電子にはたらくローレンツ力をもとに導いてみましょう。

図２のように，導線PQを磁場中で図１と同じように動かすと，導線内の自由電子も導線とともに動くので，自由電子は磁場からローレンツ力を受けます。

図２

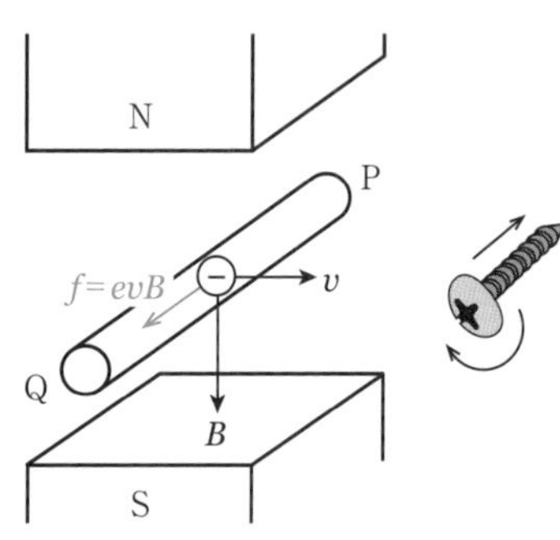

ローレンツ力の式 $f=qv\times B$ より，$q>0$ ならば v から B の向きへ右ねじを回し，右ねじが進む向きがローレンツ力の向きになります。自由電子の電荷は負なので，ローレンツ力は逆向きになり，P → Q の向きにはたらきます。そして，ローレンツ力の大きさ f〔N〕は

$$\boldsymbol{f=evB} \quad \cdots①$$

となります。

この現象を図３のように，導線PQとともに動く観測者の立場から見ると，導線内の自由電子の速度 v は $v=0$ なので，自由電子にはたらく力の原因はローレンツ力ではなくなります。静止している電荷（自由電子）が力を受けているのだから，導線PQ内には電場が生じたと見なすことができます。

ここで，PQ内に生じた電場の強さを E〔V/m〕とすると，自由電子が受ける力の大きさ f〔N〕は

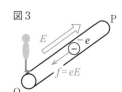

$$\boldsymbol{f=eE} \quad \cdots②$$

となり，①と②式の f はもともと同じ力なので

図３

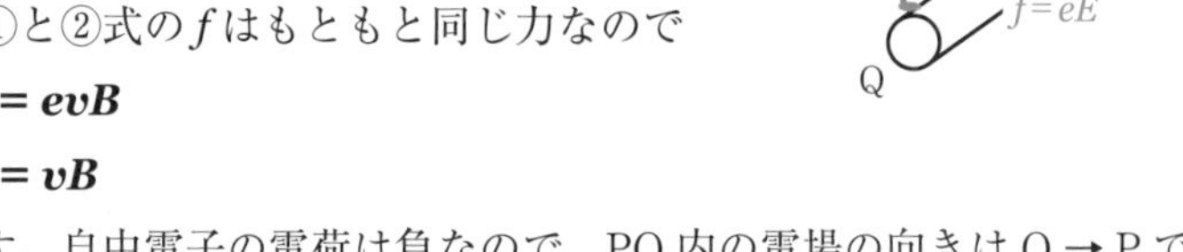

$$\boldsymbol{eE=evB}$$

$$\boldsymbol{E=vB}$$

となります。自由電子の電荷は負なので，PQ内の電場の向きはQ → Pです。

この電場によってPQ内には大きさ V〔V〕の起電力がQ → Pの向きにはたらくので

$$\boldsymbol{V=El=lvB}$$

が生じます。このように，導線に生じる誘導起電力の式 $V=lvB$ は，導線内の自由電子にはたらくローレンツ力をもとに導くことができます。

49 磁場中を落下する導体棒

解説動画

\押さえよ/

→

誘導起電力の大きさ $V=N\left|\dfrac{\Delta\Phi}{\Delta t}\right|$ の使いかた

$\Phi=BS$ だから

$B=$（一定）ならば　$V=N\left|B\dfrac{\Delta S}{\Delta t}\right|$

$S=$（一定）ならば　$V=N\left|S\dfrac{\Delta B}{\Delta t}\right|$

として用いる。

\やってみよう/

Q

図のように，鉛直に固定された2本の導線ab，cdの間にR〔Ω〕の抵抗をつなぐ。質量m〔kg〕，長さl〔m〕の導体棒PQがab，cdとなめらかに接触を保ったまま水平に落下し，PQの速さがv〔m/s〕になった瞬間について考える。

磁束密度B〔T〕の一様な磁場がPQに垂直で水平方向にかかっている。

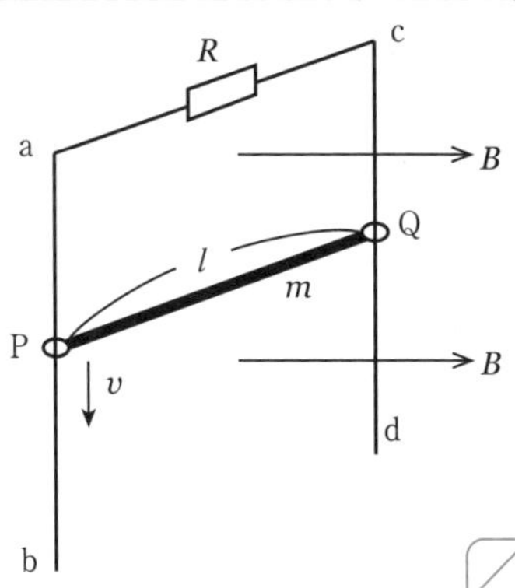

\つづき/

Q

(1) 閉回路acQPを貫く磁束の変化から，生じる誘導起電力の大きさV〔V〕を求めよ。

解答に入る前に，誘導起電力の大きさの式 $V=N\left|\dfrac{\Delta\Phi}{\Delta t}\right|$ の使いかたについて，まとめをしておきましょう。まず，$\Phi=BS$ の関係から

$$V=N\left|\frac{\Delta\Phi}{\Delta t}\right|=N\left|\frac{\Delta(BS)}{\Delta t}\right|$$

となります。$B=$(一定)ならば，B は Δ(デルタ)の前に出すことができるので

$$V=N\left|B\frac{\Delta S}{\Delta t}\right|$$

と変形でき，$S=$(一定)ならば，次のように変形できます。

$$V=N\left|S\frac{\Delta B}{\Delta t}\right|$$

POINT !

誘導起電力の大きさ　$V=N\left|\frac{\Delta\Phi}{\Delta t}\right|$ の使いかた

$\Phi=BS$ だから

$B=$(一定)ならば　$V=N\left|B\frac{\Delta S}{\Delta t}\right|$

$S=$(一定)ならば　$V=N\left|S\frac{\Delta B}{\Delta t}\right|$

として用いる。

解答　ここでは，一様な磁場なので $B=$(一定) となり

$$V=\left|B\frac{\Delta S}{\Delta t}\right|=\left|B\frac{lv\Delta t}{\Delta t}\right|=lvB$$

$V=lvB$ ……答

(1)の解答で，ΔS は Δt 秒間の閉回路 acQP の面積変化なので，長さ l〔m〕の導体棒が Δt 秒間に $v\Delta t$〔m〕落下しているのだから

$$\Delta S=lv\Delta t$$

と表せます。

もちろん(1)の解答は，導体棒に生じる誘導起電力の式 $V=lv\times B$ を用いて解くこともできますね。

つづき
Q

(2) レンツの法則を用いて，PQ に流れる電流の向きと大きさ I〔A〕を求めよ。

PQ の落下に伴い，閉回路 acQP を右向きに貫く磁束が増加します。レンツの法則より，閉回路 acQP には左向きの磁束を作るように誘導電流が流れるので，PQ に流れる電流の向きは Q → P になりますね。

また，電流の大きさ I は，オームの法則 $V = RI$ と(1)で求めた $V = lvB$ から求めることができます。

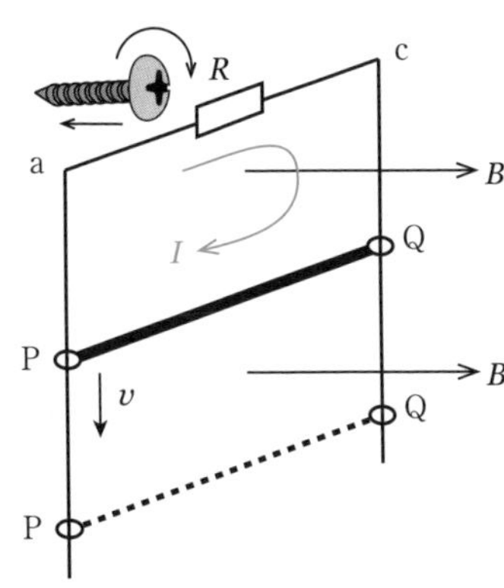

解答

レンツの法則より

電流の向き：Q → P

オームの法則より

電流の大きさ：$I = \frac{V}{R} = \frac{lvB}{R}$

向き：Q → P，大きさ：$I = \frac{lvB}{R}$ …… 

つづき
Q

(3) PQ に流れる電流が磁場から受ける力の向きと大きさ F〔N〕を求めよ。

(2) の解答より，導体棒 PQ には Q → P の向きに大きさ I の電流が流れることがわかりました。また，PQ は磁束密度 B の一様な磁場中にあるので，PQ は磁場から $F = Il \times B$ の力を受けることになります。

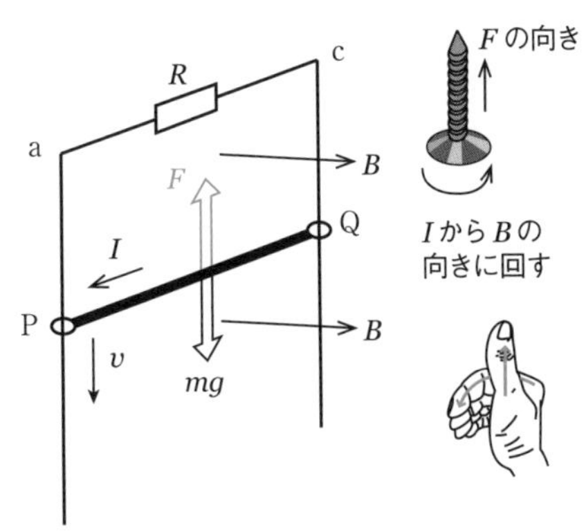

解答　導体棒に流れる電流が磁場から受ける力の向きは，電流 I の向きから磁束密度 B の向きに右ねじを回し，右ねじが進む向きで表されるので

向き：鉛直上向き

大きさ：(2)の結果を用いて

$$F = lIB = \frac{l^2 vB^2}{R}$$

向き：鉛直上向き，大きさ：$F = \frac{l^2 vB^2}{R}$ ……答

(4) 十分に時間が経過し，PQ は一定の速さ v_m〔m/s〕で落下するようになった。v_m〔m/s〕を求めなさい。ただし，重力加速度の大きさを g〔m/s^2〕とする。

(3)で求めた式 $F = \frac{l^2 vB^2}{R}$ より，速さ v が大きくなっていくと，導体棒PQ にはたらく上向きの力 F が大きくなっていくことがわかります。やがて，PQ にはたらく上向きの力 F と下向きの力 mg がつりあうと，PQ は一定の速さ $v = v_m$ で落下するようになります。

解答　PQ にはたらく力のつりあいより

$$\frac{l^2 v_m B^2}{R} = mg$$

$$v_m = \frac{mgR}{l^2 B^2}$$

$v_m = \frac{mgR}{l^2 B^2}$ ……答

50 自己誘導

＼押さえよ／

→ **自己誘導起電力　$V=-L\dfrac{\Delta I}{\Delta t}$　（L：自己インダクタンス）**

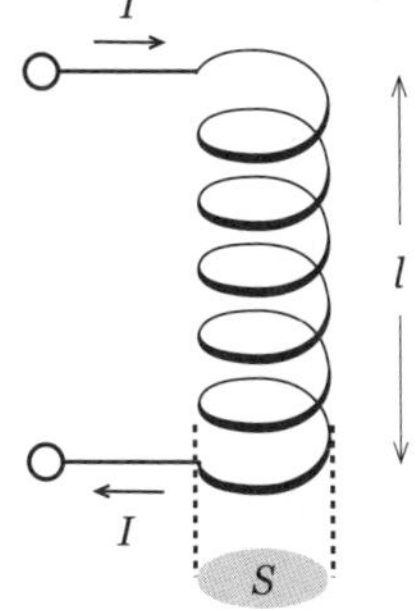

コイルに流れる電流が変化すると，そのコイルを貫く磁束が変化します。そのため，コイルには誘導起電力が生じます。この現象を自己誘導といいます。すなわち，自己誘導とは，**コイル自身に流れる電流の変化が原因となって，コイルに誘導起電力が生じる現象**です。

図のように，断面積 S〔$\mathrm{m^2}$〕，長さ l〔m〕，1m あたり n 回巻きのコイルに電流 I〔A〕が流れています。このときコイル内部に生じる磁場 H〔A/m〕は

$$\boldsymbol{H=nI}$$

と表すことができましたね。

コイル内部の透磁率を μ〔$\mathrm{N/A^2}$〕とすると，コイル内部の磁束密度 B〔T〕は，$B=\mu H$ の関係より

$$\boldsymbol{B=\mu nI}$$

と表すことができます。

そして，コイルを貫く磁束 Φ〔Wb〕は，$\Phi=BS$ の関係より

$$\boldsymbol{\Phi=\mu nSI}$$

となります。

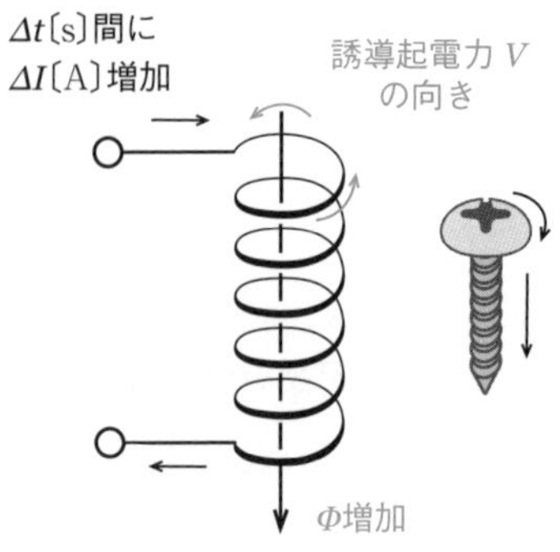

ここで，コイルに流れる電流 I を微小時間 Δt〔s〕の間に ΔI〔A〕だけ増加させることを考えましょう。右図の向きに電流 I〔A〕を増加させると，コイルを貫く下向きの磁束 Φ〔Wb〕が増加します。すると，レンツの法則より，コイルには上向きの磁束を作るように誘導起電力 V〔V〕が生じます。この誘導起電力(自己誘導起電力)の向きは，図中の色付きの矢印の向きに電流を流そうとする向きです。したがって，コイルに生じる誘導起電力 V〔V〕は，電流 I と同じ向きの誘導起電力を正とすると，色付きの矢印の向きは負の向きなので

$$V = -N\frac{\Delta\Phi}{\Delta t}$$

となります。ここで，$N = nl$，$\Phi = \mu nSI$ と表されるので

$$V = -nl\frac{\Delta(\mu nSI)}{\Delta t}$$

となります。右辺の物理量は，I と t 以外はすべて定数なので Δ の前に出して

$$V = -\mu n^2 lS\cdot\frac{\Delta I}{\Delta t}$$

となります。ここで，$L = \mu n^2 lS$ とおくと，上式は次のように表されます。

POINT 

自己誘導起電力　$V = -L\dfrac{\Delta I}{\Delta t}$

POINTの式で，**$L(=\mu n^2 lS)$ はコイルの形状やコイル内の物質によって決まる定数**です。この L をコイルの**自己インダクタンス**といいます。**L の単位は**ヘンリー〔H〕を用います。**電流が毎秒 1A の割合で変化するとき，生じる誘導起電力が 1V であるようなコイルの自己インダクタンスを 1H といいます。**

51 コイルに蓄えられるエネルギー

▼解説動画

\押さえよ/

コイルに蓄えられるエネルギー　$U=\frac{1}{2}LI^2$

コイルに蓄えられるエネルギーを求めよう

自己インダクタンス L〔H〕のコイルに電流 I〔A〕が流れているとき，コイルに蓄えられるエネルギー U〔J〕を求めてみましょう。ここでも，エネルギーと仕事の関係を用いて考えますよ。

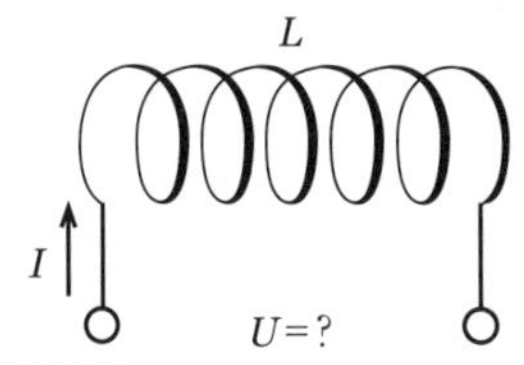

はじめのエネルギー 0J	+	外からした仕事 W〔J〕	=	あとのエネルギー U〔J〕
(コイルに流れる電流 $i=0$A)				(コイルに流れる電流 $i=I$〔A〕)

コイルに流れる電流 $i=0$A のときが，(はじめのエネルギー)$=0$J の状態で，コイルに流れる電流 $i=I$〔A〕のときが(あとのエネルギー)$=U$〔J〕の状態です。この U〔J〕が，求めたいエネルギーです。

したがって，**コイルに蓄えられるエネルギー U〔J〕は，コイルに流れる電流 i を 0 から I〔A〕まで増加させるとき，(外からした仕事 W〔J〕)を求めればよい**ことがわかりますね。ここで，コイルに流れる電流 $i=0$ から I〔A〕まで増加させる途中の経過を考えてみましょう。Δt〔s〕間に電流を i から $i+\Delta i$〔A〕まで増加させるとき，コイルに生じる自己誘導起電力の大きさ V〔V〕は

$$V=\left|-L\frac{\Delta i}{\Delta t}\right|=L\frac{\Delta i}{\Delta t}\quad\cdots①$$

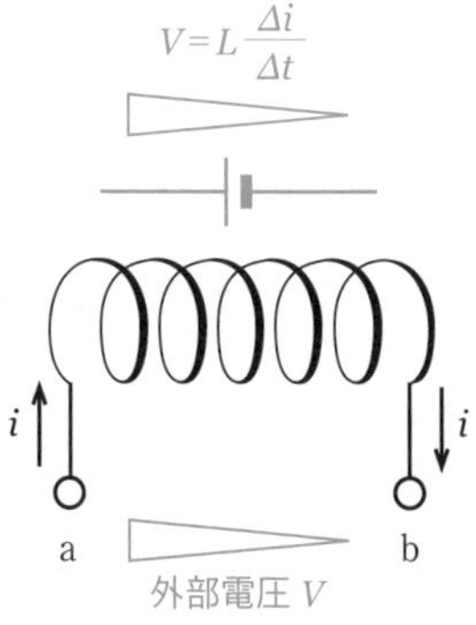

となります。50 で学習した自己誘導起電力 $V=-L\frac{\Delta I}{\Delta t}$ の式は覚えていますね。ここでは，

自己誘導起電力の大きさを考えているので，絶対値がついています。

また，コイルに生じる自己誘導起電力の向きは，図中の電流 i の増加を妨げる向きなので，コイルを電池にたとえると，図のような向き（a が高電位）になります。この自己誘導起電力 V〔V〕に逆らって電流 i を流し続けるには，外部から a が高電位となるような外部電圧 V〔V〕を加えて，電荷 Δq〔C〕をコイルに運び込む仕事 $\Delta W=\Delta q\cdot V$ をしなければなりません。Δt〔s〕間に電流を i から $i+\Delta i$〔A〕まで増加させるときに外からした仕事 ΔW〔J〕は，復習の式と，①式を用いて次のように表されます。

$$\Delta W=\Delta q\cdot V=i\Delta t\cdot L\frac{\Delta i}{\Delta t}=Li\Delta i$$

次に，縦軸が Li，横軸が i のグラフをかいてみましょう。グラフは下図のような原点を通る直線になりますね。上で考えた $\Delta W=Li\Delta i$ は，下図の斜線部分の面積で表されます。したがって，電流 i を 0 から I〔A〕まで増加させるときに外からした仕事 W〔J〕は，下のグラフの色付きの太線で囲んだ三角形の面積で表されるので

$$W=\frac{1}{2}LI^2$$

となります。

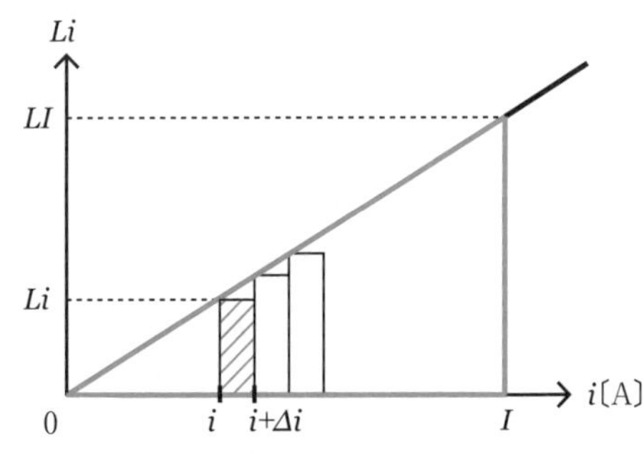

この外からした仕事 W〔J〕が，コイルに蓄えられるエネルギー U〔J〕です。一般に，電流 I〔A〕が流れているコイルに蓄えられるエネルギー U〔J〕は，次のように表すことができます。

コイルに蓄えられるエネルギー　$U=\dfrac{1}{2}LI^2$

52 コイルを含む直流回路

解説動画

今回は，コイルを含む直流回路について学習します。まず，コイルに生じる自己誘導起電力の式を思い出してみましょう。

自己誘導起電力 $V=-L\dfrac{\Delta I}{\Delta t}$

P.170

復習の式の右辺のマイナスの符号は，自己誘導起電力 V が電流の変化を妨げる向きに生じることを表していましたね。

内部抵抗が無視できる起電力 E〔V〕の電池，抵抗値 R〔Ω〕の抵抗，自己インダクタンス L〔H〕のコイルを用いて，図１のような回路を組みます。

図１

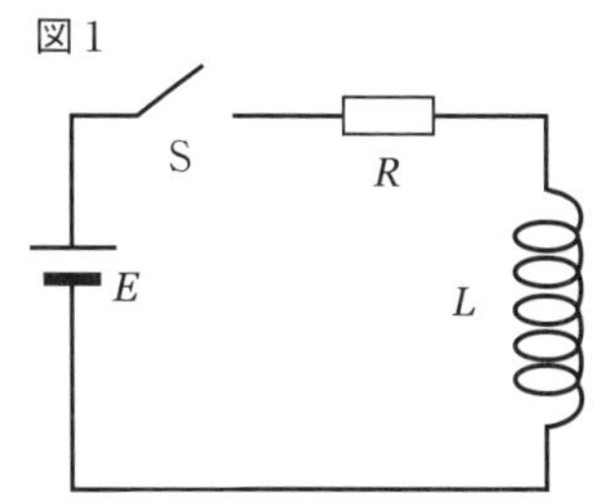

そして，スイッチSを入れると図２のように，コイルに下向きの電流が流れ始めます。電流が I〔A〕から微小時間 Δt〔s〕の間に ΔI〔A〕だけ増加したとすると，コイルに生じる自己誘導起電力の大きさは $L\dfrac{\Delta I}{\Delta t}$〔V〕となります。また，自己誘導起電力の向きは電流の増加を妨げる向きなので，図２のような向きに生じます。したがって，電位差の式(キルヒホッフの第２法則)より

図２

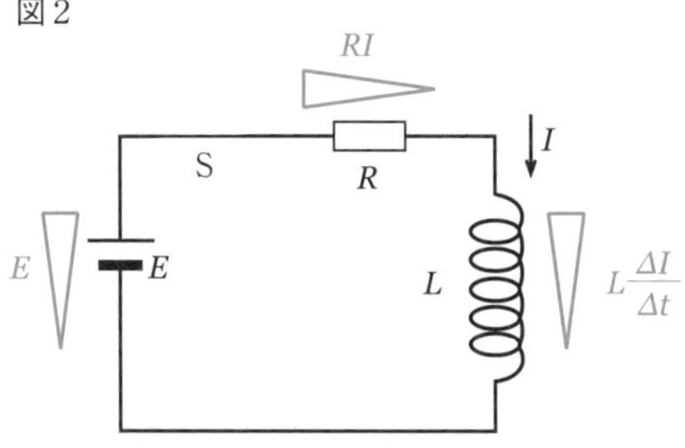

$$E-RI-L\frac{\Delta I}{\Delta t}=0 \quad \cdots①$$

が成り立ちます。

スイッチを入れた瞬間について考えよう

図3

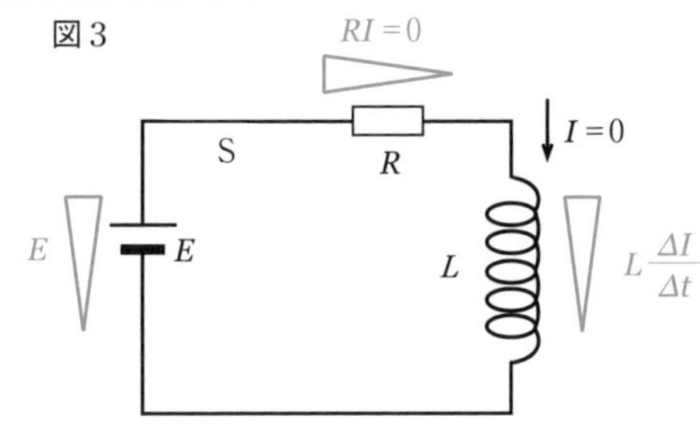

スイッチを入れた瞬間(時刻 $t=0$)は，コイルに電流の増加を妨げるように自己誘導起電力がはたらくので，時刻 $t=0$ の瞬間は電流が流れず，$I=0$ となります。すなわち**コイルには，スイッチを入れる直前の電流値($I=0$)を保とうとする性質がある**ということです。

したがって，時刻 $t=0$ のとき，①式は次のように表すことができます。

$$\boldsymbol{E - L\frac{\Delta I}{\Delta t} = 0}$$

$$\boldsymbol{\frac{\Delta I}{\Delta t} = \frac{E}{L}} \quad \cdots②$$

十分に時間が経過したあとについて考えよう

図4

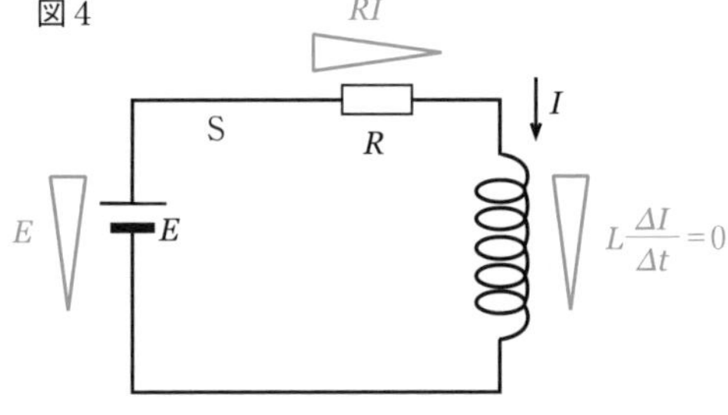

時間が経つにつれて，電池のはたらきにより，電流 I は増加していきます。①式を $\frac{\Delta I}{\Delta t}=\frac{E-RI}{L}$ と変形すると E, R, L は正の定数なので，I が増加していくと $\frac{\Delta I}{\Delta t}$ は減少していき，電流の時間変化 $\frac{\Delta I}{\Delta t}$ は小さくなっていきます。やがて，十分に時間が経過すると電流 I は一定値になり，$\frac{\Delta I}{\Delta t}=0$ となるので，①式は次のように表され，一定となった電流値を求めることができます。

$$\boldsymbol{E - RI = 0}$$

$$\boldsymbol{I = \frac{E}{R}} \quad \cdots③$$

I-t グラフをかいてみよう

ここまで考えてきたことを，I–t グラフにかいてみましょう。

まず，スイッチを入れた瞬間(時刻 $t=0$)は $I=0$ で，②式が成り立ちましたね。

$$\frac{\Delta I}{\Delta t}=\frac{E}{L}$$

これは，I–t グラフにおいて，原点でのグラフの傾きが $\dfrac{E}{L}$ であることを表しています。そして時間が経つにつれて(t が増加するにつれて) $\dfrac{\Delta I}{\Delta t}$ は小さくなっていきました。これは，I–t グラフにおいてグラフの傾きがだんだん小さくなっていくことを表しています。

十分に時間が経過すると $\dfrac{\Delta I}{\Delta t}=0$ となり，③式，すなわち $I=\dfrac{E}{R}$ が求まりました。これは，I–t グラフにおいてグラフが $I=\dfrac{E}{R}$ に漸近(ぜんきん)してくることを表しています。

したがって，I–t グラフは次のようにかくことができます。

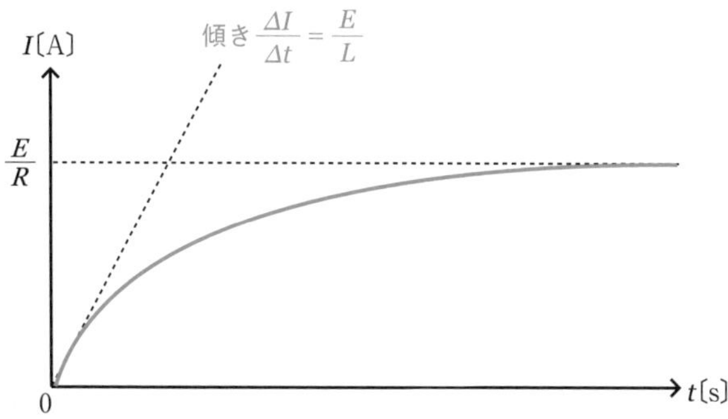

53 相互誘導

解説動画

\押さえよ/

相互誘導起電力　$V = -M\dfrac{\Delta I}{\Delta t}$　（M：相互インダクタンス）

相互誘導とは何か？

図のように，透磁率 μ，断面積 S の鉄心に，巻き数 N_1，長さ l の１次コイルと，巻き数 N_2 の２次コイルが巻かれています。１次コイルの電流 I_1 を変化させると，２つのコイルを貫く磁束が変化し，２次コイルに誘導起電力が生じます。このような現象を**相互誘導**といいます。

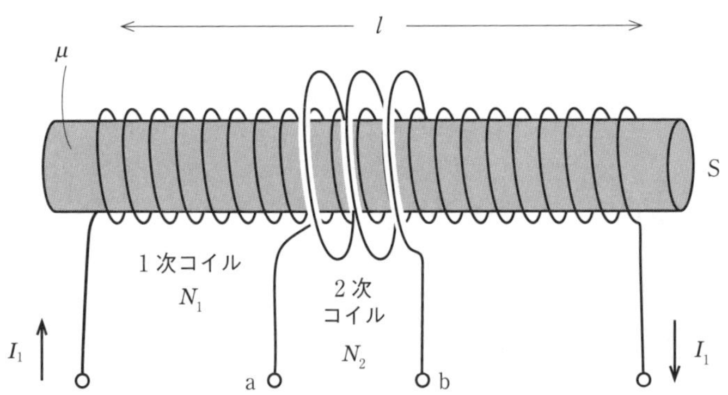

相互誘導起電力を求めよう

まずは，ソレノイドの電流 I が作る磁場 H の式，磁場 H と磁束密度 B の関係式，そして磁束密度 B と磁束 Φ の関係式を思い出しておきましょう。

復習　$H = nI$　（n：単位長さあたりの巻き数），$B = \mu H$，$\Phi = BS$

P.135
P.136
P.153

それでは始めましょう。前ページの図のように，１次コイルに電流 I_1 を流すと，２つのコイルを貫く磁束 Φ は

$$\boldsymbol{\Phi = BS = \mu HS = \mu nSI_1}$$

となり，ここの設定では $n = \dfrac{N_1}{l}$ だから，次の式で表せます。

$$\boldsymbol{\Phi = \frac{\mu N_1 SI_1}{l}} \quad \cdots①$$

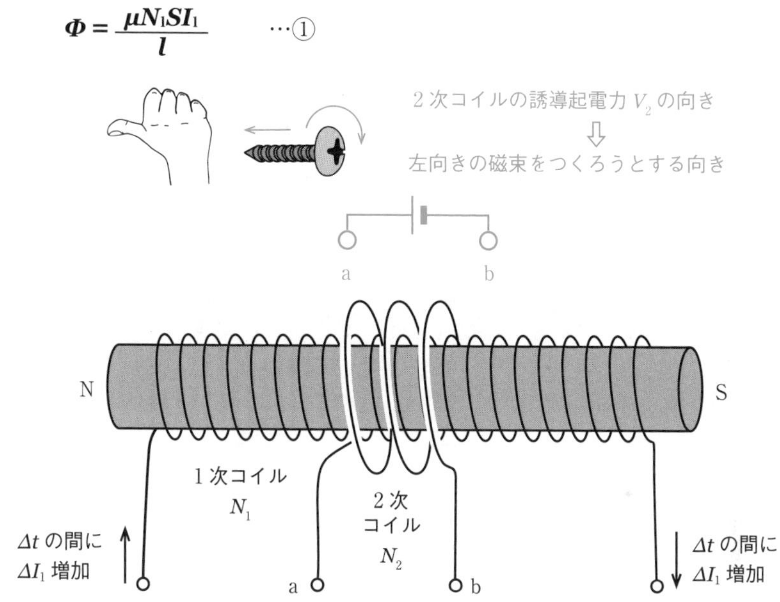

いま，１次コイルの電流を微小時間 Δt の間に上図の向きに ΔI_1 だけ増加させることを考えてみましょう。すると，２つのコイルを右向きに貫く磁束が $\Delta\Phi$ だけ増加します。このとき，２次コイルに生じる誘導起電力 V_2 の向きは，左向きの磁束を作ろうとする向きに生じるので，上図のようにａがｂよりも高電位となります。ここで，ｂがａよりも高電位の場合を正とすると，V_2 は負の値になります。

この設定で，２次コイルに生じる誘導起電力 V_2 の式を求めてみましょう。２次コイルの巻き数は N_2，貫く磁束が微小時間 Δt の間に $\Delta\Phi$ だけ増加しているので

$$\boldsymbol{V_2 = -N_2 \frac{\Delta\Phi}{\Delta t}} \quad \cdots②$$

となり，①式の I_1 以外はすべて定数であることに注意して，①式を②式に代入すると

$$\boldsymbol{V_2 = -\frac{\mu N_1 N_2 S}{l} \cdot \frac{\Delta I_1}{\Delta t}} \quad \cdots ③$$

と表されます。ここで，③式の $\frac{\mu N_1 N_2 S}{l}$ を定数 M とすると

$$\boldsymbol{V_2 = -M\frac{\Delta I_1}{\Delta t}} \quad \cdots ④$$

④式において，**M は2つのコイルの形と内部の物質によって決まる定数**で，相互インダクタンスといいます。その**単位は自己インダクタンスと同じ，**ヘンリー〔H〕になります。

POINT

相互誘導起電力　$V = -M\frac{\Delta I}{\Delta t}$　（M：相互インダクタンス）

54 交流の発生

解説動画

押さえよ

交流電圧　$V = V_0 \sin \omega t$

図1のように磁束密度 B〔T〕の一様な磁場中で，磁場と垂直な軸のまわりに面積 S〔m^2〕の1巻きのコイル PQRS が，角速度 ω〔rad/s〕で反時計回りに回転しています。コイル面の垂線が磁場の向きと一致する瞬間，すなわち辺 RS が真上に来た瞬間を時刻 $t = 0$s とします。

図1

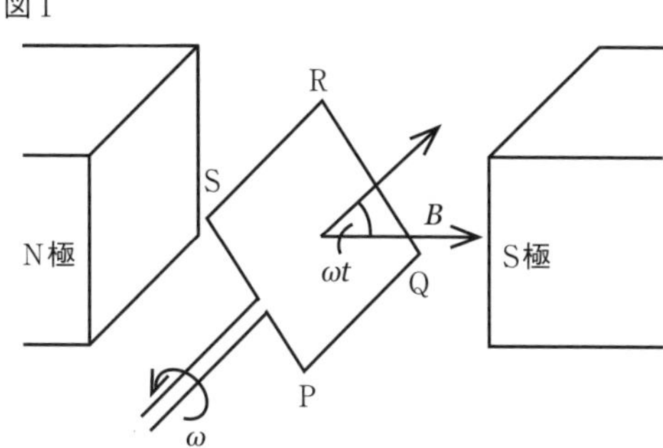

コイルを貫く磁束を求めよう

図1のようにコイルを貫く磁束を正の向きとして，時刻 t〔s〕のときのコイルを貫く磁束 Φ〔Wb〕の式を求めてみましょう。磁束 Φ と磁束密度 B の関係式 $\Phi = BS$ において，S は B と垂直な断面積を表していましたね。図1を真正面から見た断面として表した図2によれば，コイル PQRS の B と垂直な断面積は色付きの実線の部分で表されるので，$S \cos \omega t$ となります。したがって，時刻 t〔s〕のとき，コイルを貫く磁束 Φ〔Wb〕は，$\Phi = BS \cos \omega t$ となります。

ここで $\Phi_0 = BS$ とすると，次の式で表されます。

$$\boldsymbol{\Phi = \Phi_0 \cos \omega t} \quad \cdots ①$$

図 2

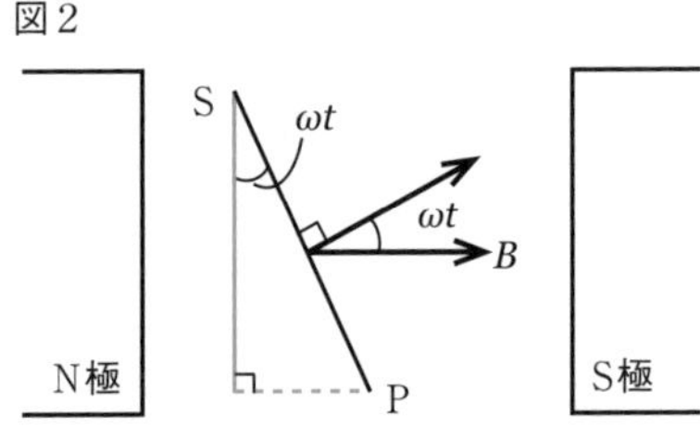

コイルに生じる誘導起電力を求めよう

次に①式をもとにして，時刻t〔s〕のときのコイルに生じる誘導起電力V〔V〕の式を求めてみましょう。電磁誘導の法則から $V=-\dfrac{\Delta\Phi}{\Delta t}$ は大丈夫ですね。右辺の磁束Φの時間変化は，数学では微分を使って $V=-\dfrac{d\Phi}{dt}$ と表します。

ここでは，微分を使ってVの式を求めますが，数学で微分をまだ習っていない人は，あとでΦ–tグラフを使って説明しますので，そちらを先に見るようにしてください。

$$\boldsymbol{V=-\frac{d\Phi}{dt}}$$

ここに①式を代入すると

$$\boldsymbol{V=-\frac{d}{dt}(\Phi_0\cos\omega t)=\omega\Phi_0\sin\omega t}$$

となります。ここで $V_0=\omega\Phi_0$ とすると，次の式で表されます。

$$\boldsymbol{V=V_0\sin\omega t} \qquad \cdots②$$

また，コイルがN巻きの場合は，起電力V〔V〕の電池がN個直列に接続されているのと同じなので，$V_0=N\omega\Phi_0$ となります。

ここで，誘導起電力の向きについて考えてみます。実は，②式で表される誘導起電力V〔V〕は，PQRSの順に電流を流そうとする向きを正の向きとしたものなのです。このことを確かめてみましょう。

図 1 のように，時刻 $t=0$s から時刻t〔s〕までの間は，はじめコイルPQRSを右向きに貫く磁束が減少します。すると，コイルには右向きの磁束を作ろうとして，PQRSの向き（正の向き）に誘導起電力V〔V〕が生じます。

これは，Vが $t=0$ 以降，正の値から始まることを表しています。確かに，

②式でも $\sin \omega t$ は $t=0$ 以降，正の値から始まりますね。

②式のように，**大きさと向きが周期的に変化する起電力**を**交流起電力**，または**交流電圧**といいます。交流の周期はコイル PQRS の回転の周期で表されるので，$T=\dfrac{2\pi}{\omega}$〔s〕であり，振動数は $f=\dfrac{\omega}{2\pi}$〔Hz〕となります。ここで，振動数 f のことを電磁気では交流の**周波数**，ω を**角周波数**といいます。

Φ–t グラフ，V–t グラフをかいてみよう

ここまで学習したことをグラフを使って考えてみましょう。まず，コイルを貫く磁束 Φ の式(①式)を Φ–t グラフにかくと，図3のようになります。

図3

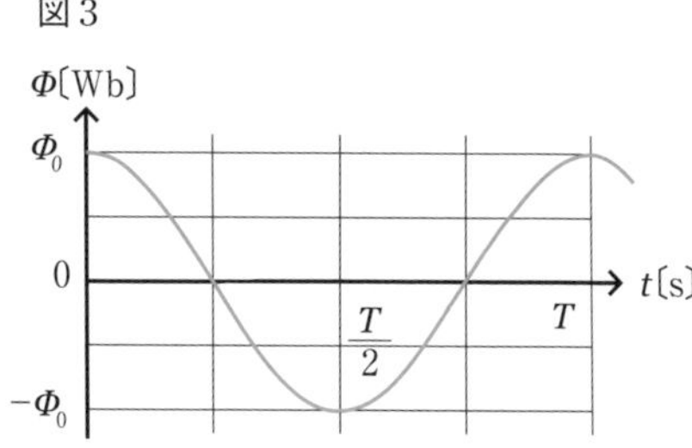

次に，Φ–t グラフをもとに V–t グラフをかいてみます。電磁誘導の法則より $V=-\dfrac{\Delta\Phi}{\Delta t}$…③ です。ここで，$\dfrac{\Delta\Phi}{\Delta t}$ は Φ–t グラフの傾きを表しているので，③式の符号に注意しながら，V–t グラフをかいていくと図4のようになります。たとえば，$t=0$s では，Φ–t グラフの傾き $\dfrac{\Delta\Phi}{\Delta t}$ は0なので，③式より $V=0$ です。また，$t=\dfrac{T}{4}$〔s〕では，Φ–t グラフの傾き $\dfrac{\Delta\Phi}{\Delta t}$ は負で最大なので，③式より V は正で最大となります。

図4

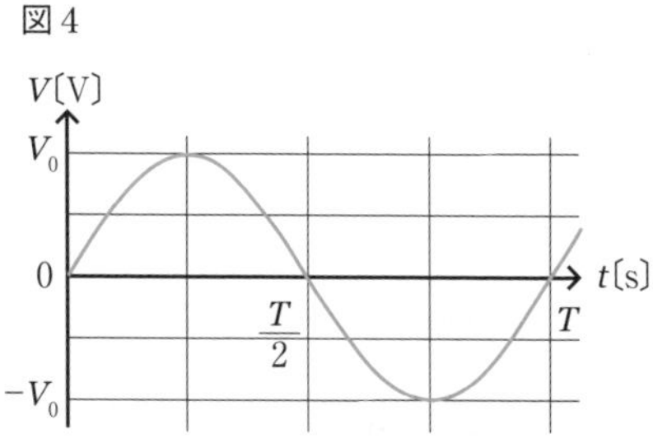

図4の V–t グラフから，コイルに生じる誘導起電力 V〔V〕の式は，②式と同じ $V=V_0 \sin \omega t$ となることがわかりますね。

55 交流の実効値

解説動画

\押さえよ/

$$実効値 = \frac{最大値}{\sqrt{2}}$$

抵抗で消費される電力の時間平均　$\overline{P} = I_e V_e$

復習 交流電圧　$V = V_0 \sin \omega t$

P.179

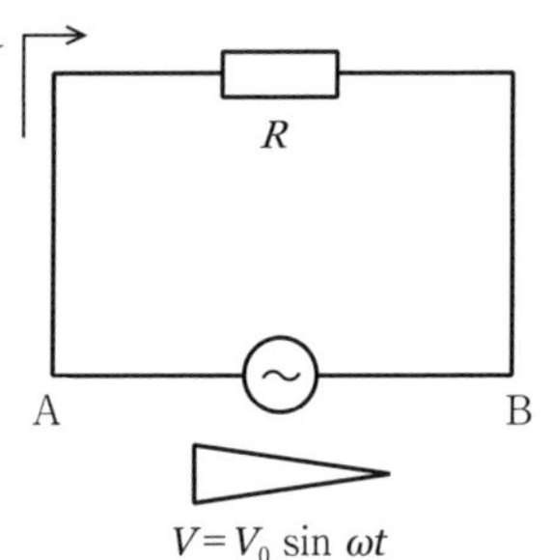

右の図のように

　交流電圧 $\boldsymbol{V = V_0 \sin \omega t}$　…①

を抵抗値 R の抵抗にかけると，抵抗には交流電流 I が流れます。ただし，V は A が B より高電位である場合を正とし，I は矢印の向きを正とします。

交流電流 I の式を求めよう

オームの法則 $V = RI$ より $I = \dfrac{V}{R}$ となり，これに①式を代入すると

$$\boldsymbol{I = \frac{V_0}{R} \sin \omega t}$$

となります。ここで，$\boldsymbol{I_0 = \dfrac{V_0}{R}}$ とすると

$$\boldsymbol{I = I_0 \sin \omega t} \quad \cdots②$$

と表されます。

①式と②式を比べると，三角関数の角度の部分(位相)がどちらも ωt となっているので，抵抗に流れる電流 I は抵抗にかけられた電圧 V と同位相で変化することがわかります。**電流 I と電圧 V が同位相で変化する**というのは，当たり前のような気もしますが，**56**，**57** で学習するコイルやコンデ

ンサーの場合では，I と V に位相の差が生じてきます。そこで，**抵抗では I と V は同位相になる**ことをここで確認しておきたかったのです。

抵抗で消費される電力 P について考えよう

電力 $P=IV$ の式は覚えていますね。この式に①式と②式を代入すると，交流の消費電力 P を表す式を求めることができます。

$$\boldsymbol{P=IV=I_0V_0\sin^2\omega t}$$

しかし交流の場合，1秒間に何回も振動するため，電力 P のすばやい時間的変動よりも，むしろ電力の時間平均 $\overline{P}$ の方が現実的には大きな意味をもちます。ここで，I_0，V_0 は時間によって変化しないことに注意すると，電力の時間平均 $\overline{P}$ を表す式は次のようになります。

$$\boldsymbol{\overline{P}=I_0V_0\overline{\sin^2\omega t}}$$

次に，$\overline{\sin^2\omega t}$ の部分（時間平均の部分）を計算しましょう。

ここで，2倍角の公式 $\sin^2\theta=\dfrac{1-\cos 2\theta}{2}$ より $\overline{\sin^2\omega t}=\dfrac{1-\overline{\cos 2\omega t}}{2}$ となります。

下のグラフのように，$\cos 2\omega t$ は時間 t の経過とともに0を中心として，-1 から $+1$ まで周期的に変化していくので，時間平均 $\overline{\cos 2\omega t}=0$ となります。

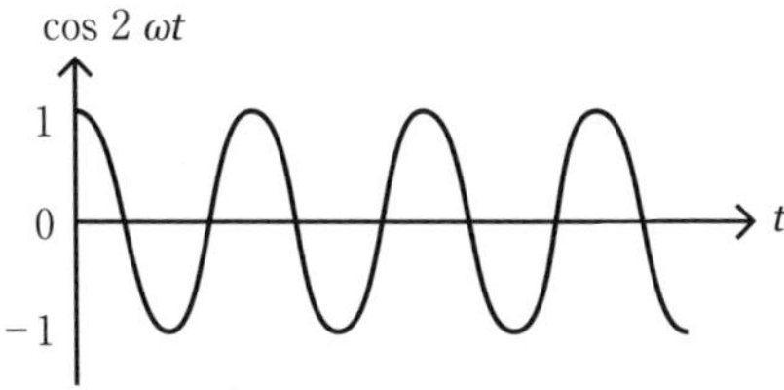

したがって，電力の時間平均 $\overline{P}$ は，次のように表されます。

$$\boldsymbol{\overline{P}=I_0V_0\frac{1-\overline{\cos 2\omega t}}{2}}$$

$$\boldsymbol{\overline{P}=\frac{I_0V_0}{2}} \quad \cdots③$$

交流の実効値とは何か？

③式を $\overline{P}=\frac{I_0}{\sqrt{2}}\times\frac{V_0}{\sqrt{2}}$ という形で表すと

$$\frac{I_0}{\sqrt{2}}=I_e,\quad \frac{V_0}{\sqrt{2}}=V_e$$

となる電流I_e，電圧V_eを定めることができます。そうすると電力の時間平均$\overline{P}$は，I_eとV_eを用いて $\overline{P}=I_eV_e$ と表され，直流の場合と同じ形の式となって便利になります。

このようにして定めたI_eとV_eをそれぞれ交流電流の実効値，交流電圧の実効値といいます。

POINT

交流の実効値　$I_e=\frac{I_0}{\sqrt{2}}$，$V_e=\frac{V_0}{\sqrt{2}}$

抵抗で消費される電力の時間平均　$\overline{P}=\frac{I_0V_0}{2}=I_eV_e$

実効値に対して，各瞬間の電流I，電圧Vの値をそれぞれ瞬間値といいます。$I=I_0\sin\omega t$（②式）において，時刻tの変化に伴って瞬間値Iの値も変化していきます。そして②式において $\sin\omega t=1$ をみたす時刻tになった瞬間，交流電流Iは最大値となるので，I_0は交流電流Iの最大値を表しています。

また，電圧についても $V=V_0\sin\omega t$（①式）を用いて同様に考えると，V_0は交流電圧Vの最大値を表しています。したがって，POINTでまとめた交流電流，交流電圧の実効値の式 $I_e=\frac{I_0}{\sqrt{2}}$，$V_e=\frac{V_0}{\sqrt{2}}$ は，次のようにまとめて表すことができます。

$$\text{実効値}=\frac{\text{最大値}}{\sqrt{2}}$$

56 コイルに流れる交流

▼解説動画

＼押さえよ／

→

コイルに流れる交流

コイルに流れる電流はコイルにかけられた電圧よりも位相が$\frac{\pi}{2}$遅れている。

実効値の関係：$V_e = \omega L I_e$，誘導リアクタンス：ωL

次の図のように，交流電圧 $V = V_0 \sin \omega t$ …①
を自己インダクタンスLのコイルにかけると，コイルにはVとは位相の異なる交流電流Iが流れます。そこでコイルに流れる電流Iを

$$I = I_0 \sin(\omega t + \varphi) \quad (-\pi < \varphi \leqq \pi) \cdots②$$

と仮定します。②式において，φ（ファイ）はVとIの位相の違いを表しています。また，VはAがBより高電位である場合を正とし，Iは矢印の向きを正とします。

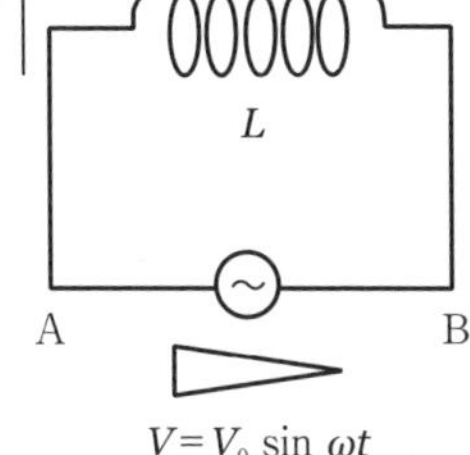

⬇ コイルに生じる誘導起電力V_rを求めよう

いま，電流Iが矢印の向き（正の向き）に増加する瞬間を考えます。このとき，$\frac{\Delta I}{\Delta t} > 0$ となり，コイルにはAがBよりも高電位となるように誘導起電力V_rが生じます。よってこの瞬間は $V_r > 0$ なので，コイルに生じる誘導起電

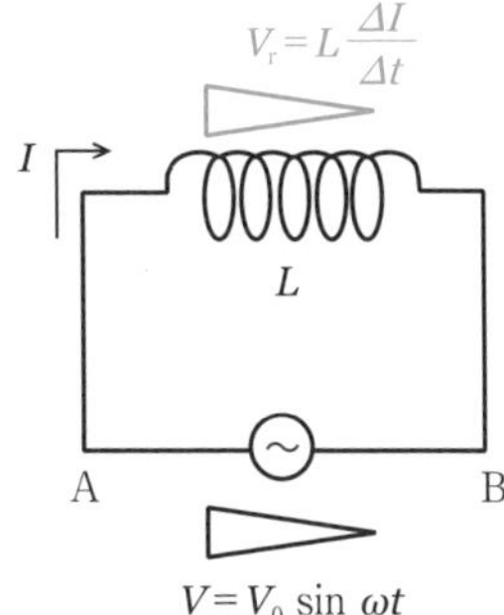

力 V_r の式は，次のように表すことができます。

$$V_r = L\frac{\Delta I}{\Delta t}$$

次に，$\frac{\Delta I}{\Delta t}$は②式を t で微分すれば求められるので

$$V_r = L\frac{dI}{dt} = \omega L I_0 \cos(\omega t + \varphi) \qquad \cdots③$$

と表されます。

回路に成り立つキルヒホッフの法則を考えよう

この回路に，電位差の式(キルヒホッフの第２法則)を適用すると

$$V - V_r = 0$$

$$V = V_r$$

となり，上式に①，③式を代入すると

$$V_0 \sin \omega t = \omega L I_0 \cos(\omega t + \varphi)$$

となります。ここで，任意の時刻 t に対して上式が成り立つためには

$$V_0 = \omega L I_0,\quad I_0 = \frac{V_0}{\omega L} \qquad \cdots④$$

かつ

$$\varphi = -\frac{\pi}{2} \qquad \cdots⑤$$

となる必要があります。したがって，コイルに流れる電流 I は，②式に④，⑤式を代入して，次のように表されます。

$$I = \frac{V_0}{\omega L} \sin\left(\omega t - \frac{\pi}{2}\right) \qquad \cdots⑥$$

⑥式より，**コイルに流れる電流 I はコイルにかけられた電圧 V よりも位相が$\frac{\pi}{2}$遅れている**ことがわかります。

実効値の関係式を求めよう

④式の両辺を$\sqrt{2}$で割ると

$$\frac{I_0}{\sqrt{2}} = \frac{1}{\omega L} \cdot \frac{V_0}{\sqrt{2}}$$

となります。ここで，**実効値 $= \dfrac{\text{最大値}}{\sqrt{2}}$** の関係を用いると，実効値の I_e，V_e の関係は次のように表されます。

$$I_e = \frac{1}{\omega L} \cdot V_e$$

$$V_e = \omega L I_e \qquad \cdots ⑦$$

⑦式をオームの法則 $V = RI$ と比べると，**ωL は交流に対して抵抗 R と同じはたらきをする**ことがわかります。そこで **ωL をコイルの誘導リアクタンス**といい，単位は抵抗と同じく，**オーム〔Ω〕**を用います。

POINT

コイルに流れる交流

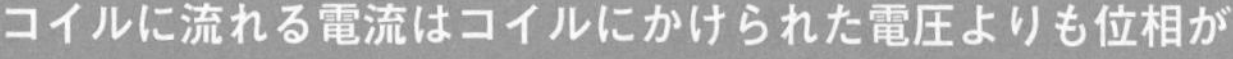
コイルに流れる電流はコイルにかけられた電圧よりも位相が

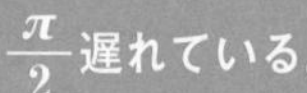
π/2 遅れている。

実効値の関係：$V_e = \omega L I_e$，誘導リアクタンス：ωL

57 コンデンサーに流れる交流

解説動画

\押さえよ/

コンデンサーに流れる交流

コンデンサーに流れる電流はコンデンサーにかけられた電圧よりも位相が$\frac{\pi}{2}$進んでいる。

実効値の関係：$V_e = \frac{1}{\omega C} I_e$，容量リアクタンス：$\frac{1}{\omega C}$

図1のように，交流電圧

$$V = V_0 \sin \omega t \qquad \cdots①$$

を電気容量Cのコンデンサーにかけると，コンデンサーは充電と放電を繰り返し，コンデンサーに交流電流Iが流れます。ただし，VはAがBより高電位である場合を正とし，Iは矢印の向きを正とします。

図1

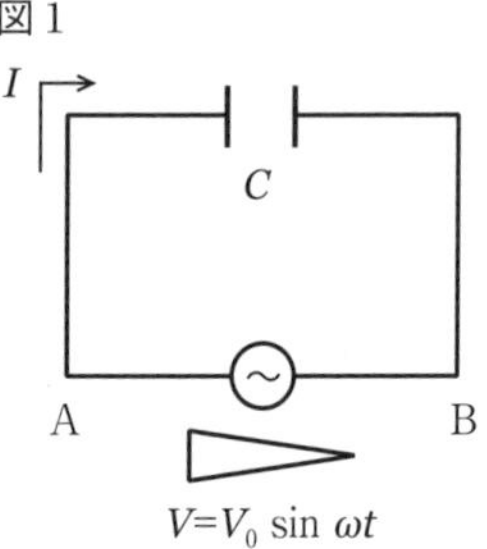

コンデンサーに流れる電流Iの式を求めよう

図2の左側の極板の電荷qは，コンデンサーの基本式$Q = CV$と①式を用いて

$$q = CV = CV_0 \sin \omega t \qquad \cdots②$$

と表されます。図2のように，コンデンサーに流れる電流Iは，左側の極板の電荷qが，微小時間Δtの間にΔqだけ増加したとすると

$$I = \frac{\Delta q}{\Delta t} \qquad \cdots③$$

図2

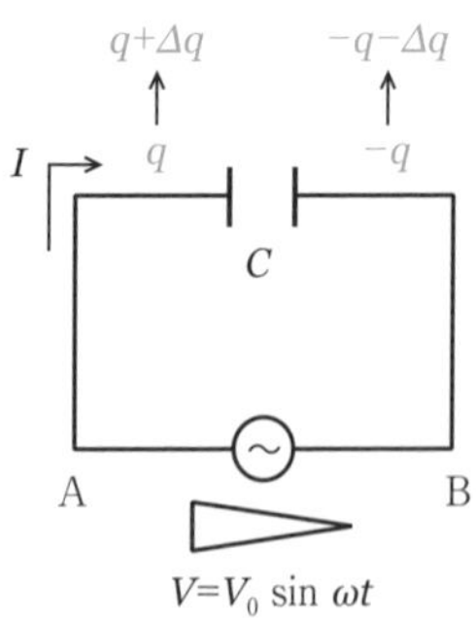

と表されます。③式は電流の定義式そのものですね。ここで，③式の符号を確認しておきましょう。図2のように，左側の極板の電荷が，微小時間Δt

の間にΔqだけ増加すると，$\dfrac{\Delta q}{\Delta t}>0$ となります。このとき，電流Iも正の向きに流れることになるので，③式の符号は正しいことが確認できます。そして，$\dfrac{\Delta q}{\Delta t}$は②式を$t$で微分すれば求められるので，次の式で表されます。

$$\boldsymbol{I=\frac{dq}{dt}=\omega CV_0\cos\omega t=\omega CV_0\sin\left(\omega t+\frac{\pi}{2}\right)} \quad \cdots ④$$

④式を①式と比べると，**コンデンサーに流れる電流Iは，コンデンサーにかけられた電圧Vよりも位相が$\dfrac{\pi}{2}$進んでいる**ことがわかります。

実効値の関係式を求めよう

④式において，電流の最大値I_0は，$\sin\left(\omega t+\dfrac{\pi}{2}\right)=1$ となったときの電流Iの値だから $I_0=\omega CV_0$ となります。この式の両辺を$\sqrt{2}$で割ると

$$\boldsymbol{\frac{I_0}{\sqrt{2}}=\omega C\cdot\frac{V_0}{\sqrt{2}}}$$

となるので，実効値I_e，V_eの関係は次のようになります。

$$\boldsymbol{I_e=\omega C\cdot V_e} \quad \text{より} \quad V_e=\frac{1}{\omega C}I_e \quad \cdots ⑤$$

⑤式をオームの法則 $V=RI$ と比べると，**$\dfrac{1}{\omega C}$は交流に対して抵抗Rと同じはたらきをする**ことがわかります。そこで，$\dfrac{1}{\omega C}$をコンデンサーの容量リアクタンスといい，単位は抵抗と同じく，オーム〔Ω〕を用います。

POINT

コンデンサーに流れる交流

コンデンサーに流れる電流はコンデンサーにかけられた電圧よりも位相が$\dfrac{\pi}{2}$進んでいる。

実効値の関係：$V_e=\dfrac{1}{\omega C}I_e$，容量リアクタンス：$\dfrac{1}{\omega C}$

58 交流のまとめ

解説動画

交流のまとめ

R, L, Cに $V=V_0\sin\omega t$ を加える。

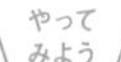

種類	交流電流の瞬間値	実効値の関係	平均消費電力
R	$I=\dfrac{V_0}{R}\sin\omega t$	$V_e=RI_e$	$\overline{P}=I_eV_e$
L	$I=\dfrac{V_0}{\omega L}\sin\left(\omega t-\dfrac{\pi}{2}\right)$	$V_e=\omega LI_e$	$\overline{P}=0$
C	$I=\omega CV_0\sin\left(\omega t+\dfrac{\pi}{2}\right)$	$V_e=\dfrac{1}{\omega C}I_e$	$\overline{P}=0$

今回は，抵抗，コイル，コンデンサーに流れる交流電流について，まとめをしましょう。交流の問題を解くための基礎となることがらなので，確実に理解をしてくださいね。

やってみよう Q

交流電圧 $V=V_0\sin\omega t$ を抵抗値 R の抵抗に加えると，抵抗には交流電流 I が流れる。ただし，V は A が B より高電位である場合を正，I は矢印の向きを正とする。

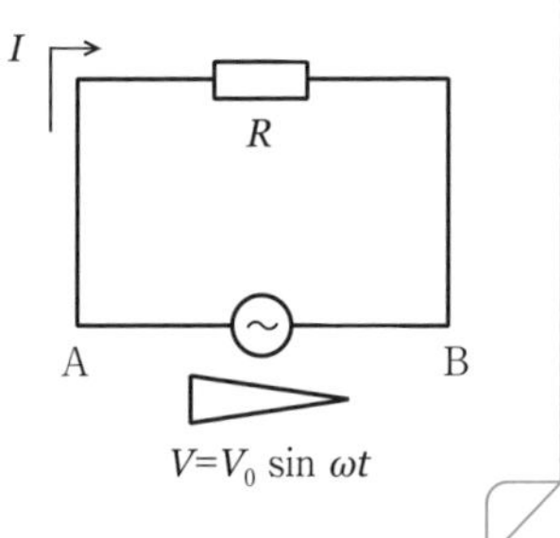

つづき Q

(1) 交流電圧の実効値 V_e と交流電流の実効値 I_e の関係式をかけ。

交流といえども，基本となるのはオームの法則 $V=RI$ です。つねに，この式の形をイメージすることから始めてください。

解答 実効値 V_e と I_e の関係は

$V_e = RI_e$ 　　**$V_e = RI_e$** ……答

つづき Q

(2) 交流電流 I の式を求めよ。

ここで問われているのは，交流電流 I，すなわち電流の瞬間値です。瞬間値を求めるときも，イメージするのはオームの法則です。$I = \frac{V}{R}$ の式中の V には，電圧の瞬間値 $V = V_0 \sin \omega t$ が入ります。

解答 抵抗に流れる交流電流 I は

$I = \frac{V_0}{R} \sin \omega t$ 　　**$I = \frac{V_0}{R} \sin \omega t$** ……答

つづき Q

(3) 交流電流 I の時間変化をグラフにかけ。ただし，すでに記入してあるグラフは $V = V_0 \sin \omega t$ を表し，I_0 は I の最大値

T は $\frac{2\pi}{\omega}$ である。

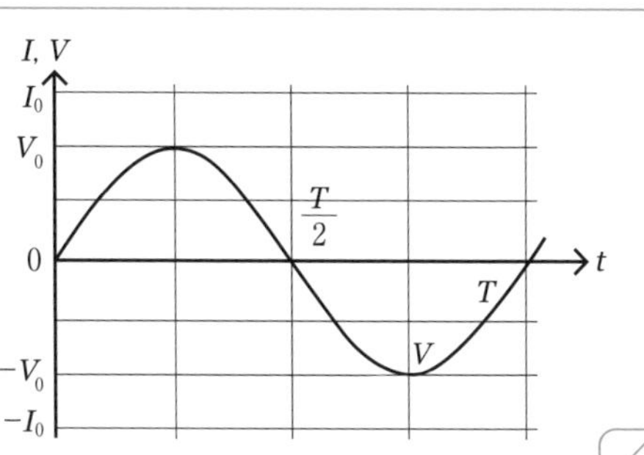

(2)で求めた $I = \frac{V_0}{R} \sin \omega t$ のグラフをかきます。I_0 は I の最大値なので，$\frac{V_0}{R} = I_0$ として $I = I_0 \sin \omega t$ と書くことができますね。また，$T = \frac{2\pi}{\omega}$ なので，T は周期を表しています。したがって，解答の I のグラフは，次の図の色付きの線のようになります。

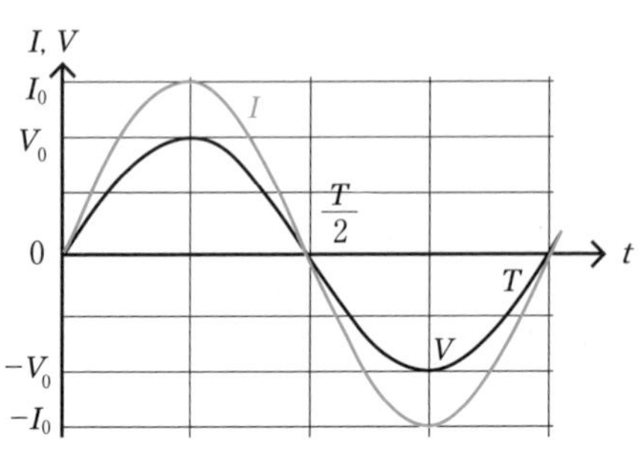

……答

つづき Q

(4) 消費電力の時間平均 $\overline{P}$ を求めよ。

電力 $P = IV$ の式に $I = \dfrac{V_0}{R}\sin\omega t$, $V = V_0\sin\omega t$ をそれぞれ代入すると

$P = \dfrac{V_0{}^2}{R}\sin^2\omega t = \dfrac{V_0{}^2}{R}\cdot\dfrac{1-\cos 2\omega t}{2}$ となります。

ここで，2倍角の公式を使って $\sin^2\omega t = \dfrac{1-\cos 2\omega t}{2}$ と変形したのは，$\cos 2\omega t$ の時間平均 $\overline{\cos 2\omega t} = 0$ を用いるためです。$\cos 2\omega t$ は，時間 t の経過とともに0を中心として，−1から+1まで周期的に変化していくので，時間平均は0となります。したがって，解答は次のようになります。

解答

消費電力の時間平均 $\overline{P}$ は

$$\overline{P} = \overline{IV} = \frac{V_0{}^2}{R}\,\overline{\sin^2\omega t}$$

$$= \frac{V_0{}^2}{R}\cdot\frac{1-\overline{\cos 2\omega t}}{2}$$

$$= \frac{V_0{}^2}{2R}$$

$\boldsymbol{\overline{P} = \dfrac{V_0{}^2}{2R}}$ ……答

消費電力の時間平均 $\overline{P}$ は，さらに次のように変形できます。

$I_0 = \dfrac{V_0}{R}$ より $\overline{P} = \dfrac{V_0{}^2}{2R} = \dfrac{I_0V_0}{2}$

$$I_e = \frac{I_0}{\sqrt{2}},\ V_e = \frac{V_0}{\sqrt{2}} \quad より \quad \overline{P} = I_e V_e$$

つづき
Q

(5) 抵抗の代わりに自己インダクタンス L のコイルを接続する。
(1)～(4) と同じ問いに答えよ。

抵抗 R の代わりに，自己インダクタンス L を接続して，以下の(1)～(4)を求めます。

(1) 交流電圧の実効値 V_e と交流電流の実効値 I_e の関係式
(2) 交流電流 I の式
(3) 交流電流 I の時間変化のグラフ
(4) 消費電力の時間平均 $\overline{P}$

[(1)の解説] イメージするのは，オームの法則 $V = RI$ です。コイルのリアクタンス ωL が抵抗 R に対応するので，実効値の関係式は $V_e = \omega L I_e$ となります。

[(2)の解説] コイルに流れる電流の瞬間値 I は，オームの法則 $I = \frac{V}{R}$ において，R を ωL におきかえ，V に電圧の瞬間値 $V = V_0 \sin \omega t$ を代入して求めます。ただし，コイルの場合，I は V よりも位相が $\frac{\pi}{2}$ 遅れているので，位相(角度)の部分が $\left(\omega t - \frac{\pi}{2}\right)$ となることに注意しましょう。

解答

(1) 実効値 V_e と I_e の関係は

$V_e = \omega L I_e$ **$V_e = \omega L I_e$** …… 答

(2) コイルに流れる交流電流 I は

$$I = \frac{V_0}{\omega L} \sin\left(\omega t - \frac{\pi}{2}\right) = -\frac{V_0}{\omega L} \cos \omega t$$

$I = -\frac{V_0}{\omega L} \cos \omega t$ …… 答

(3)　$I_0=\dfrac{V_0}{\omega L}$ とすると $I=-I_0\cos\omega t$ となるので

I–t グラフは下図のようになる。

(4)　消費電力の時間平均 $\overline{P}$ は

$$\overline{P}=\overline{IV}=-\frac{V_0^2}{\omega L}\,\overline{\sin\omega t\cos\omega t}$$

$$=-\frac{V_0^2}{2\omega L}\,\overline{\sin 2\omega t}$$

ここで，$\overline{\sin 2\omega t}=0$ だから

$\overline{P}=0$

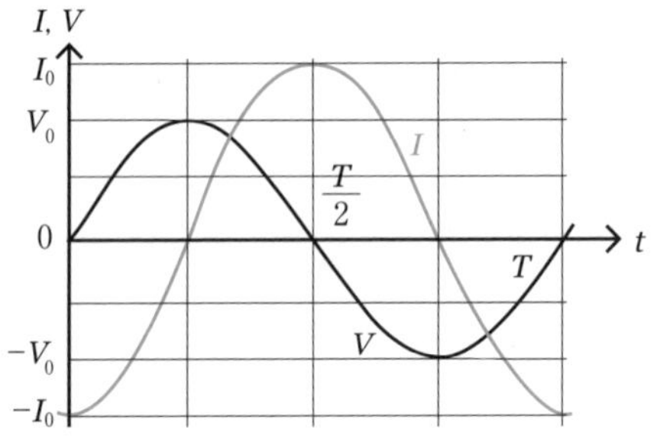

……答

つづき Q

(6) コイルの代わりに電気容量 C のコンデンサーを接続する。
(1)～(4)と同じ問いに答えよ。

抵抗 R の代わりに，電気容量 C のコンデンサーを接続して，次の(1)～(4)を求めます。

(1)　交流電圧の実効値 V_e と交流電流の実効値 I_e の関係式

(2)　交流電流 I の式

(3)　交流電流 I の時間変化のグラフ

(4)　消費電力の時間平均 $\overline{P}$

［(1)の解説］ $V=RI$ のイメージです。コンデンサーのリアクタンス $\dfrac{1}{\omega C}$ が R に対応するので，実効値の関係式は $V_e=\dfrac{1}{\omega C}I_e$ となります。

［(2)の解説］ コンデンサーに流れる電流の瞬間値 I は，オームの法則 $I=\dfrac{V}{R}$ において，$R=\dfrac{1}{\omega C}$ におきかえ，V に電圧の瞬間値 $V=V_0\,\mathrm{sim}\,\omega t$ を代入して求めます。ただし，コンデンサーの場合，I は V よりも位相が $\dfrac{\pi}{2}$ 進んでいるので，位相(角度)の部分が $\left(\omega t+\dfrac{\pi}{2}\right)$ になることに注意しましょう。

解答

(1)　実効値 V_e と I_e の関係は

$$V_e=\frac{1}{\omega C}I_e$$

$\boldsymbol{V_e=\dfrac{1}{\omega C}I_e}$ ……答

(2)　コンデンサーに流れる交流 I は

$$I=\omega CV_0\sin\left(\omega t+\frac{\pi}{2}\right)=\omega CV_0\cos\omega t$$

$\boldsymbol{I=\omega CV_0\cos\omega t}$ …… 

(3)　$I_0=\omega CV_0$ とすると，$I=I_0\cos\omega t$ となるので，I–t グラフは次ページの図のようになる。

(4)　消費電力の時間平均 $\overline{P}$ は

$$\overline{P}=\overline{IV}=\omega CV_0{}^2\,\overline{\sin\omega t\cos\omega t}$$

$$=\frac{\omega CV_0{}^2}{2}\,\overline{\sin 2\,\omega t}=0$$

$\boldsymbol{\overline{P}=0}$ ……答

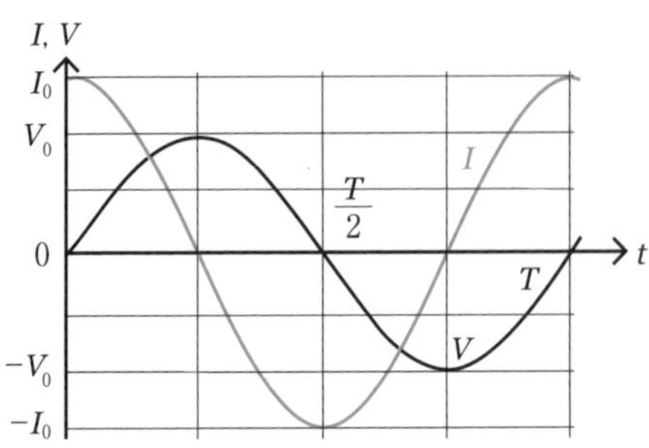

……答

POINT

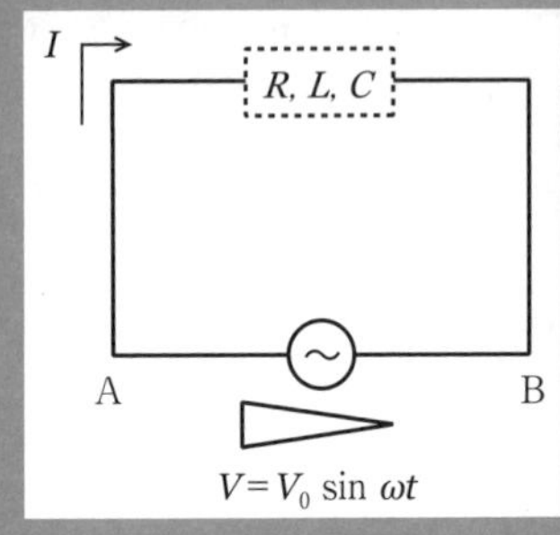

種類	交流電流の瞬間値	実効値の関係	平均消費電力
R	$I = \frac{V_0}{R}\sin\omega t$	$V_e = RI_e$	$\overline{P} = I_eV_e$
L	$I = \frac{V_0}{\omega L}\sin\left(\omega t - \frac{\pi}{2}\right)$	$V_e = \omega LI_e$	$\overline{P} = 0$
C	$I = \omega CV_0\sin\left(\omega t + \frac{\pi}{2}\right)$	$V_e = \frac{1}{\omega C}I_e$	$\overline{P} = 0$

59 RLC直列回路

解説動画

\押さえよ/

RLC直列回路のインピーダンスZ $Z=\sqrt{R^2+\left(\omega L-\frac{1}{\omega C}\right)^2}$

図のように，抵抗値 R の抵抗，自己インダクタンス L のコイル，電気容量 C のコンデンサーを直列に接続し，ad 間に交流電圧（d に対する a の電位）V を加えます。回路に流れる共通の電流を $I=I_0\sin\omega t$（矢印の向きが正）とします。ここでは，抵抗，コイル，コンデンサーが直列に接続されているため，3つの素子には共通の電流 $I=I_0\sin\omega t$ が流れます。まずは，各素子にかかる電圧を求めていきましょう。

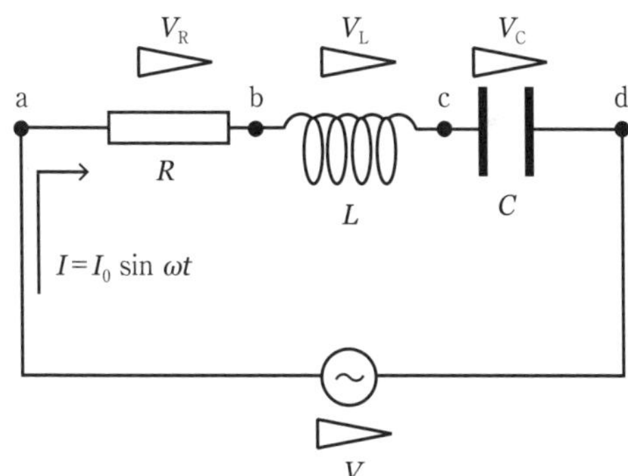

各素子にかかる電圧を求めよう

ここでもイメージするのは，オームの法則 $V=RI$ です。抵抗の場合，電圧の瞬間値と電流の瞬間値は同位相なので，オームの法則に $\boldsymbol{I=I_0\sin\omega t}$ を代入すると，抵抗にかかる電圧（b に対する a の電位）V_R は

$$V_R=RI_0\sin\omega t$$

となります。

次に，コイルにかかる電圧（c に対する b の電位）V_L について考えます。コ

イルのリアクタンスはωLで，"電流は電圧よりも位相が$\frac{\pi}{2}$遅れる"でしたね。

ここでは，電圧が問われているので，"電圧は電流よりも位相が$\frac{\pi}{2}$進む"となります。したがって，オームの法則 $V=RI$ のRをωLにおきかえ，Iに $I=I_0\sin\left(\omega t+\frac{\pi}{2}\right)$ を代入して

$$V_L=\omega LI_0\sin\left(\omega t+\frac{\pi}{2}\right)=\omega LI_0\cos\omega t$$

最後に，コンデンサーにかかる電圧(dに対するcの電位)V_Cについて考えましょう。コンデンサーのリアクタンスは$\frac{1}{\omega C}$で，"電流は電圧よりも位相が$\frac{\pi}{2}$進む"なので，"電圧は電流よりも位相が$\frac{\pi}{2}$遅れる"となります。

したがって，オームの法則 $V=RI$ のRを$\frac{1}{\omega C}$におきかえ，Iに

$I=I_0\sin\left(\omega t-\frac{\pi}{2}\right)$ を代入して

$$V_C=\frac{1}{\omega C}I_0\sin\left(\omega t-\frac{\pi}{2}\right)=-\frac{I_0}{\omega C}\cos\omega t$$

ad間に加えた電圧Vを求めよう

ad間に加えた電圧Vは，3つの素子にかかる電圧V_R，V_L，V_Cの和になるので

$$V=V_R+V_L+V_C$$

ここまでに求めたV_R，V_L，V_Cの式をそれぞれ代入して

$$V=RI_0\sin\omega t+\left(\omega L-\frac{1}{\omega C}\right)I_0\cos\omega t$$

このあと，三角関数の合成公式を用いて変形していきますので，合成公式の確認をしておきましょう。

$$a\sin\theta\pm b\cos\theta=\sqrt{a^2+b^2}\sin(\theta\pm\alpha) \qquad \left(\text{ただし，}\tan\alpha=\frac{b}{a}\right)$$

求めたVの式を，合成公式を用いて変形すると

$$V=\sqrt{R^2+\left(\omega L-\frac{1}{\omega C}\right)^2}I_0\sin(\omega t+\alpha) \qquad \cdots①$$

$$\text{ただし，}\tan\alpha=\frac{\omega L-\frac{1}{\omega C}}{R} \qquad \cdots②$$

となりますね。①式より，ad 間に加えた電圧Vは，回路を流れる電流Iよりも位相がαだけ進んでいることがわかります。

しかし，これは常に電圧Vが電流Iよりも位相が進んでいるという意味ではありません。②式において，$\omega L<\frac{1}{\omega C}$ならば$\alpha$は負の値になるので，電圧$V$は電流$I$より$\alpha$(負の値)だけ進んでいます。すなわち，このとき実際には，電圧Vは電流Iよりも位相が遅れていることになりますね。

実効値の関係式を求めよう

①式より，交流電圧Vの最大値をV_0とすると

$$V_0=\sqrt{R^2+\left(\omega L-\frac{1}{\omega C}\right)^2}I_0$$

となるので，両辺を$\sqrt{2}$で割り実効値V_e，I_eの関係を求めると

$$V_e=\sqrt{R^2+\left(\omega L-\frac{1}{\omega C}\right)^2}I_e \qquad \cdots③$$

となります。③式をオームの法則 $V=RI$ と比べると

$\sqrt{R^2+\left(\omega L-\frac{1}{\omega C}\right)^2}$ は**RLC直列回路全体の抵抗と同じはたらきをする**ことがわかり，この抵抗値をインピーダンスといってZで表します。したがって，Zの単位は抵抗と同じ，オーム〔Ω〕となります。

RLC直列回路のインピーダンスZ　$Z=\sqrt{R^2+\left(\omega L-\frac{1}{\omega C}\right)^2}$

60 ベクトルによる交流の表しかた

解説動画

復習 Q

図1のように，抵抗値 R の抵抗，自己インダクタンス L のコイル，電気容量 C のコンデンサーを直列に接続し，ad 間に交流電圧（d に対する a の電位）V を加える。回路に流れる共通の電流を $I=I_0\sin\omega t$（矢印の向きが正）とする。

図1の各素子にかかる電圧を求めよ。

図1

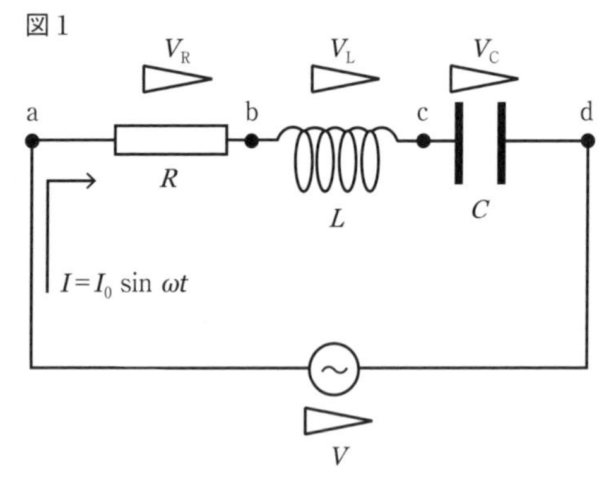

解答

抵抗にかかる電圧（b に対する a の電位）V_R は

$$V_R=RI_0\sin\omega t$$

$\boldsymbol{V_R=RI_0\sin\omega t}$ ……答

コイルにかかる電圧（c に対する b の電位）V_L は

$$V_L=\omega LI_0\sin\left(\omega t+\frac{\pi}{2}\right)$$

$\boldsymbol{V_L=\omega LI_0\sin\left(\omega t+\frac{\pi}{2}\right)}$ ……答

コンデンサーにかかる電圧（d に対する c の電位）V_C は

$$V_C=\frac{1}{\omega C}I_0\sin\left(\omega t-\frac{\pi}{2}\right)$$

$\boldsymbol{V_C=\frac{1}{\omega C}I_0\sin\left(\omega t-\frac{\pi}{2}\right)}$ ……答

59 では，このあと三角関数の合成公式を用いて $V=V_R+V_L+V_C$ を計算し，ad 間に加えた交流電圧 V を求めましたね。ここでは，合成公式を用いずに，回転するベクトルを用いて交流電圧 V の式を求めていくことを考えましょう。

$I = I_0 \sin \omega t$ をベクトルで表そう

図2のように，点Oを中心として反時計回りに角速度 ω で回転するベクトル I_0 を考えます。すると，交流電流の瞬間値 $I = I_0 \sin \omega t$ はベクトル I_0 の縦軸上への正射影とみなすことができます。図2で確認しておきましょう。

図2

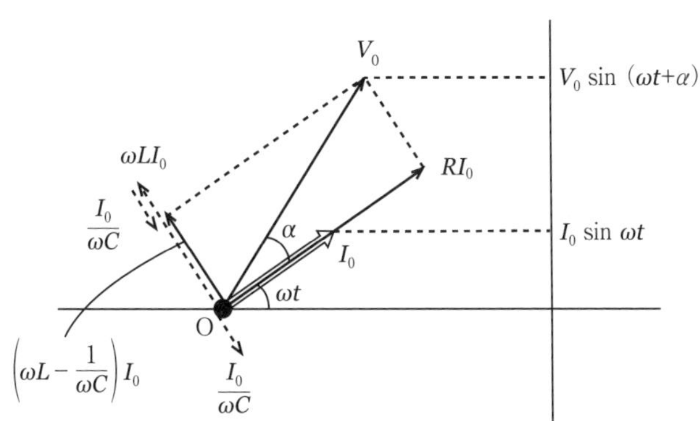

V_R，V_L，V_C の最大値をベクトルで表そう

前ページで求めた3つの式を見ると，V_R，V_L，V_C の最大値は，それぞれ RI_0，ωLI_0，$\dfrac{I_0}{\omega C}$ となります。そして，RI_0，ωLI_0，$\dfrac{I_0}{\omega C}$ は，位相を含めて回転するベクトルで表すと，図2のようになります。RI_0，ωLI_0，$\dfrac{I_0}{\omega C}$ の縦軸上への正射影が，各素子にかかる電圧の瞬間値 V_R，V_L，V_C を表しています。では，図2を見ながら，一つひとつ確認をしていきましょう。

まず抵抗の場合，電圧は電流と同位相なので，V_R の最大値 RI_0 は I_0 と同位相（同じ角度の向き）になります。

次にコイルの場合，電圧は電流よりも位相が $\dfrac{\pi}{2}$ 進んでいるので，V_L の最大値 ωLI_0 は I_0 よりも90°進んだベクトルになります。

最後にコンデンサーの場合，電圧は電流よりも位相が $\dfrac{\pi}{2}$ 遅れているので，V_C の最大値 $\dfrac{I_0}{\omega C}$ は I_0 よりも90°遅れたベクトルになります。

ad 間に加えた電圧 V をベクトルを使って求めよう

$V=V_R+V_L+V_C$ であるので，交流電圧 V の最大値 V_0 を表すベクトルは，3つのベクトル RI_0，ωLI_0，$\dfrac{I_0}{\omega C}$ を合成して図2のように求められます。これも，図2の中で確認しておきましょう。

まず，ωLI_0 と $\dfrac{I_0}{\omega C}$ の2つのベクトルの和は，位相が π ずれているので，$\left(\omega L-\dfrac{1}{\omega C}\right)I_0$ という1つのベクトルで表すことができます。そして，RI_0 と $\left(\omega L-\dfrac{1}{\omega C}\right)I_0$ のベクトルの和が，3つのベクトル RI_0，ωLI_0，$\dfrac{I_0}{\omega C}$ の和になります。したがって，図2より，V_0 は三平方の定理を用いて

$$V_0=\sqrt{R^2+\left(\omega L-\frac{1}{\omega C}\right)^2}I_0$$

と表されます。上式の両辺を $\sqrt{2}$ で割ると，実効値 V_e，I_e の関係は

$$V_e=\sqrt{R^2+\left(\omega L-\frac{1}{\omega C}\right)^2}I_e$$

と求められます。したがって，インピーダンス Z は

$$Z=\frac{V_e}{I_e}=\sqrt{R^2+\left(\omega L-\frac{1}{\omega C}\right)^2}$$

となります。また，電圧 V と電流 I の位相差 α は，図2を見ると

$$\tan\alpha=\frac{\omega L-\dfrac{1}{\omega C}}{R}$$

となります。したがって，ad 間に加えた電圧 V は，図2を見ながら V_0，α を用いて表すと次のようになります。

$$V=V_0\sin(\omega t+\alpha)$$

すべて，図2の中で確認できましたね。

61 電気振動

解説動画

\押さえよ/

振動回路の固有周波数 $f=\dfrac{1}{2\pi\sqrt{LC}}$

水平ばね振り子について復習しよう

図のように，ばね定数kのばねの一端に質量mの小球を取りつけ，他端を固定します。ばねが自然長のときの小球の位置を原点Oとします。小球を$x=x_0$の位置まで引きのばし，そこで静かに離すと小球は単振動を始めます。

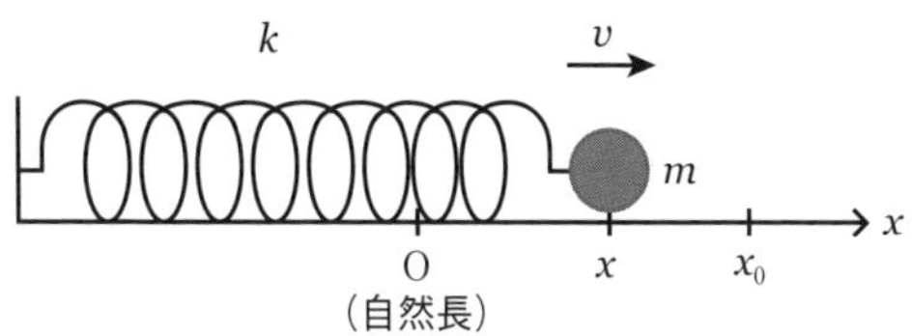

小球が位置座標xにあるときの小球の速さをvとすると，このときの力学的エネルギーは，運動エネルギー$\dfrac{1}{2}mv^2$と弾性エネルギー$\dfrac{1}{2}kx^2$の和になりますね。はじめ，力学的エネルギーは$\dfrac{1}{2}kx_0{}^2$だけだったので，成り立つエネルギー保存則の式は，次のようになります。

$$\frac{1}{2}kx_0{}^2=\frac{1}{2}mv^2+\frac{1}{2}kx^2 \qquad \cdots①$$

また，小球の単振動の振動数fは，次のようにして求められます。ばね振り子の周期Tは，$T=2\pi\sqrt{\dfrac{m}{k}}$だから

$$f=\frac{1}{T}=\frac{1}{2\pi}\sqrt{\frac{k}{m}} \qquad \cdots②$$

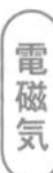

電気振動とは何か？

電気容量Cのコンデンサーと，自己インダクタンスLのコイルおよび電池を，図1のように接続します。スイッチをaにいれてしばらくすると，コンデンサーには電荷Q_0が蓄えられます。

図1

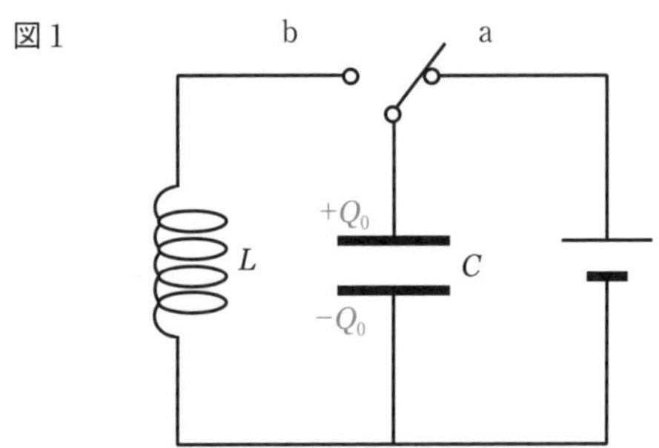

次に，スイッチをbに切り替えると，コンデンサーに蓄えられていた電荷の放電が始まり，図2のように，反時計回りに電流が流れ始めます。

図2

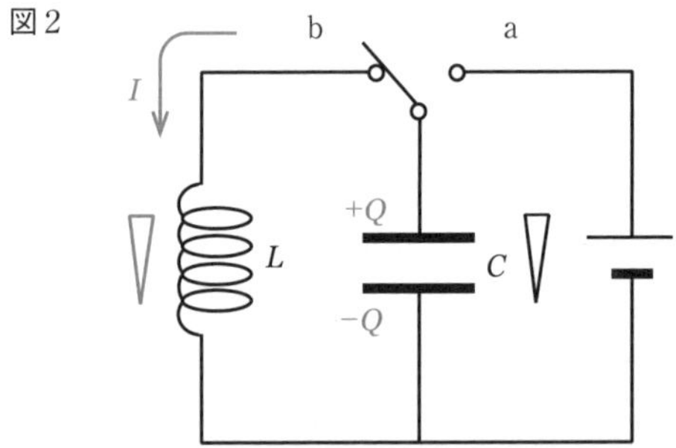

このとき，コイルには電流の増加を妨げる向きに自己誘導起電力が生じるため，反時計回りの電流は一気に最大値にはならず，0から徐々に増加していきます。

図３

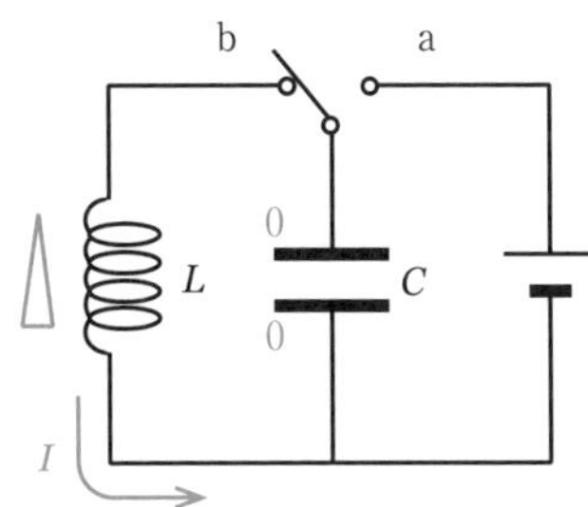

その後，図３のように，コンデンサーの電荷が０となり，次第に矢印の向きの電流が減少していきます。このときもコイルには電流の減少を妨げる向きの自己誘導起電力が生じて，しばらくは反時計回りの電流が流れ続けます。

図４

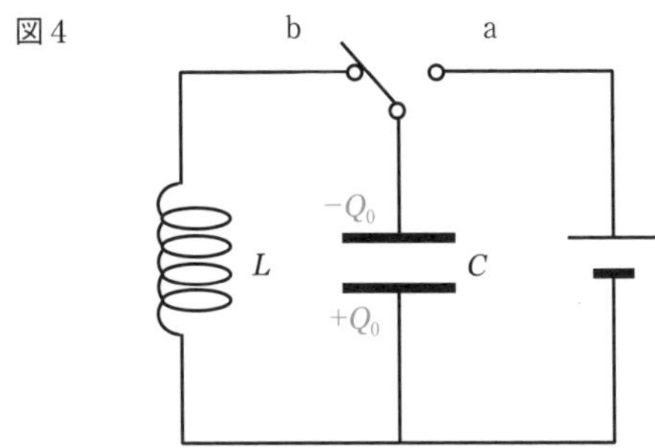

やがて図４のようにコンデンサーには，はじめと逆符号の電荷が蓄えられ，電流が０となると，今度は回路に時計回りの電流が再び流れ始めるのです。

このように，**コンデンサーとコイルの間に流れる交互に向きの変わる電流**を**振動電流**といい，この現象を**電気振動**といいます。また，このような回路を**振動回路**といいます。

コンデンサーに蓄えられている電荷が Q のとき，回路に流れる電流を I とすると，回路全体のエネルギーはコイルのエネルギー $\frac{1}{2}LI^2$ とコンデンサーのエネルギー $\frac{Q^2}{2C}$ の和になります。はじめ回路全体のエネルギーは $\frac{{Q_0}^2}{2C}$ だけだったので，この回路に成り立つエネルギー保存則は次のようになります。

$$\frac{Q_0^2}{2C}=\frac{1}{2}LI^2+\frac{Q^2}{2C} \quad \cdots③$$

単振動と電気振動を比較してみよう

①式と③式を比べると L, I, C, Q には，次のような対応関係があることがわかります。

$$L \leftrightarrow m,\ I \leftrightarrow v,\ C \leftrightarrow \frac{1}{k},\ Q \leftrightarrow x$$

さらに，x と v の間には $v=\frac{\Delta x}{\Delta t}$ という関係がありますが，同様に Q と I の間にも $I=\frac{\Delta Q}{\Delta t}$ という関係があり，ここにも対応関係があることがわかりますね。

電気振動の周波数を求めよう

単振動の振動数②式を参考にして，**電気振動の周波数**（固有周波数）を求めましょう。②式において，$m \rightarrow L$, $\frac{1}{k} \rightarrow C$ のおきかえをすると，振動回路の固有周波数 f は，次のように表されます。

$$f=\frac{1}{2\pi\sqrt{LC}}$$

POINT

振動回路の固有周波数 $f=\frac{1}{2\pi\sqrt{LC}}$

熱

Thermodynamics

62 絶対温度と比熱

⊙解説動画

\押さえよ/ →

絶対温度 T〔K〕とセ氏温度 t〔℃〕の関係

$$T = t + 273$$

比熱 c〔J/g·K〕，質量 m〔g〕の均一な素材の物体の温度を ΔT〔K〕だけ上昇させるのに必要な熱量 Q〔J〕は

$$Q = mc\Delta T$$

また，この物体の熱容量を C〔J/K〕とすると

$$Q = C\Delta T$$

温度とは，日常的には物のあたたかさや冷たさを示す尺度のことですが，物理的にはどう表したらよいのでしょうか。今回と次回は，温度と熱について，物理的にくわしく見ていくことにしましょう。

絶対温度とは何か？

物体全体を肉眼で見ると，静止しているように見えても物体を構成している原子や分子は，目には見えない不規則な運動をしています。

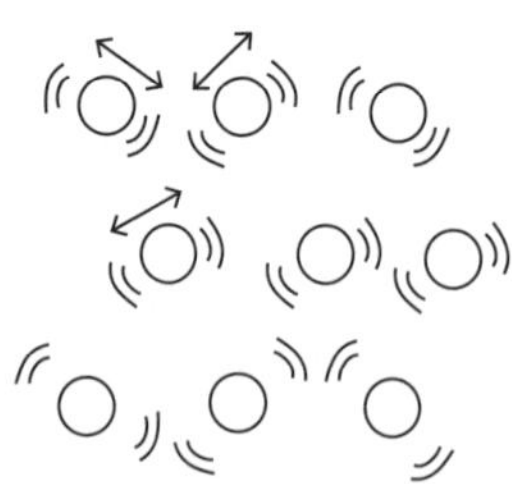

熱運動では，原子や分子はバラバラに運動をしている

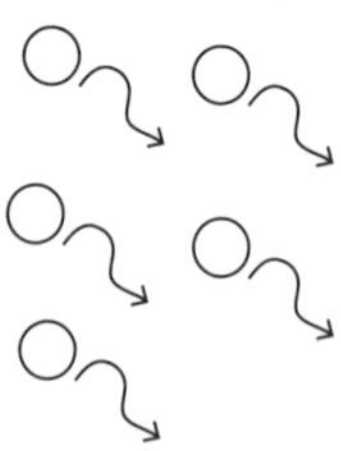

原子や分子が一方向に進む運動は熱運動ではない

原子や分子の不規則なこの運動を熱運動といい，**熱運動の激しさを表す物理量**が温度です。

熱運動が穏やかになっていくと温度は低くなっていき，最終的には，熱運動がまったくない状態になります。このときの温度を絶対零度といいます。したがって，**絶対零度よりも低い温度は存在しません。**

絶対零度は約セ氏−273℃であり，**絶対零度を基準とする温度目盛**を絶対温度といいます。熱学分野の学習では，絶対温度を用いることが多いので，しっかり理解しておきましょう。

絶対温度の単位はケルビン〔K〕を用い，**絶対温度の間隔はセ氏温度と同じ**です。したがって，絶対温度 T〔K〕は，セ氏温度 t〔℃〕を用いて次のように表すことができます。

$$T=t+273$$

POINT

絶対温度　$T=t+273$

比熱とは何か？

単位質量（1g，1kg など）の物質の温度を，1K 上昇させるのに必要な熱量をその物質の比熱といいます。比熱の単位は〔J/g·K〕，あるいは〔J/kg·K〕などが用いられます。ここで，比熱の単位は，ぜひ記憶しておいてくださいね。

たとえば，〔J/g·K〕という単位は，ジュール〔J〕をグラム〔g〕とケルビン〔K〕の積で割り算をしている形になっています。すなわち，比熱は「**1g を 1K 上昇させるために何 J の熱量が必要なのか**」を表していることが，単位から読み取れるわけです。

次に，比熱 c〔J/g·K〕の物質 m〔g〕の温度を ΔT〔K〕上昇させるのに必要な熱量 Q〔J〕を式で表してみましょう。まず，比熱 c〔J/g·K〕は，「1g を 1K 上昇させるために c〔J〕の熱量が必要である」ことを表していますね。ここで，1g ではなく m〔g〕なので m 倍になり，さらに 1K ではなく ΔT〔K〕上昇させるので，ΔT 倍になります。したがって，m〔g〕を ΔT〔K〕上昇させるのに必要な熱量 Q〔J〕は，次のように表されます。

$$Q=c\times m\times \Delta T=mc\Delta T$$

熱容量とは何か？

ある物体の温度を 1K 上昇させるのに必要な熱量を，その物体の**熱容量**といいます。熱容量の単位は〔J/K〕などが用いられます。

熱容量 C〔J/K〕の物体の温度を ΔT〔K〕だけ上昇させるために必要な熱量 Q〔J〕を式で表してみましょう。

まず，熱容量 C〔J/K〕は「1K 上昇させるために C〔J〕の熱量が必要である」ことを表していますね。

ここでは，1K ではなく ΔT〔K〕なので，必要な熱量 Q〔J〕は，C の ΔT 倍になります。したがって

$$Q=C\Delta T$$

と表されます。

POINT

熱量　$Q=mc\Delta T=C\Delta T$　（c：比熱　C：熱容量）

63 熱量保存の法則

▼解説動画

熱量保存の法則

高温物体が失った熱量＝低温物体が得た熱量

復習 熱量　$Q=mc\Delta T=C\Delta T$　（c：比熱　C：熱容量）

P.210

高温物体Ａと低温物体Ｂを接触させておくと，ＡからＢへ熱が伝わり，高温物体Ａの温度は下がり，低温物体Ｂの温度は上がります。この現象を分子レベルで考えてみましょう。Ａ，Ｂを構成している原子・分子の熱運動のエネルギーが，Ａ，Ｂの接触面における原子・分子の衝突を通して，ＡからＢへ伝わったと解釈することができます。

やがて十分に時間が経過すると両者の温度は等しくなり，これ以上変化しない**熱平衡**（ねつへいこう）の状態に達します。これも分子レベルで考えると，原子・分子の熱運動のエネルギーが，**ＡとＢで均一化された状態に達した**ということです。

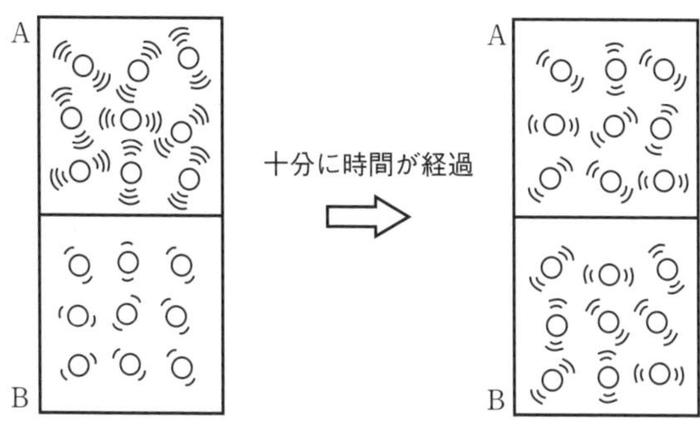

外部と熱の出入りや，外部に対する仕事もなく，またＡとＢの物質に温度以外（例：氷が水になる変化，化学反応など）の変化がなかったとします。この場合，**高温物体Ａの失った熱量と低温物体Ｂの得た熱量が等しくなり**

ます。これを熱量保存の法則といいます。

POINT

熱量保存の法則
高温物体が失った熱量 = 低温物体が得た熱量

やってみよう Q

熱容量 C〔J/K〕の容器に水を m_1〔g〕入れたところ，全体の温度が t_1〔℃〕で一定になった。その水の中に t_2〔℃〕に温めた m_2〔g〕の金属球を入れたところ，全体の温度が t_3〔℃〕で一定になった。水の比熱は c_1〔J/g・K〕とし，熱は容器の外へは逃げないものとして，次の各問いに答えよ。

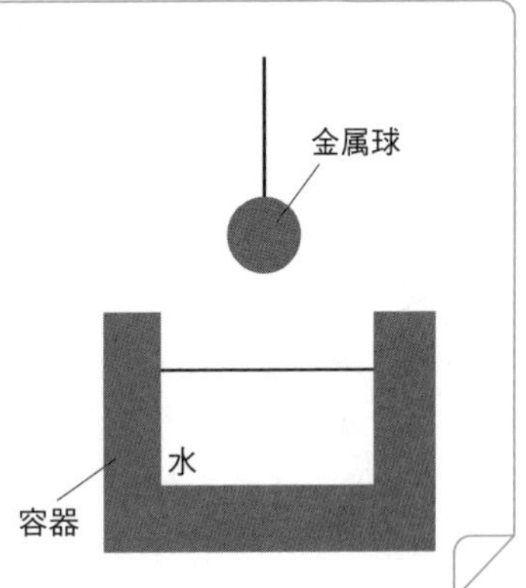

まず，問題文から読み取った情報をすべて図の中にかき込んでみましょう。

図にかき込んだ内容を見ながら，問題を解いていきますよ。

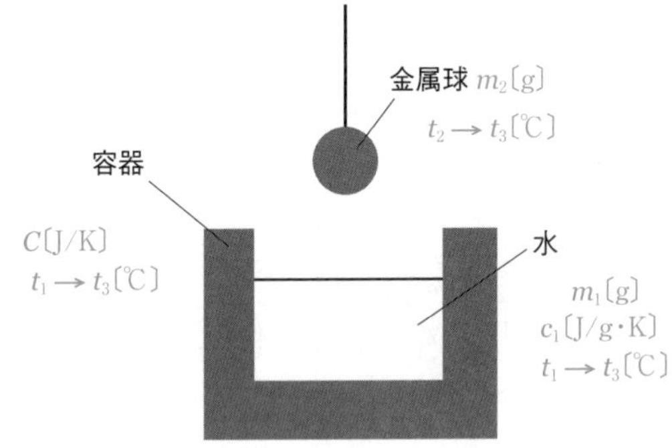

つづき Q

(1) 金属球の比熱を c_2〔J/g・K〕とする。金属球の失った熱量は何 J か。c_2 を用いて表せ。

金属球の**失った**熱量 Q_1 を求めるので，$Q = mc\Delta T$ において，ΔT は高い温度 t_2 から低い温度 t_3 を引いた値，すなわち，$\Delta T = t_2 - t_3$ となります。

あとは，$Q = Q_1$，$m = m_2$，$c = c_2$ をそれぞれ代入すればよいですね。

解答 $Q_1 = m_2c_2(t_2 - t_3)$

$m_2c_2(t_2 - t_3)$ …… 答

(2) 水の得た熱量は何 J か。

水が得た熱量 Q_2 を求めるので，$Q = mc\Delta T$ において，ΔT は高い温度 t_3 から低い温度 t_1 を引いた値，すなわち $\Delta T = t_3 - t_1$ となります。あとは，$Q = Q_2$，$m = m_1$，$c = c_1$ をそれぞれ代入しましょう。

解答 $Q_2 = m_1c_1(t_3 - t_1)$

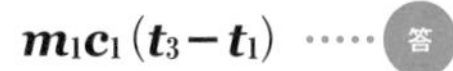

$m_1c_1(t_3 - t_1)$ …… 答

(3) 容器の得た熱量は何 J か。

(2) と同様に，容器が得た熱量 Q_3 を求めるので，$Q = C\Delta T$ において，$\Delta T = t_3 - t_1$ です。

解答 $Q_3 = C(t_3 - t_1)$

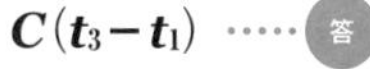

$C(t_3 - t_1)$ …… 答

(4) 金属球の比熱 c_2 を求めよ。

ここでは，POINT でまとめた熱量保存の法則を使います。高温物体が失った熱量は Q_1，低温物体が得た熱量は Q_2 と Q_3 なので，$Q_1 = Q_2 + Q_3$ となります。これらに (1)〜(3) で求めた値を代入します。

解答 熱量保存の法則より

$$m_2c_2(t_2 - t_3) = m_1c_1(t_3 - t_1) + C(t_3 - t_1)$$

$$c_2 = \frac{(m_1c_1 + C)(t_3 - t_1)}{m_2(t_2 - t_3)}$$

$$\boldsymbol{c_2 = \frac{(m_1c_1 + C)(t_3 - t_1)}{m_2(t_2 - t_3)}}$$ …… 答

64 ボイル・シャルルの法則

解説動画

押さえよ

ボイル・シャルルの法則　$\frac{PV}{T}$ = 一定

右図のように，一定質量の気体をシリンダーに入れ，ピストンで気体を閉じこめます。この気体の圧力 P〔Pa〕，体積 V〔m^3〕，絶対温度 T〔K〕の間に成り立つ関係を考えてみましょう。

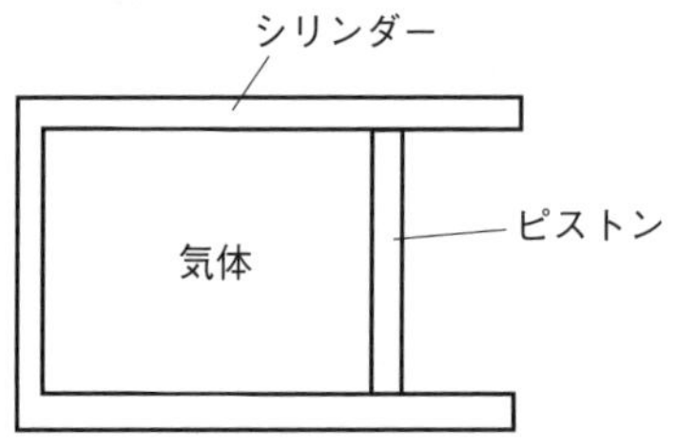

T = 一定のとき，P と V の関係はどのようになるか？

温度 T を一定に保ちながら次のような実験を行います。

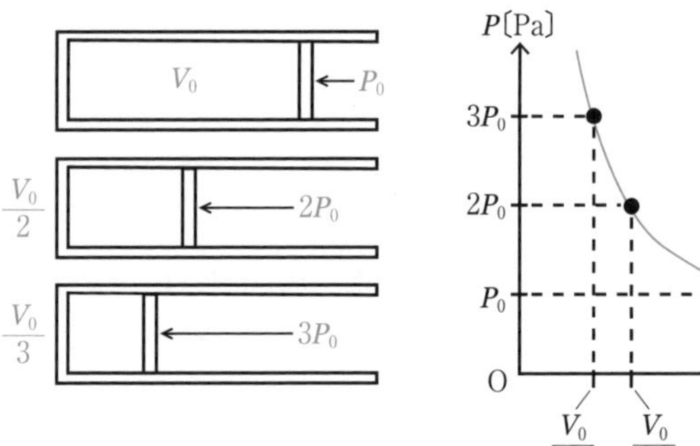

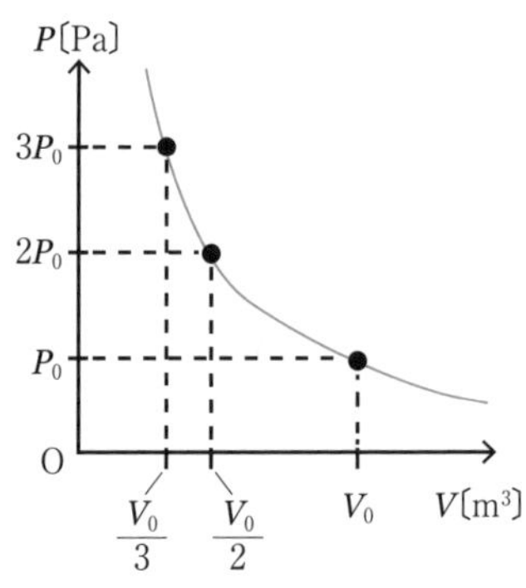

ピストンに加える圧力，すなわち気体の圧力を2倍，3倍にしていくと，気体の体積は $\frac{1}{2}$ 倍，$\frac{1}{3}$ 倍に収縮していきます。そして，この実験結果から，気体の**体積 V は圧力 P に反比例**することがわかります。式で表すと

$$PV = 一定$$

となります。また，グラフで表すと，前ページのようになります。

このような関係を**ボイルの法則**といいます。

P ＝一定のとき，V と T の関係はどのようになるか？

今度は，**圧力 P を一定**に保ちながら次のような実験を行います。

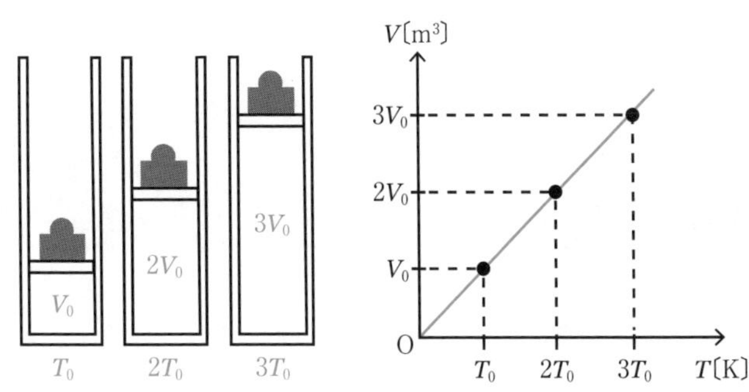

ピストンには同じおもりがのせてあるので，シリンダー内の気体には，常に一定の圧力がかかっています。そして，気体をあたためて，絶対温度を２倍，３倍にしていくと，気体の体積も２倍，３倍になっていきます。気体をあたためると膨張するという結果は，経験上イメージしやすいですね。この実験から気体の**体積 V は絶対温度 T に比例**することがわかります。つまり，式で表すと

$$\frac{V}{T} = 一定$$

となり，グラフで表すと上図のようになります。

このような関係を**シャルルの法則**といいます。

ボイル・シャルルの法則

ここまで学習してきたボイルの法則とシャルルの法則をひとつにまとめて表すと，次のようになります。

「一定質量の気体の体積 V は，圧力 P に反比例し，絶対温度 T に比例する」

これをひとつの式で表してみましょう。比例定数を k とすると

$$V=k\frac{T}{P}$$

$$\frac{PV}{T}=k$$

となります。このような関係をボイル・シャルルの法則といいます。この法則は**一定質量の気体の圧力 P，体積 V，絶対温度 T の間に成り立つとても大切な関係**です。しっかり覚えて，確実に使えるようにしましょうね。

POINT

ボイル・シャルルの法則 $\frac{PV}{T}=$ 一定

それでは，問題を解きながら使いかたを身につけていきましょう。

やってみよう Q

圧力 1.2×10^5Pa，体積 0.80m^3，温度 27℃の気体がある。この気体の体積を 0.40m^3，温度を 127℃にすると，圧力は何 Pa になるか。

一定質量の気体について考えているので，ボイル・シャルルの法則を使います。$\frac{PV}{T}$ の値が変化前後で変わらない，という式を立てればよいのです。ただし，T は**絶対温度**であることに注意してくださいね。

解答 求める圧力を P とすると，ボイル・シャルルの法則より

$$\frac{1.2\times10^5\times0.80}{27+273}=\frac{P\times0.40}{127+273}$$

$$P=3.2\times10^5$$

$P=3.2\times10^5$Pa …… 答

65 理想気体の状態方程式

理想気体の状態方程式　$PV = nRT$

まずは64の復習からです。一定質量の気体では，ボイル・シャルルの法則が成り立っていましたね。

ボイル・シャルルの法則

P.216

$$\frac{PV}{T} = 一定$$

理想気体とは何か？

ボイル・シャルルの法則は，一定質量の気体であればどんな状態でも成立するかといえば，そうではありません。極端に低温や高圧のときには成立しないのです。しかし，ボイル・シャルルの法則は，室温付近ではよい近似で成立することもわかっています。そこで，**ボイル・シャルルの法則が厳密に成立する気体**を考えて，これを理想気体といいます。

理想気体の状態方程式を導こう

みなさんは，化学の授業で学習した標準状態について覚えていますか？標準状態(0℃ = 273K，1気圧(= 1atm) = 1.013×10^5Pa)の理想気体1molの体積は22.4L(= 22.4×10^{-3}m^3)と習いましたよね。

ここでは，この標準状態の値を使って，ボイル・シャルルの法則の比例定数Rの値を求めてみましょう。まず，ボイル・シャルルの法則は

$$R = \frac{PV}{T}$$

と表されますね。P，V，Tに標準状態の値をそれぞれ代入すると

$$R = \frac{1.013\times10^5\times22.4\times10^{-3}}{273} \fallingdotseq 8.31\text{J/mol·K}$$

となります。**Rは気体の種類によらない定数**で，気体定数とよばれています。

次に，理想気体が n〔mol〕の場合について考えてみましょう。

標準状態において，1mol の理想気体の体積は 22.4L なので，n〔mol〕の理想気体の体積は 22.4×n〔L〕となります。よって，n〔mol〕の理想気体では，前ページで計算したボイル・シャルルの比例定数の値も 8.31×n，すなわち nR となるはずです。したがって，これを式で表すと次のようになります。

$$\frac{PV}{T}=nR$$

$$PV=nRT$$

n〔mol〕の理想気体について成り立つこの式を**理想気体の状態方程式**といいます。

理想気体の状態方程式　$PV=nRT$

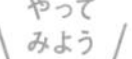

Q 質量 m〔kg〕，断面積 S〔m^2〕のなめらかに動くピストンで，n〔mol〕の理想気体を封入したところ，気体の温度が T_0〔K〕となった。大気圧を P_0〔Pa〕，気体定数を R〔J/mol·K〕，重力加速度の大きさを g〔m/s^2〕として，次の問いに答えよ。

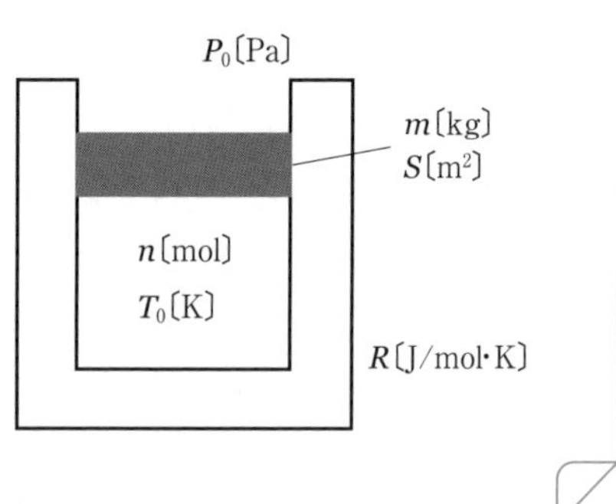

つづき

Q (1) シリンダー内の気体の圧力は何 Pa か。

まず，圧力について復習しておきます。面を垂直に押す力を F，面の面積を S とすると，面に及ぼす圧力 P は

$$P=\frac{F}{S}$$

と表されます。

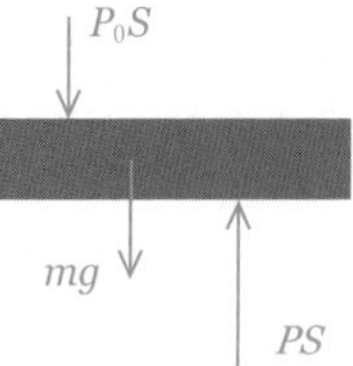

次に，前ページの図のように，ピストンにはたらく力を考えます。ピストンには重力 mg と，大気圧 P_0 による力が下向きに，内部の気体の圧力 P による力が上向きにはたらいています。

解答　ピストンにはたらく力のつりあいの式は

$$PS=P_0S+mg$$

$$P=P_0+\frac{mg}{S}$$

$\boldsymbol{P_0+\frac{mg}{S}}$ ……答

つづき Q　(2) 容器の底からピストンまでの高さは何 m か。

求める高さを x〔m〕とすると気体の体積は Sx〔$\mathrm{m^3}$〕と表されます。ここで，理想気体の状態方程式が登場します。

解答　理想気体の状態方程式より

$$P\cdot Sx=nRT_0$$

(1)の結果を用いて

$$\left(P_0+\frac{mg}{S}\right)\cdot Sx=nRT_0$$

$$x=\frac{nRT_0}{P_0S+mg}$$

$\boldsymbol{\frac{nRT_0}{P_0S+mg}}$ ……答

理想気体の状態方程式は，ボイル・シャルルの法則の比例定数をはっきりさせたものにすぎません。この２つは**本質的には同じもの**と考えてよいでしょう。一定質量の気体の状態が変化し，その前後の P, V, T の値を比べるときにはボイル・シャルルの法則を使い，ひとつの状態についてモル数 n を考慮するときには理想気体の状態方程式を使うのが原則です。

しかし，これはあくまで原則です。この２つは本質的には同じものなので，お互いに代用することができます。演習を重ねて使い慣れていきましょうね。

66 気体分子運動論①

\押さえよ/

気体の圧力 $P=\dfrac{Nm\overline{v^2}}{3V}$

器壁に及ぼす気体の圧力については，今までも学習してきましたね。しかし，改めてこの圧力の原因は何かと尋ねられたら，みなさんは答えられるでしょうか。実は，分子レベルで考えると，熱運動をしている気体分子が器壁と衝突する際に器壁に及ぼす力が，気体の圧力の原因となっているのです。それでは，くわしく見ていきましょう。

分子が器壁におよぼす圧力を求めよう

質量 m の分子 N 個からなる理想気体が，一辺の長さ L，体積 $V(=L^3)$ の立方体容器に入っています。

図 1

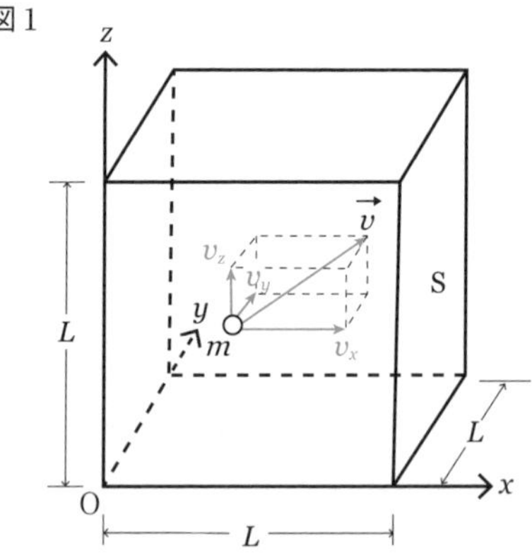

これから，気体分子の運動をもとにして気体分子が器壁におよぼす圧力を求めていきます。

図 1 のように，あるひとつの分子の速度を $\vec{v}=(v_x,\ v_y,\ v_z)$ とします。外部との熱のやりとりがなければ，分子と壁面 S との衝突は弾性衝突と考えます。この分子の運動を x-z 面内で見ると，図 2 のようになりますね。

図２より，１分子が１回の衝突で壁面Ｓより受ける力積（りきせき），つまり１分子の運動量の変化は

$$m(-v_x)-mv_x=-2mv_x$$

ここでは，力学で学習した「**運動量の変化は，受けた力積に等しい**」という関係を用いました。今度は逆に，壁面Ｓが１回の衝突で１分子より受ける力積を求めましょう。これは，上で求めた力積と**作用・反作用の関係**にあるので

$$2mv_x$$

図２

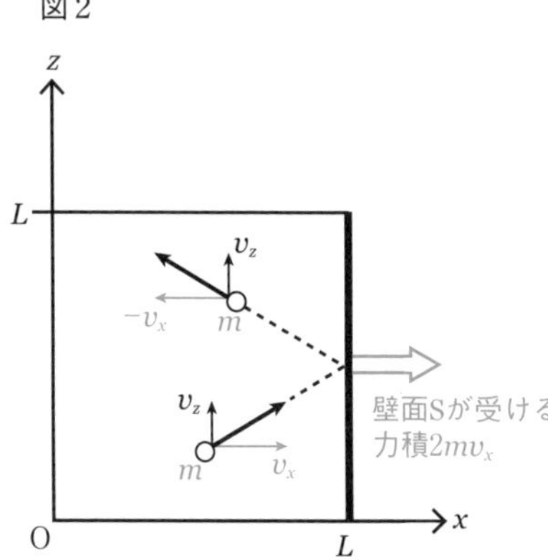

次に，時間Δtの間にこの気体分子が壁面Ｓと衝突する回数を求めましょう。時間Δtの間に，この分子はx軸方向に距離$v_x\Delta t$だけ進み，容器往復分の距離$2L$進むごとに，この分子は壁面Ｓと衝突するので，時間Δtの間に壁面Ｓと衝突する回数は

$$\frac{v_x\Delta t}{2L}$$

よって，時間Δtの間に壁面Ｓがこの気体分子から受ける力積の和は，

１回の衝突あたり$2mv_x$，それが$\dfrac{v_x\Delta t}{2L}$回あるのだから

$$2mv_x\times\frac{v_x\Delta t}{2L}=\frac{mv_x{}^2\Delta t}{L}$$

したがって，時間Δtの間に壁面ＳがN個の気体分子によって受ける力積の総和$F\cdot\Delta t$は

$$F\Delta t=\frac{m\Delta t}{L}(v_{1x}{}^2+v_{2x}{}^2+\cdots+v_{Nx}{}^2)$$

ここで，N個の気体分子の平均値を考えて$\overline{v_x{}^2}=\dfrac{1}{N}(v_{1x}{}^2+v_{2x}{}^2+\cdots+v_{Nx}{}^2)$とすると

$$F\Delta t=\frac{m\Delta t}{L}N\overline{v_x{}^2}$$

したがって，壁面SがN個の気体分子より受ける力Fは，次のように求められます。

$$F=\frac{Nm\overline{v_x{}^2}}{L}$$

図1を見ながら，ひとつの気体分子の速さvについて，三平方の定理を用いると

$$v^2=v_x{}^2+v_y{}^2+v_z{}^2$$

と表されるので，気体分子全体の速さの２乗平均も

$$\overline{v^2}=\overline{v_x{}^2}+\overline{v_y{}^2}+\overline{v_z{}^2}$$

と表されます。

ここで，分子数Nはきわめて大きく，すべての気体分子は方向にかかわりなく不規則に運動しているので，どの方向の速度成分の平均値も等しくなり

$$\overline{v_x{}^2}=\overline{v_y{}^2}=\overline{v_z{}^2}=\frac{1}{3}\overline{v^2}$$

となります。よって，これを $F=\dfrac{Nm\overline{v_x{}^2}}{L}$ に代入すると

$$F=\frac{Nm\overline{v^2}}{3L}$$

したがって，体積$V(=L^3)$の立方体の壁面S(面積L^2)が，N個の気体分子によって受ける圧力Pは，次のように表されます。

$$P=\frac{F}{L^2}=\frac{Nm\overline{v^2}}{3L^3}=\frac{Nm\overline{v^2}}{3V}$$

気体の圧力　$P=\dfrac{Nm\overline{v^2}}{3V}$

ここまで長い道のりでしたが，理解できましたか。入試では，ほぼこの流れがそのまま出題されることが多いので，この流れを何も見ずに自分自身で再現できるようにしておいてくださいね。

67 気体分子運動論②

▼解説動画

\押さえよ/
→

分子1個あたりの平均運動エネルギー

$$\overline{e}=\frac{3}{2}kT \quad \left(\text{ボルツマン定数} \quad k=\frac{R}{N_A}\right)$$

単原子分子理想気体の内部エネルギー

$$U=\frac{3}{2}nRT$$

今回は，単原子分子理想気体の内部エネルギーを表す式を求めていきます。その前に66の内容を復習しておきましょう。

復習 P.222

質量mの分子N個からなる理想気体が，体積がVの容器に入っている。分子の速さの2乗平均を$\overline{v^2}$とすると気体の圧力Pはどのような式で表されるか。

$$P=\frac{Nm\overline{v^2}}{3V} \quad \cdots ① \cdots\cdots \text{答}$$

①式は暗記すべき式ではないので，かけなかった人も心配する必要はありませんが，66の内容をざっと見直してから先へ進むとよいでしょう。

↓ 分子1個あたりの平均運動エネルギーを求めよう

容器内の気体分子のモル数nは，容器内の気体分子の数Nと1molあたりの分子数(アボガドロ数)N_Aを用いると

$$n=\frac{N}{N_A}$$

となります。よって，理想気体の状態方程式は

$$PV=\frac{N}{N_A}RT \qquad \cdots ②$$

と表されます。さて，理想気体の分子１個あたりの並進運動の平均運動エネルギー$\bar{e}$は

$$\bar{e}=\frac{1}{2}m\overline{v^2}$$

これを①を用いて変形すると

$$\bar{e}=\frac{3PV}{2N}$$

さらに②を用いて変形すると

$$\bar{e}=\frac{3}{2}\cdot\frac{R}{N_A}\cdot T$$

$k=\frac{R}{N_A}$とおくと，最終的に$\bar{e}$は次のように表されます。

$$\bar{e}=\frac{3}{2}kT$$

ここで，kは，**分子１個あたりの気体定数**を表しており，これをボルツマン定数といいます。

POINT

分子１個あたりの平均運動エネルギー

$$\bar{e}=\frac{3}{2}kT \quad \left(\text{ボルツマン定数}\quad k=\frac{R}{N_A}\right)$$

単原子分子理想気体の内部エネルギーを求めよう

容器内の理想気体が単原子分子からなっているとき，気体の内部エネルギーUを表す式を求めてみましょう。

単原子分子の場合，分子１個の平均運動エネルギー$\bar{e}$は，並進運動だけなので

$$\bar{e}=\frac{1}{2}m\overline{v^2}=\frac{3}{2}\cdot\frac{R}{N_A}\cdot T$$

$\overline{e}$ に容器内の全分子数 $N = nN_A$ をかけた値が，容器内の**単原子分子理想気体の内部エネルギー U** になります。したがって

$$U = \overline{e} \times nN_A = \frac{3}{2} \cdot \frac{R}{N_A} \cdot T \times nN_A$$

$$U = \frac{3}{2} nRT$$

POINT

単原子分子理想気体の内部エネルギー

$$U = \frac{3}{2} nRT$$

ここで強調しておきたいことがあります。それは $U = \frac{3}{2} nRT$ という式は，**単原子分子理想気体**にしか使うことができないということです。

酸素 O_2 や窒素 N_2 のような2原子分子の場合，気体分子の回転のエネルギーも考慮しなければならず，内部エネルギー U は，上の関係式にはならないのです。

単原子分子以外の気体の内部エネルギーの扱いかたについては，81 で学習することにします。

68 変化量Δの扱いかた

\押さえよ/ →

状態方程式　P＝一定　⇒　$P\Delta V = nR\Delta T$

V＝一定　⇒　$\Delta P \cdot V = nR\Delta T$

単原子分子理想気体の内部エネルギーの増加（単原子分子限定）

$$\Delta U = \frac{3}{2}nR\Delta T$$

今回学習する“**変化量Δ（デルタ）の扱いかた**”を身につけると，熱学の問題が速く，正確に解けるようになります。

n〔mol〕の単原子分子理想気体があり，気体定数をRとします。この気体の圧力，体積，絶対温度をそれぞれP，V，Tの状態Aから$P+\Delta P$，$V+\Delta V$，$T+\Delta T$の状態Bへと変化させました。

状態A$\{P,\ V,\ T\}$
⇓
状態B$\{P+\Delta P,\ V+\Delta V,\ T+\Delta T\}$

状態変化A→Bにおける内部エネルギーの増加ΔUを求めよう

単原子分子理想気体の内部エネルギー　$U = \frac{3}{2}nRT$

P.225

単原子分子理想気体の内部エネルギーUの式より，状態A，Bの内部エネルギーU_A，U_Bは

$$U_A = \frac{3}{2}nRT$$

$$U_B = \frac{3}{2}nR(T+\Delta T)$$

よって，状態変化A→Bにおける内部エネルギーの増加ΔUは

$$\Delta U = U_B - U_A = \frac{3}{2}nR\Delta T$$

ここで注目してほしいのは，気体の内部エネルギーは温度だけの関数だということです。これは，62 でも学習したように，熱運動の激しさを表す物理量が温度なので，内部エネルギー(熱運動している分子の運動エネルギーの総和)が温度だけの関数になり，比例の関係にあるのは当然のことですね。

秘テクニック

気体の内部エネルギー U は，温度だけの関数である。

次に注目してほしいのは，$\Delta U = \frac{3}{2}nR\Delta T$ の式そのものです。「内部エネルギーの増加を求めよ」という問題を解くためにも，変化量 Δ(デルタ) のついたこの形の式で記憶しておいてください。ただし，この式が使えるのは**単原子分子**理想気体のときだけです。

POINT

単原子分子理想気体の内部エネルギーの増加(単原子分子限定)

$$\Delta U = \frac{3}{2}nR\Delta T$$

圧力一定の状態変化において成り立つ状態方程式を求めよう

状態変化 A → B が**圧力一定**，すなわち $\Delta P = 0$ で行われた場合について考えます。右図を見ながら A，B それぞれの状態において成り立つ状態方程式をかくと，次のようになります。

状態 A $\{P,\ V,\ T\}$
⇓
状態 B $\{P,\ V+\Delta V,\ T+\Delta T\}$

A：$PV = nRT$

B：$P(V+\Delta V) = nR(T+\Delta T)$

B の式から A の式を引くと，**圧力一定(P = 一定)の状態変化において成り立つ状態方程式**を導くことができます。

$$P\Delta V = nR\Delta T$$

体積一定の状態変化において成り立つ状態方程式を求めよう

状態 A $\{P,\ V,\ T\}$
⇓
状態 B $\{P+\Delta P,\ V,\ T+\Delta T\}$

状態変化 A → B が**体積一定**，すなわち $\boldsymbol{\Delta V=0}$ で行われた場合について考えます。右図を見ながら，A，B それぞれの状態において成り立つ状態方程式を書くと，次のようになります。

A：$\boldsymbol{PV=nRT}$

B：$\boldsymbol{(P+\Delta P)V=nR(T+\Delta T)}$

B の式から A の式を引くと，**体積一定（$V=$ 一定）の状態変化において成り立つ状態方程式**を導くことができます。

$$\Delta P\cdot V=nR\Delta T$$

ここまでは理解できましたか。気体の状態変化が，圧力一定（$P=$ 一定）で行われている問題では $P\Delta V=nR\Delta T$ を，体積一定（$V=$ 一定）で行われている問題では $\Delta P\cdot V=nR\Delta T$ を，それぞれ思い浮かべられるようにしてくださいね。そのあとの解答が，だいぶ楽になると思いますよ。

秘 テクニック

状態方程式　$P=$ 一定　⇒　$P\Delta V=nR\Delta T$
$V=$ 一定　⇒　$\Delta P\cdot V=nR\Delta T$

秘 テクニックの２つの式は，設定条件によって使い分けができるようにしておきましょう。改めて２つの式を眺めてみると，$P=$ 一定 ならば P には Δ がつきませんし，$V=$ 一定 ならば V には Δ がつかないので，考えてみれば当たり前の関係式といえますね。

69 気体の混合

押さえよ

密閉された状態での気体の混合 ⇒ モル数の和が一定

今回は，気体の混合について学習します。混合前と混合後で，何が保存されているのかを見つけることがポイントになってきます。問題を解きながら，いっしょに考えていきましょう。

図のように，断熱された2つの容器A，Bがコックのついた細管でつながれている。はじめコックは閉じられ，A，Bには単原子分子理想気体が入っている。Aは圧力 $P_A=1.5\times10^5$Pa，体積 $V_A=2.0\text{m}^3$，温度 $T_A=300$K で，Bは圧力 $P_B=3.0\times10^5$Pa，体積 $V_B=3.0\text{m}^3$，温度 $T_B=450$K である。コックを開いて，全体が一様な状態になったときの圧力 P〔Pa〕と温度 T〔K〕を求めよ。

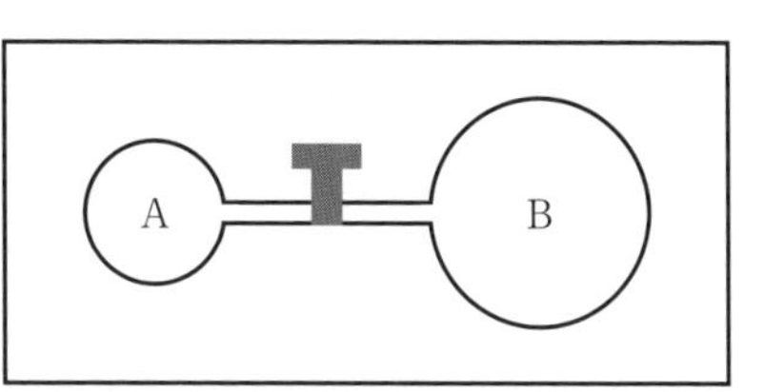

この問題の1つ目のヒントは，問題文1行目にある“**断熱された**”という言葉です。この問題では2つの容器が外部と熱の出入りができないようになっているので，コックを開く前後で，**内部エネルギーの和が一定**，すなわち保存されているのです。

2つ目のヒントは，混合前後で保存されている，もう1つのものです。見つけられましたか。それは分子数の和です。気体全体の分子数の和が保存されていて，**モル数の和が一定**になっています。

解答では，混合前後で保存されている2つの物理量をもとに，2つの式にしていきます。しかし，問題文には n も R も与えられていませんのでひと工夫が必要です。そこで状態方程式 $PV=nRT$ を活用しましょう。

1つ目のヒントから内部エネルギーの式 $U=\frac{3}{2}nRT$ を用いて式を作ります。

n と R が与えられていないので，状態方程式を用いて $U=\frac{3}{2}nRT=\frac{3}{2}PV$

と変形しましょう。

2つ目のヒントからモル数 n の式をつくります。n は与えられていませんが，状態方程式を用いて $n=\frac{PV}{RT}$ とすることで求められますね。

あとは問題文中の数値を代入すれば，2つの式は完成します。

解答 コックを開く前後で，内部エネルギーの和が一定だから

$$\frac{3}{2}P_AV_A+\frac{3}{2}P_BV_B=\frac{3}{2}P(V_A+V_B)$$

それぞれ数値を代入して

$$\frac{3}{2}\times1.5\times10^5\times2.0+\frac{3}{2}\times3.0\times10^5\times3.0=\frac{3}{2}\times P\times5.0$$

$$P=2.4\times10^5$$

また，コックを開く前後で，モル数の和が一定だから

$$\frac{P_AV_A}{RT_A}+\frac{P_BV_B}{RT_B}=\frac{P(V_A+V_B)}{RT}$$

$$\frac{1.5\times10^5\times2.0}{R\times300}+\frac{3.0\times10^5\times3.0}{R\times450}=\frac{2.4\times10^5\times5.0}{R\times T}$$

$$T=4.0\times10^2$$

$P=2.4\times10^5$Pa，$T=4.0\times10^2$K …… 

物理で扱う気体混合の問題では，一般的に混合前後でモル数の和が一定になりますので，この点に注意しながら解答していくことが大切です。

秘テクニック　**密閉された状態での気体の混合　⇒　モル数の和が一定**

70 気体がする仕事

気体がする仕事　$W = P\Delta V$

今回は気体が外部にする仕事について学習します。右図のように，シリンダーを水平に置き，なめらかに動くピストンで気体を封入します。ピストンには，内部の気体の圧力による右向きの力と，外気圧による左向きの力がはたらき，どちらの力も大きさがFで２つの力はつりあっています。ここで，シリンダー内の気体に熱を加えると，気体は膨張し，ピストンは右向きにゆっくりとΔxだけ移動します。移動中のピストンにはたらく２つの力は，**つりあいが保たれています**。

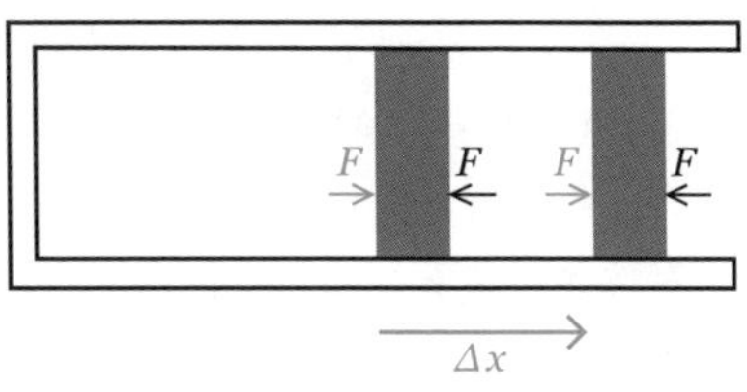

このような過程を**準静的な過程**といい，力学で出てきた考え方とまったく同じです。そして，この過程において，気体が外部(ピストン)にした仕事Wは，$W = F\Delta x$となります。それでは，問題を解きながら，さらにくわしく見ていきましょう。

図のように，断面積Sのなめらかに動くピストンでシリンダー内に気体を封入する。シリンダー内の気体に熱を加えると気体は膨張して，ピストンをΔlだけ移動させる。シリンダー内外の圧力は常に一定値Pである。

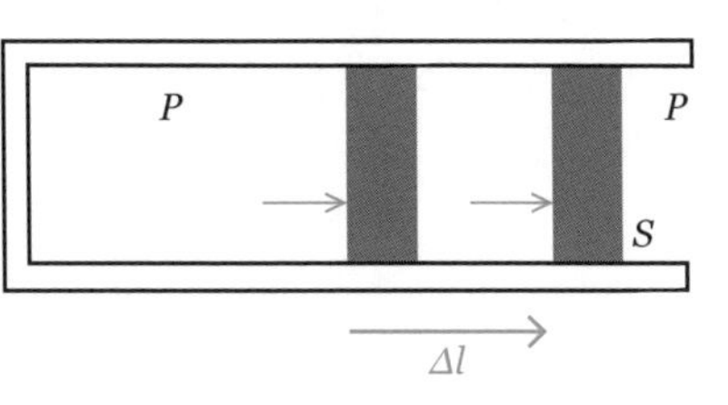

つづき
Q (1) シリンダー内の気体が，ピストンを押す力の大きさ F はいくらか。

気体の圧力 P は，ピストンを垂直に押す力 F と断面積 S を用いて $P=\frac{F}{S}$ と表されます。

解答 ピストンを押す力の大きさ F は，P，S を用いて

$F=PS$　　**$F=PS$** ……答

つづき
Q (2) シリンダー内の気体が，ピストンにした仕事 W はいくらか。気体の体積の増加 ΔV を用いて表せ。

気体がピストンにした仕事 W は，気体がピストンを押す右向きの力 F とその向きの変位 Δl の積，すなわち，$W=F\Delta l$ となります。そしてこの式に(1)で求めた $F=PS$ を代入すると $W=PS\Delta l$ となります。ここで，$S\Delta l$ は気体の体積の増加 ΔV を表しているので，最終的には **$W=P\Delta V$** となるのです。

解答 気体はピストンを右向きに F の力で押し，右向きに Δl だけ動かしたので，ピストンにした仕事 W は

$W=F\Delta l=PS\Delta l=P\Delta V$　　**$W=P\Delta V$** ……答

つづき
Q (3) 気体の圧力 P と体積 V の関係が右図の実線で表されるとき，W を表す部分を斜線で示せ。

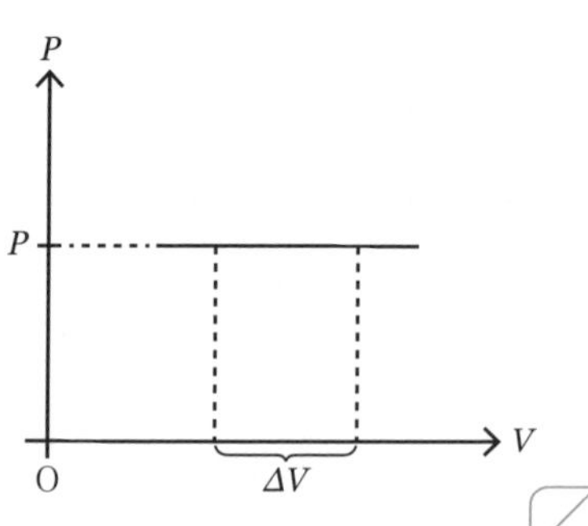

気体の圧力 P は一定値なので，グラフは横軸に平行になります。そして，(2)の解答より気体がピストンにした仕事 W は，$W = P\Delta V$ なので W を表す部分は次の解答のようになります。

解答　W は右図の斜線部分の面積で表される。

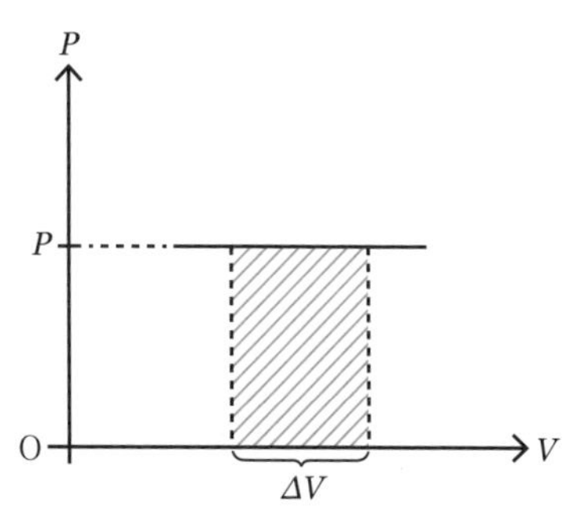

……答

つづき Q

(4) 次の文中の空欄を埋めよ。
気体が膨張するときは W ［　①　］0 となり，気体は外部に［　②　］。逆に，気体が収縮するときは，W ［　③　］0 となり，気体は外部から［　④　］。

ここまで気体が膨張するときの説明をしてきましたので，ここでは，気体が収縮するときについて考えてみましょう。気体はピストンに対して，常に右向きの力を加えていますが，気体が収縮するときは，ピストンは左向きに移動します。したがって，気体が外部(ピストン)にした仕事は負の値になり，気体は外部から仕事をされることになります。

解答　**① $>$ 　②仕事をする　③ $<$ 　④仕事をされる** ……答

(2)でも使った式 $W = P\Delta V$ について，まとめをしておきましょう。W は気体が外部にした仕事としているので，ΔV は体積の変化と覚えずに，体積の**増加**と覚えるようにしてください。仮に，気体が収縮したとき，体積の増加 ΔV は負の値になるので，気体が外部にした仕事 W も負の値となります。こうすると，気体が外部にした仕事 W が負，すなわち気体は外部から仕事をされたということがはっきりとわかると思います。

POINT

気体がする仕事　$W=P\Delta V$　（ΔV：体積の増加）

圧力が一定でない場合，気体のする仕事はどのように表されるか

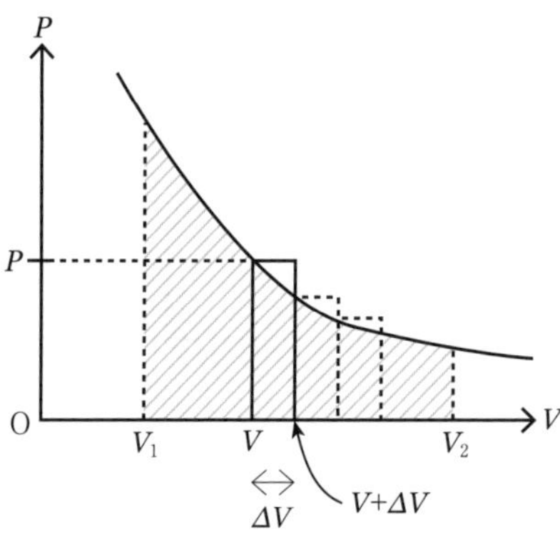

気体の圧力が，上図の曲線のグラフのように変化する場合について考えてみましょう。

圧力がP，体積がVから$V+\Delta V$まで増加したとすると，その間に気体が外部にした仕事ΔWは，図中の長方形の面積$P\Delta V$で近似できますね。よって，体積がV_1からV_2まで変化するときに気体が外部にする仕事Wはそれらの長方形の面積を足しあわせることで計算できます。

できる限り誤差をなくし，Wを正確に求めるには，ΔVをなるべく小さくすればよいのです。そして，その極限を考えるとWはグラフと横軸の間の面積で表されることがわかります。したがって，Wは上図の斜線部分の面積で表されます。

POINT

P-VグラフとV軸の間の面積は，気体がした仕事Wを表す。

71 ばねつきピストン

▽解説動画

ここでは，ピストンにばねがついている場合の状態変化について考えてみましょう。

やってみよう Q

図のように，断面積 S のピストンで，シリンダー内に理想気体 A を封入する。気体 A はヒーターで加熱することができる。はじめ，気体 A の圧力は大気圧 P_0 と等しく，ばねの長さは自然長 l_0 であった。ヒーターのスイッチを入れて気体 A を加熱し，気体 A の圧力が $2P_0$，ばねの長さが $3l_0$ になるまで加熱を続けた。この過程を過程 I とよぶ。

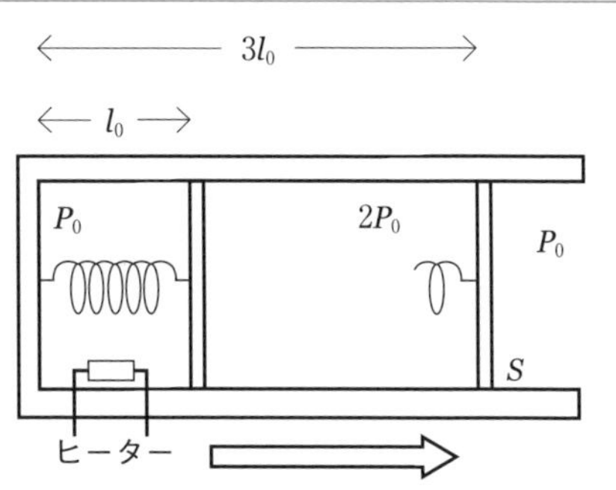

ばねの長さが $3l_0$ のとき，ばねの伸びは $2l_0$ なので，このときピストンにはたらく力は右図のようになります。ばね定数を k としています。

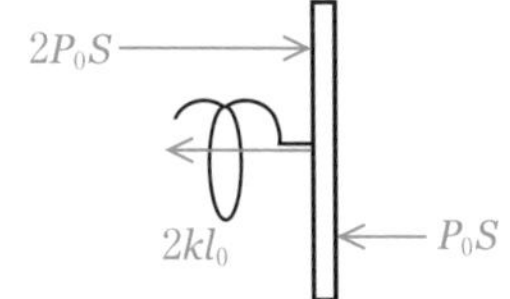

つづき Q

(1) ばね定数を求めよ。

解答 ばね定数を k とおくと，ピストンにはたらく力のつりあいより

$$2kl_0+P_0S=2P_0S$$

$$k=\frac{P_0S}{2l_0}$$

$$\boldsymbol{k=\frac{P_0S}{2l_0}}$$ ……答

つづき Q

(2) 過程 I における気体 A の圧力 P は，そのときのばねの長さ l を用いてどのように表されるか。

過程 I の途中の状態について考えます。ばねの長さが l のとき，ばねの伸びは $l-l_0$ なので，このときピストンにはたらく力は右図のようになります。

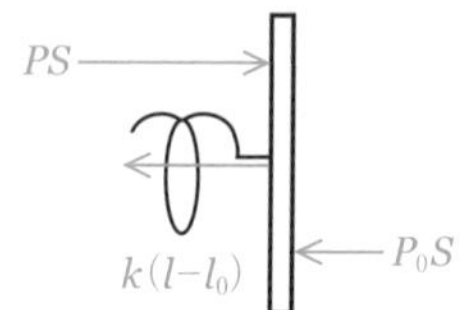

解答

ピストンにはたらく力のつりあいより

$$PS=k(l-l_0)+P_0S$$

(1) で求めた k の値を代入して

$$PS=\frac{P_0S}{2l_0}(l-l_0)+P_0S$$

$$P=\frac{P_0}{2l_0}l+\frac{P_0}{2}$$

$$\boldsymbol{P=\frac{P_0}{2l_0}l+\frac{P_0}{2}}$$ …… 答

気体 A の体積を V とすると $V=Sl$ であることから

$$\boldsymbol{P=\frac{P_0}{2Sl_0}\cdot V+\frac{P_0}{2}} \quad \cdots ①$$

と表され，P は V の 1 次関数になっていることがわかります。

つづき Q

(3) 気体 A の圧力 P を縦軸，体積 V を横軸にとったグラフを P-V グラフという。過程 I を表す P-V グラフをかけ。

過程 I の最初と最後の状態を P-V グラフ上に記入します。最初の状態は圧力 P_0，体積 Sl_0 で，最後の状態は圧力 $2P_0$，体積 $3Sl_0$ です。そして，過程 I の途中の状態は，①式が成り立っているので，P-V グラフは直線になります。

解答

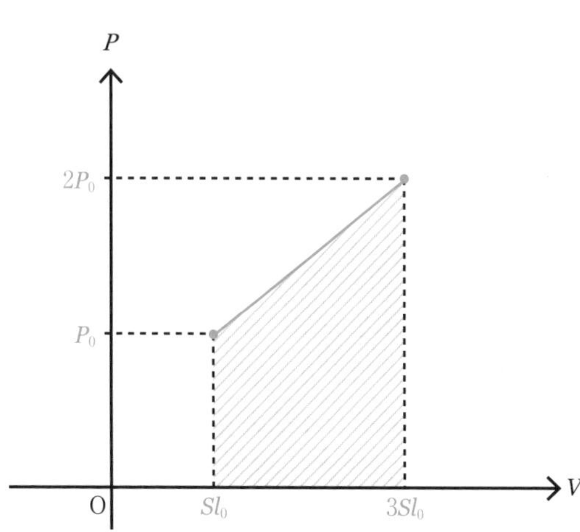

……答

(4) 過程 I において，気体 A が外部にした仕事を求めよ。

解答

気体 A が外部にした仕事 W は，(3) で求めたグラフの斜線部分の面積で表されるから

$$W = (P_0 + 2P_0) \times (3Sl_0 - Sl_0) \times \frac{1}{2}$$

$$= 3P_0Sl_0$$

$W = 3P_0Sl_0$ ……

ばねつきピストンの外側が**真空**，または，**一定圧力**の場合，P-V グラフは直線になるので，覚えておきましょう。

秘テクニック

ばねつきピストンの P-V グラフは直線になる。

72 P-VグラフとV-Tグラフ

Q

圧力 P_0，体積 V_0 の n モルの単原子分子理想気体があり，この状態をAとする。はじめ，体積を一定に保ち，圧力が $2P_0$ の状態Bに変化させる。次に，状態Bから温度を一定に保ち，体積が $2V_0$ の状態Cに変化させる。最後に，状態Cから圧力を一定に保ち，状態Aに戻す。気体定数を R として，次の各問いに答えよ。

問題文を読みながら3つの状態A，B，Cについてまとめてみると，右図のようになります。まず，状態Aの圧力は P_0，体積は V_0 ですが，絶対温度は不明なので T_A とおきます。

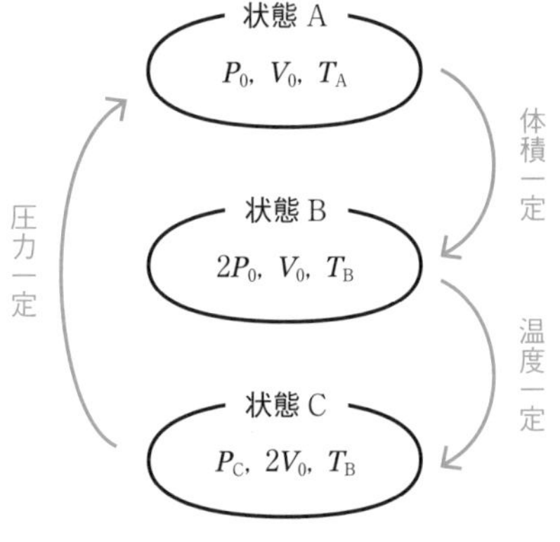

状態変化 A→B は体積一定なので，状態Bの体積は V_0，圧力は $2P_0$ です。絶対温度は不明なので T_B とおきます。

そして，状態変化 B→C は温度一定なので，状態Cの絶対温度は T_B，体積は $2V_0$ です。圧力は不明なので，P_C とおきます。

最後に，状態変化 C→A は圧力一定です。確認できましたね。

Q

(1) 圧力 P を縦軸にとり，体積 V を横軸にとって，状態変化(A→B→C→A)を表すグラフ(P-V グラフ)をかけ。

上の図を見ながら順に P-V グラフをかいていきましょう。まずは状態変化 A→B についてです。状態A，Bは，圧力，体積がわかっているので，それぞれ座標を記入します。A→B のグラフは体積一定なので縦軸に平行になりますね。

次は状態変化 B→C についてです。状態Cの圧力 P_C は，ボイル・シャルルの法則より状態B，Cを比較することで求めることができます。また，B→Cのグラフはボイル・シャルルの法則の式より，P は V に反比例することがわかるので，双曲線になります。

最後に状態変化 C→A のグラフは，圧力一定なので，横軸に平行になりますね。

解答

状態変化 B→C について考える。

ボイル・シャルルの法則より

$$\frac{2P_0 \cdot V_0}{T_B} = \frac{P_C \cdot 2V_0}{T_B}$$

$$P_C = P_0$$

また，$\dfrac{PV}{T} = k$（一定）より

$$P = \frac{kT}{V}$$

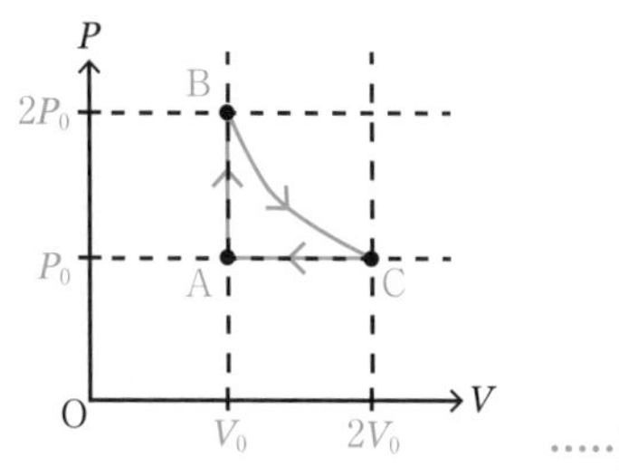

……答

上式において，B→C は温度一定なので，kT は一定となり，P は V に反比例する。したがって，B→C は反比例のグラフになる。

つづき Q

(2) 状態 A での絶対温度 T_A はいくらか。

解答

状態 A における気体の状態方程式より

$$P_0V_0 = nRT_A$$

$$T_A = \frac{P_0V_0}{nR}$$

$$\boldsymbol{T_A = \frac{P_0V_0}{nR}}$$ ……答

\ つづき /
Q

(3) 状態 B での絶対温度 T_B はいくらか。

解答

状態 B における気体の状態方程式より

$$2P_0 \cdot V_0 = nRT_B$$

$$T_B = \frac{2P_0V_0}{nR}$$

$$\boldsymbol{T_B = \frac{2P_0V_0}{nR}}$$ ……答

\ つづき /
Q

(4) 体積 V を縦軸にとり，絶対温度 T を横軸にとって，状態変化（A → B → C → A）を表すグラフ（V-T グラフ）をかけ。

状態 A，B，C の体積 V と絶対温度 T はすべて値がわかっているので，それぞれ座標を記入します。状態変化 A → B は体積一定なので，横軸に平行，B → C は温度一定なので，縦軸に平行になりますね。C → A は圧力一定なので，V-T グラフ上でどのように表されるかは，ボイル・シャルルの法則を使って調べる必要があります。

解答

状態変化 C → A について考える。

ボイル・シャルルの法則 $\frac{PV}{T} = k$（一定）より

$$V = \frac{k}{P} \cdot T$$

C → A は圧力一定なので

$\frac{k}{P}$ は一定になり，V は T に正比例する。したがって，C → A のグラフは原点を通る直線上にある。

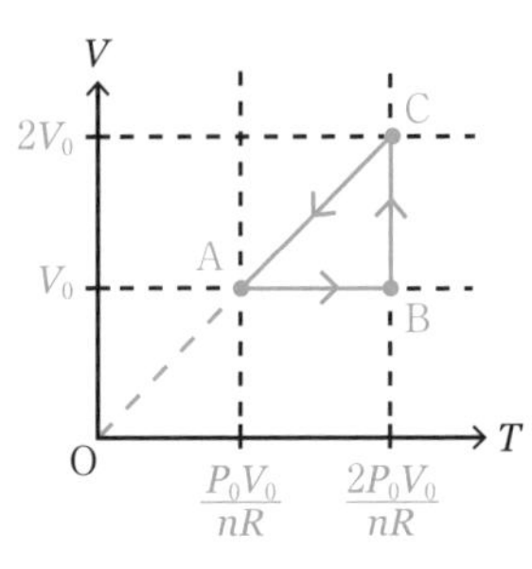

……答

つづき
Q (5) 状態変化(A → B)における内部エネルギーの増加 ΔU_{AB} はいくらか。

この気体は，単原子分子理想気体なので，$\Delta U = \frac{3}{2}nR\Delta T$ を使うことができますね。さらに，状態変化 A → B は $V=$ 一定 なので，$nR\Delta T = \Delta P \cdot V$ と変形することができます。

解答

$$\Delta U_{AB} = \frac{3}{2}nR\Delta T_{AB}$$

$$= \frac{3}{2}\Delta P_{AB} \cdot V_0$$

$$= \frac{3}{2}P_0 V_0$$

$$\boldsymbol{\Delta U_{AB} = \frac{3}{2}P_0 V_0}$$ …… 答

もちろん，$\Delta U_{AB} = \frac{3}{2}nR(T_B - T_A)$ に，(2)，(3)で求めた T_A，T_B の値を代入しても求めることができます。確認してみてください。

つづき
Q (6) 状態変化(A → B → C → A)で，気体が外部へした正味の仕事を，(1)でかいた P-V グラフ中に斜線をつけて示せ。

気体がした正味の仕事とは，状態変化 A → B → C → A という **1 サイクル**で，気体が外部に仕事をしたり，あるいはされたりしますが，**トータルでどれだけ外部に仕事をしたか**というものです。

まずは，各状態変化についてそれぞれ外部にした仕事，あるいは外部からされた仕事を P-V グラフ上で考えてみましょう。

解答

状態変化 A → B では体積一定なので，気体が外部にした仕事は 0 である。

B → C では体積が増加しているので，気体が外部にした仕事は，B → C のグラフと横軸の間の面積となる。

解答 C → A では体積が減少しているので気体は外部から仕事をされている，言い換えると気体は外部へ負の仕事をしているということになる。よって，C → A で気体が外部へした仕事は，C → A のグラフと横軸の間の面積を引くことで表される。

したがって，1サイクル A → B → C → A で気体が外部にした正味の仕事 W は，グラフ中の斜線部分の面積で表される。

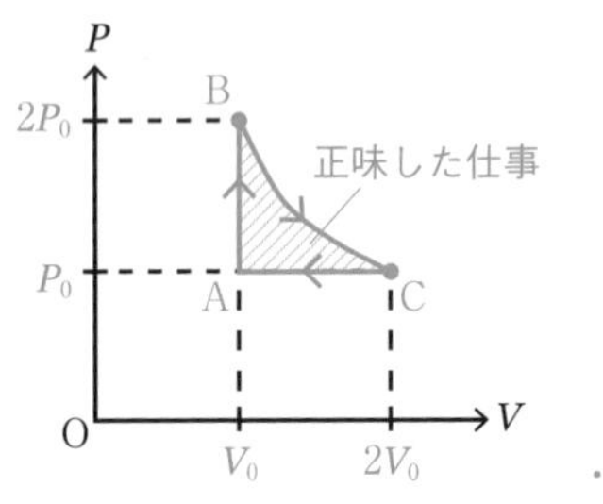

……答

一般に *P-V* グラフ上で，気体が**時計回りに状態変化**を起こしているとき，**1 サイクルの間に気体が外部にした正味の仕事は，*P-V* グラフの囲む面積**として表されます。

秘テクニック

1 サイクルにおいて気体が外部にした正味の仕事
⇒*P-V* グラフの囲む面積

熱学の学習は，このあと“**気体の状態変化**”がメインのテーマとなっていきます。問題を解くときには，今現在，気体はどのような状態になっているのかを ***P-V* グラフにかき込みながら考えていく**と，わかりやすいでしょう。

秘テクニック

状態変化の問題 ⇒ *P-V* グラフをかきながら解いていく

73 熱力学の第１法則

▽解説動画

\押さえよ/

熱力学の第１法則

$$Q = \Delta U + W$$

(Q：気体が吸収した熱量
ΔU：内部エネルギーの増加
W：気体が外部にした仕事)

熱力学の第１法則とは何か？

図のように，シリンダー内の気体を加熱すると，気体の温度は上昇し，体積は増加します。つまり気体は熱量 Q を吸収すると，その一部が気体の内部エネルギーの増加 ΔU に費やされ，残りが外部にする仕事 W として使われます。このときに成立している次の関係が**熱力学第１法則**です。

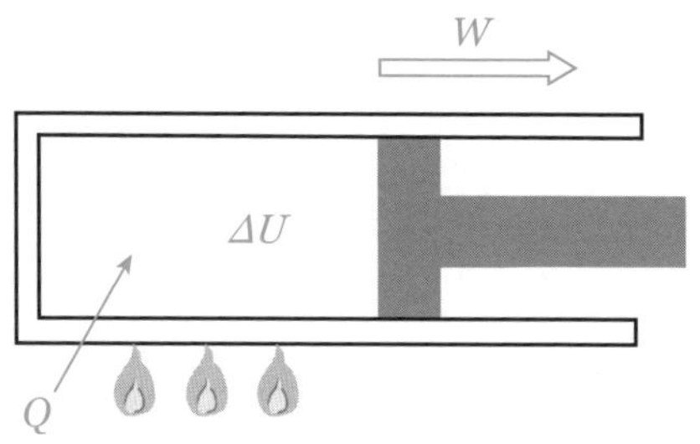

POINT

熱力学の第１法則

$$Q = \Delta U + W$$

(Q：気体が吸収した熱量
ΔU：内部エネルギーの増加
W：気体が外部にした仕事)

熱力学の第１法則について，イメージできたでしょうか。この法則は，気体に対するエネルギーの収支がつりあっていることを表しています。つまり，**熱力学の第１法則は，熱力学におけるエネルギー保存則**といえます。

ここで熱力学の第１法則を使ううえで大切な注意事項をお話しします。実は，この法則を使う際，符号によるミスがとても目立つのです。そこで符号のミスを防ぐために，Q は**気体が吸収した熱量**，ΔU は**内部エネルギーの増加**，W は**気体が外部にした仕事**，と確実に覚えてください。面倒だからといって，Q，ΔU，W をそれぞれ熱量，内部エネルギーの変化，仕事なんて覚えると，符号のミスをしてしまいますよ。

温度変化と P-V グラフの関係を調べよう

P.216

温度 T＝一定を表す P-V グラフをかけ。

ボイル・シャルルの法則より

$$\frac{PV}{T} = k\text{（一定）}$$

$$P = \frac{kT}{V} \quad \cdots①$$

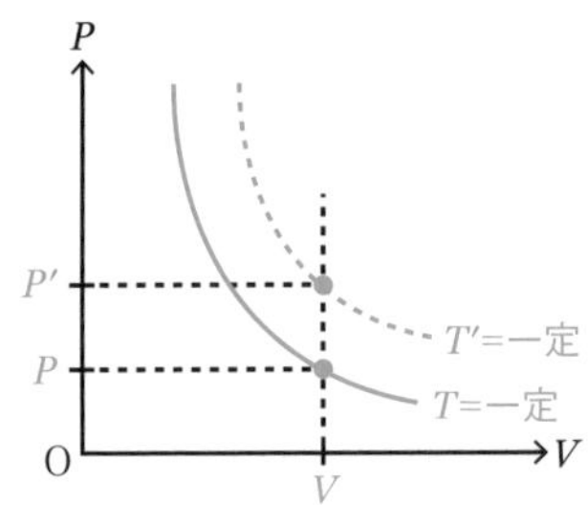

ここで，T＝一定すなわち①式において kT は定数となるので，P-V グラフは実線のように反比例のグラフになりますね。

やってみよう Q

$T' > T$ となる温度 T'＝一定 を表す P-V グラフをかけ。

ここでは，上と同じように 温度 T'＝一定 を表す P-V グラフをかくのですが，T よりも高い温度 T'（$T' > T$）について考えます。

復習の①式より，同じ体積 V において，$T' > T$ である温度 T' に対応する P' は，P よりも大きくなりますね。上図のように P-V グラフ上で考えると，同じ V に対して $T' > T$ ならば，$P' > P$ となり，T'＝一定 を表す P-V グラフは，T＝一定 を表す P-V グラフよりも上の領域に位置していることがわかります。

解答　**上図の点線のグラフ** ……答

ここで学習したことを用いると，状態変化を表す ***P-V* グラフから温度の上昇，下降を読みとることができる**ようになります。たとえば，次の 秘 テクニック の *P-V* グラフにおいて，状態変化 A→B が3点で起こっているとすると，いずれも1つの等温曲線から上の領域へ変化しているので，状態変化 A→B はどれも温度が上昇していることがわかります。逆に状態変化 A→C はいずれも温度が下降していることになります。

すなわち，1つの等温曲線上の状態からその等温曲線よりも**上の領域へ状態変化を起こすと温度は上昇し，下の領域へ状態変化を起こすと温度は下降するということです。**

秘
テクニック

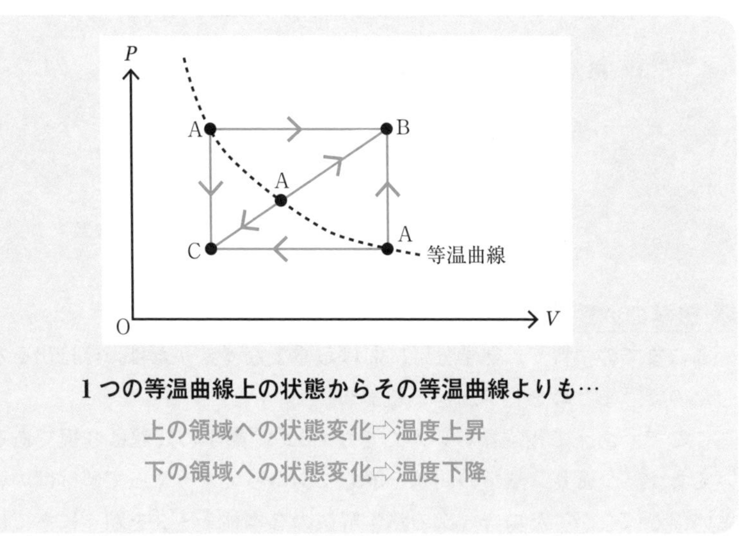

1つの等温曲線上の状態からその等温曲線よりも…

上の領域への状態変化⇨温度上昇

下の領域への状態変化⇨温度下降

74 熱学解法の３本柱

▼解説動画

熱学解法の３本柱

1 ボイル・シャルルの法則 $\dfrac{PV}{T}=$（一定）

（気体の状態方程式 $PV=nRT$）

＼押さえよ／ →

2 気体の内部エネルギー（単原子分子限定） $\Delta U=\dfrac{3}{2}nR\Delta T$

3 熱力学の第１法則 $Q=\Delta U+W$

（Q：気体が吸収した熱量
ΔU：内部エネルギーの増加
W：気体が外部にした仕事）

熱学の問題の解法をまとめてみよう

ここまでの学習で，熱学分野における重要な考えかたは，ほぼ出そろいましたので，まとめをしておきましょう。

ここで，あえて極端ないいかたをすれば，「**熱学の問題は３択である**」といえます。つまり，熱学の問題を解くにあたってどうやって解けばいいのか思い浮かばなかった場合，次の熱学解法の３本柱1～3を順々にあてはめていけば何とかなる，ということです。

1 ボイル・シャルルの法則

$$\frac{PV}{T}=（一定）$$

（気体の状態方程式 $PV=nRT$）

まず，１本目の柱は，**ボイル・シャルルの法則**です。

ボイル・シャルルの法則の右辺の定数を n モルについて明らかにしたのが，**気体の状態方程式**でした。したがって，この２つは同じ内容を表していますので，1本目の柱の中にまとめておきました。特にモル数 n が話題になるときは，気体の状態方程式 $PV=nRT$ のほうを使えばよいのです。

2 気体の内部エネルギー（単原子分子限定）

$$\Delta U=\frac{3}{2}nR\Delta T$$

続いて，2本目の柱は**気体の内部エネルギー**です。

この式は，気体の分子運動論から導かれますが，**単原子分子にしか用いることができません**ので，注意が必要ですね。

3 熱力学第1法則

$$Q=\Delta U+W$$

（Q：気体が吸収した熱量
ΔU：内部エネルギーの増加
W：気体が外部にした仕事）

最後の3本目の柱は，**熱力学第1法則**です。

この法則で大切なのは，Q，ΔU，W の覚えかたでしたね。**“吸収”**，**“増加”**，**“外部にした”**，これらの言葉をつけ加えるだけで，符号のミスを防ぐことができるのです。

以上の3本の柱を使えば，大抵の熱学の問題は解くことができます。たくさんの問題を解いて，熱学解法の3本柱の使いかたに慣れていくことが大切です。

秘
テクニック

熱学の問題は3択である。

ちなみに，**81** でこの熱学解法の3本柱をマイナーチェンジしますので，あとでそちらも参照してください。

75 気体の状態変化①

ここでは，気体の状態変化について基本事項をまとめていきます。まずは，熱力学の第１法則の復習です。

P.247

熱力学の第１法則

$$Q = \Delta U + W$$

Q：気体が吸収した熱量
ΔU：内部エネルギーの増加
W：気体が外部にした仕事

熱力学の第１法則の式は覚えていましたか。この法則は，式そのものだけでなく，Q，ΔU，W の覚えかたが，とても重要でしたね。まだあやふやな人は，この場でしっかりと覚え直しておいてください。

一定質量の理想気体が，右の P-V グラフで表されるような A→B→C→A の状態変化を起こしました。ここで B→C は温度一定の変化です。各状態変化において，**気体が吸収した熱量を Q，内部エネルギーの増加を ΔU，気体が外部にした仕事を W** とします。

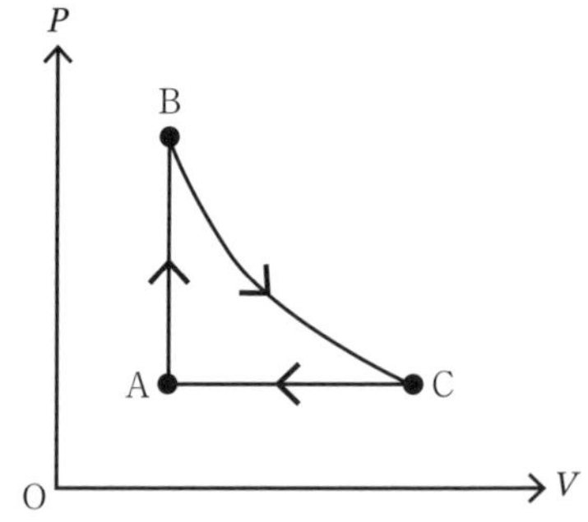

各状態変化における Q，ΔU，W について考えよう

まずは，状態変化 A→B について考えましょう。

A→B は，**体積一定を保って起こした状態変化**で，この変化を定積変化といいます。A→B において，温度がどのように変化したか，わかりますか。

P-V グラフ上で温度変化を考えるときは，変化前の状態，ここでは点 A を通る等温曲線をイメージすればよいのでしたね。A→B は A を通る等温曲線より上の領域への状態変化なので，温度は上昇します。そして，気体の内部エネルギーが温度だけの関数であることに注意すると，A → B では内部エネルギーは増加し $\boldsymbol{\Delta U > 0}$ となります。

一方，体積は一定なので，このとき気体は外部に仕事をしていない，すなわち $\boldsymbol{W = 0}$ です。

よって，熱力学第 1 法則 $Q = \Delta U + W$ において，$\Delta U > 0$，$W = 0$ なので，$\boldsymbol{Q > 0}$ となり，気体は熱を吸収したことがわかります。

次に，状態変化 B → C について考えましょう。

B → C は**温度一定を保って起こした状態変化**で，この変化を**等温変化**といいます。この変化では温度が一定なので，$\boldsymbol{\Delta U = 0}$ です。

一方，体積は増加しているので，$\boldsymbol{W > 0}$ です。

よって，熱力学第 1 法則 $Q = \Delta U + W$ において，$\Delta U = 0$，$W > 0$ なので，$\boldsymbol{Q > 0}$ となり，気体は熱を吸収したことがわかります。

最後に，状態変化 C → A について考えましょう。

C → A は**圧力一定を保って起こした状態変化**で，この変化を**定圧変化**といいます。C → A は，C を通る等温曲線より下の領域への状態変化なので，温度は下降し，$\boldsymbol{\Delta U < 0}$ となります。

一方，体積は減少しているので，$\boldsymbol{W < 0}$ です。

よって，熱力学第 1 法則 $Q = \Delta U + W$ において，$\Delta U < 0$，$W < 0$ なので，$\boldsymbol{Q < 0}$ となり，気体は熱を放出したことがわかります。

以上の結果を表にまとめると，右図のようになります。

	ΔU	W	Q
A → B	正	0	正
B → C	0	正	正
C → A	負	負	負

ここで学習したことは，状態変化の基礎となる，とても重要なことがらですので，確実に理解するようにしてくださいね。

76 気体の状態変化②

74 で学習した熱学解法の３本柱を用いて，実際に出題された入試問題に挑戦してみましょう。

P.246

熱学解法の３本柱

1 ボイル・シャルルの法則 $\dfrac{PV}{T}=$（一定）

（気体の状態方程式 $PV=nRT$）

2 気体の内部エネルギー（単原子分子限定） $\Delta U=\dfrac{3}{2}nR\Delta T$

3 熱力学の第１法則 $Q=\Delta U+W$

熱学解法の３本柱のうち，どれを用いれば答えが導けるのか，意識しながら解いてみてください。

やってみよう Q

なめらかに動くピストンをもった円筒容器があり，その中に1molの理想気体が閉じ込められている。この理想気体の内部エネルギーは，絶対温度 T のとき，気体定数 R を用いて $\dfrac{3}{2}RT$ と表される。

図のように，温度 T_0，体積 V_0 の状態 A からゆっくりと状態を変化させ，A → B，B → C，C → A の過程を経て状態 A に戻した。ここで状態 B の温度は $4T_0$，体積は $4V_0$，状態 C の温度は T_0，体積は $4V_0$ である。この過程に関して次の問いに答えよ。

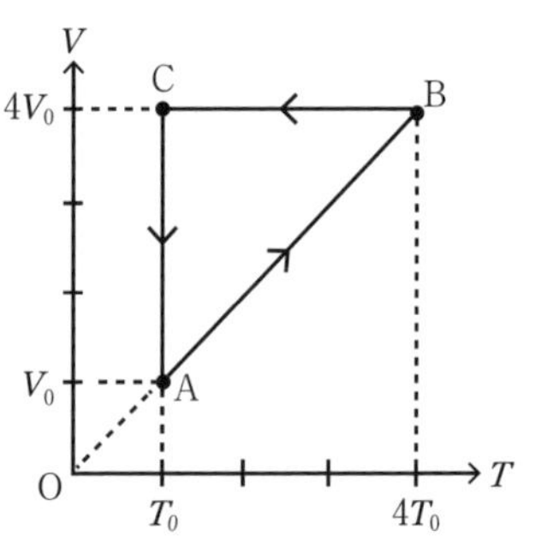

（電気通信大）

(1) 縦軸に圧力 P，横軸に体積 V をとって，A→B→C→A の状態変化を表す曲線をかけ。

(1)は V-T グラフを見ながら P-V グラフをかく問題です。状態Aと状態Cの圧力が不明なので，それぞれ P_A，P_C とおきます。P_A と P_C は[1]の状態方程式を用いれば求められそうですね。またA→Bの過程がどんな状態変化であるかは，[1]のボイル・シャルルの法則を用いればよさそうです。

解答

状態Aでの気体の状態方程式 $P_AV_0=RT_0$ より

$$P_A=\frac{RT_0}{V_0}$$

A→Bの過程にボイル・シャルルの法則を適用して

$$\frac{PV}{T}=k(\text{一定})$$

$$V=\frac{k}{P}\cdot T$$

ここで，V-T グラフを見ると，A→B の過程は原点を通る直線上にあるので，上式において $\frac{k}{P}$= 一定，すなわち A→B の過程は P= 一定で定圧変化であることがわかる。したがって A→B の P-V グラフは横軸に平行で体積 $4V_0$ まで増加する。

次に，B→C の過程は定積変化で，温度は下降しているので，P-V グラフは縦軸に平行に下がり始める。そして，P_C の値は，状態Cでの気体の状態方程式より

$$P_C\cdot 4V_0=RT_0$$

$$P_C=\frac{RT_0}{4V_0}$$

最後に，C→A の過程は等温変化なので P-V グラフは反比例のグラフになる。

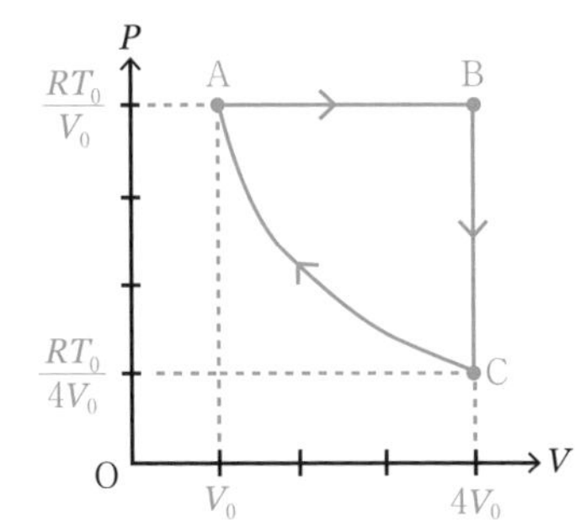

……答

つづき
Q

(2) A → B の過程では気体は外に対して仕事をするのか，あるいは外から仕事をされるのか答えよ。次にその大きさ W を求めよ。

解答 A → B の過程では体積が増加しているので，気体は外に対して仕事をする。その大きさ W は P-V グラフと V 軸の間の面積なので

$$W=\frac{RT_0}{V_0}\times 3V_0=3RT_0$$

外に対して仕事をする，$W=3RT_0$ …… 答

つづき
Q

(3) A → B の過程では気体は熱を吸収するのか放出するのか答えよ。次にその大きさ Q_1 を求めよ。

熱量 Q が話題になっているので，3の熱力学第１法則 $Q=\Delta U+W$ を用いればよさそうですね。ΔU の値を求めるときは，もちろん2の内部エネルギーの増加の式 $\Delta U=\frac{3}{2}nR\Delta T$ を使います。

解答 A → B の過程に熱力学第１法則を適用して

$$Q_{AB}=\Delta U_{AB}+W_{AB}$$

$$W_{AB}=W=3RT_0$$

$$\Delta U_{AB}=\frac{3}{2}R(4T_0-T_0)=\frac{9}{2}RT_0$$

したがって

$$Q_{AB}=\frac{9}{2}RT_0+3RT_0=\frac{15}{2}RT_0$$

$Q_{AB}>0$ だから気体は熱を吸収する。
また，その大きさ Q_1 は

$$Q_1=|Q_{AB}|=\frac{15}{2}RT_0$$

熱を吸収する，$Q_1=\frac{15}{2}RT_0$ …… 答

(4) B→C の過程では気体は熱を吸収するのか放出するのか答えよ。
次にその大きさ Q_2 を求めよ。

(3)と同様に熱量 Q が話題になっているので，3と2を用いて解きます。

解答

熱力学第1法則

$$Q_{BC}=\Delta U_{BC}+W_{BC}$$

において，$W_{BC}=0$

$$\Delta U_{BC}=\frac{3}{2}R(T_0-4T_0)=-\frac{9}{2}RT_0$$

したがって

$$Q_{BC}=-\frac{9}{2}RT_0$$

$Q_{BC}<0$ だから気体は熱を放出する。
また，その大きさ Q_2 は

$$Q_2=|Q_{BC}|=\frac{9}{2}RT_0$$

熱を放出する，$Q_2=\frac{9}{2}RT_0$ ……答

(5) (1)で P-V グラフで囲まれている図形の面積は何を表すか。

72の㊙テクニックでまとめたように，P-V グラフにおいて時計回りに状態変化を起こし，そのグラフに囲まれた面積は，1サイクルにおいて気体が外部にした正味の仕事を表していましたね。

1サイクルにおいて気体が外部にした正味の仕事 ……

77 断熱自由膨張

\押さえよ/

断熱自由膨張 ⇒ 温度は変化しない

いま，断熱された２つの容器 A，B がコックのついた細管でつながれているとします。A には理想気体を入れ，B は真空にしてあります。コックを開くと A 内の気体は B 内へ広がっていきます。これを**断熱自由膨張**といいます。

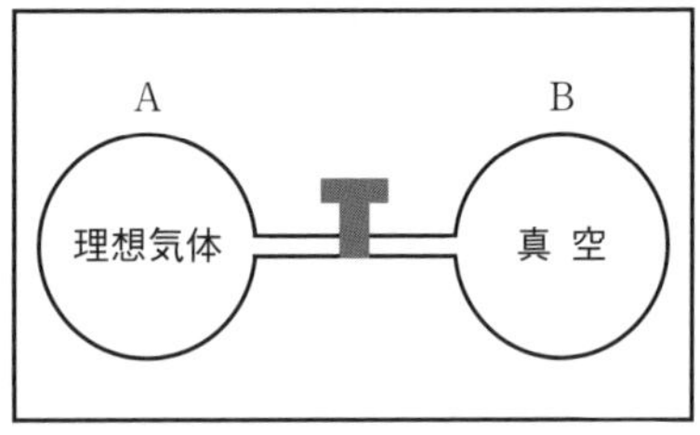

A，B 全体は断熱されているので，気体が吸収した熱量を Q とすると，$Q=0$ です。そして，気体が外部へした仕事を W とすると，$W=0$ です。

ここで，気体の体積が増加しているのに $W=0$ となることに，疑問を感じた人がいるのではないでしょうか。たとえば右図のように，気体がピストンを右向きに押してピストンを右向きに動かしたのならば，気体が外部(ピストン)にした仕事 W は $W>0$ になります。しかし，断熱自由膨張の場合，体積は増加しても，外部に力を及ぼして動かしたのではないので，$W=0$ となるのです。よって熱力学第１法則より

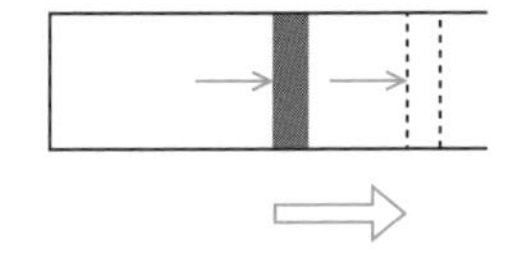

$$\boldsymbol{Q=\Delta U+W}$$

において $Q=0$，$W=0$ だから

$$\boldsymbol{\Delta U=0}$$

気体の内部エネルギー U は温度だけの関数なので，$\Delta U=0$ ならば**気体の温度は変化しない**ということがわかります。

POINT

断熱自由膨張 ⇒ 温度は変化しない

やってみよう Q

体積 V_1 の容器Aと体積 V_2 の容器Bが，コックのついた細管でつながれ，全体が断熱されている。Aには圧力 P_1，絶対温度 T_1 の理想気体を入れ，Bは真空にしておく。コックを開きしばらく時間が経過した。

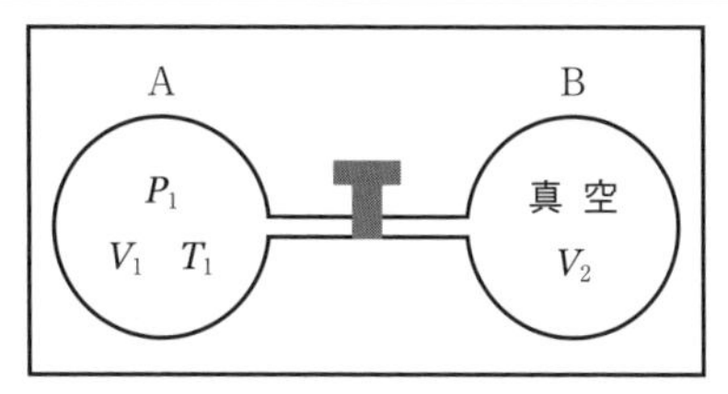

つづき Q

(1) 気体の絶対温度はいくらになるか。

解答 断熱自由膨張では，気体の絶対温度は T_1 のまま変化しない。

$\boldsymbol{T_1}$ …… 

つづき Q

(2) 気体の圧力はいくらになるか。

解答 コックを開く前後で，ボイル・シャルルの法則を用いると

$$\frac{P_1V_1}{T_1}=\frac{P(V_1+V_2)}{T_1}$$

$$P=\frac{P_1V_1}{V_1+V_2}$$

$\boldsymbol{P=\frac{P_1V_1}{V_1+V_2}}$ …… 答

気体の分子運動で考えてみよう

冒頭では，断熱自由膨張において気体の温度が変化しない理由を，熱力学第1法則を用いて考えました。ここでは，その理由を気体分子の運動によって理解したいと思います。

設定は先ほどと同じです。コックを開いてA内の気体分子が細管を通って真空のB内へ進んでいくとき，**分子の速さは変化しない**ので，断熱自由膨張前後の分子の**平均運動エネルギーは変化しません**。気体の温度は，分子の平均運動エネルギーに比例しているので，**温度も変化しない**ことになります。

78 断熱変化①

▼解説動画

＼押さえよ／

断熱圧縮 ⇒ 温度上昇

断熱膨張 ⇒ 温度下降

***P-V* グラフにおいて，断熱曲線は等温曲線よりも傾きが急になる。**

断熱変化とは何か？

気体が**外部と熱の出入りなしに起こす状態変化**を断熱変化といいます。気体が断熱的に圧縮（断熱圧縮）されると，気体の温度は上昇します。たとえば，空気入れで空気を急激に圧縮し，自転車のタイヤに空気を入れていくと，やがて空気入れの下部があたたかくなってきますね。これは断熱圧縮により，気体の温度が上昇した1つの例です。

まず，熱力学第1法則 $Q = \Delta U + W$ を用いてその理由について考えてみましょう。断熱圧縮ですから $\boldsymbol{Q = 0}$ ですね。また，気体の体積は減少しているので $\boldsymbol{W < 0}$ です。したがって，$Q = \Delta U + W$ より $\boldsymbol{\Delta U > 0}$ となり，内部エネルギー U は温度だけの関数なので気体の温度は上昇することがわかります。

次に，断熱圧縮を気体分子の運動で考えてみましょう。右図のように，気体分子は押し込まれてくるピストンに衝突することになるので，衝突後，分子の速さは速くなりますね。したがって，断熱圧縮では気体分子の平均運動エネルギーが増加し，温度が上昇することになります。

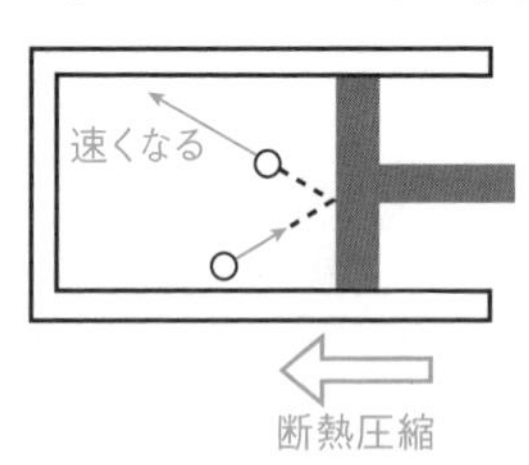

逆に，気体が断熱的に膨張（断熱膨張）する場合について考えてみましょう。熱力学の第1法則 $Q = \Delta U + W$ において，$\boldsymbol{Q = 0}$，$\boldsymbol{W > 0}$ となるので $\boldsymbol{\Delta U < 0}$ となり，気体の温度は下降することがわかりますね。

また，気体分子の運動で考えると，後退しているピストンに衝突した分子は速さが遅くなり，平均運動エネルギーが減少するので，気体の温度は下降することがわかります。

POINT !

断熱圧縮 ⇒ 温度上昇
断熱膨張 ⇒ 温度下降

断熱曲線と等温曲線の傾きを比べよう

はじめに等温変化の場合の *P-V* グラフをかいてみましょう。等温変化の場合，*PV* = 一定 となるので，*P-V* グラフは，下図のような反比例のグラフになりますね。そして，上の ! POINT でもまとめたように，断熱変化の特徴を文章にすると，次の①，②のようになります。

①はじめの状態から気体を断熱的に圧縮すると温度は上昇する。
②はじめの状態から気体を断熱的に膨張させると温度は下降する。

P
等温曲線
はじめの状態
O
V

それでは，実際に問題を解いてみましょう。

上で考えた断熱変化(断熱曲線)を *P-V* グラフにかき入れよ。

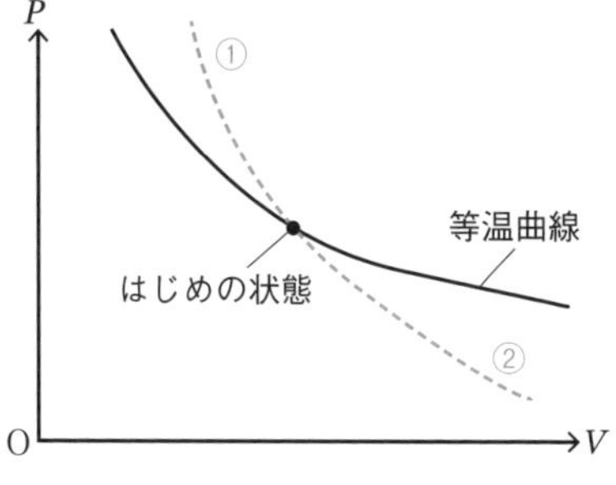

上の①を *P-V* グラフで表現してみます。右図のように，*P-V* グラフ上の**はじめの状態から体積 *V* を減少させていくと温度が上昇するのだから，等温曲線よりも上の領域へ変化**していきます。

次に，上の②を *P-V* グラフで表現してみます。*P-V* グラフ上の**はじめの状態から体積 *V* を増加させていくと温度は下降するのだから等温曲線よりも下の領域へ変化**していきます。

これらをまとめて*P-V*グラフで表すと下図のようになり，**断熱曲線は等温曲線よりも傾きが急に**なることがわかります。

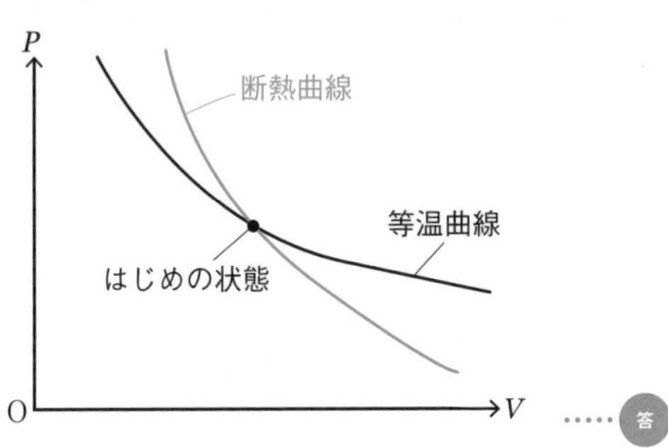

……答

このように，断熱曲線を*P-V*グラフで表してみると，断熱曲線の式の形が，気になる人がいるかも知れませんね。そこで，参考までに単原子分子理想気体の断熱変化を表す式(ポアソンの関係式という)を紹介しておきましょう。

断熱変化　$PV^{\frac{5}{3}}$ = 一定

等温変化の関係式 PV = 一定 と比べて，式の上でも傾きが急になっていることが確認できますね。ポアソンの関係式が成り立つ理由については，**82**でくわしく説明します。

POINT

P-Vグラフにおいて，断熱曲線は等温曲線よりも傾きが急になる。

79 断熱変化②

ここでは，断熱変化を含む状態変化について，入試問題を解きながらまとめていきます。状態変化の問題は出題率が高い分野なので，確実に身につけておきましょうね。

なめらかに動くピストンをもつ容器内に，1mol の単原子分子の理想気体が入っている。図は，その気体の圧力と体積の関係を表すグラフである。

圧力 P_0〔Pa〕，体積 V_0〔m³〕の状態Aを初期状態とし，定圧変化，定積変化，等温変化，断熱変化のいずれかの方法で，図に示すような状態B，状態C，状態Dに変化させた。ただし，$V_0 < V_C < 3V_0$ である。以下の問いに答えよ。　（京都府立大）

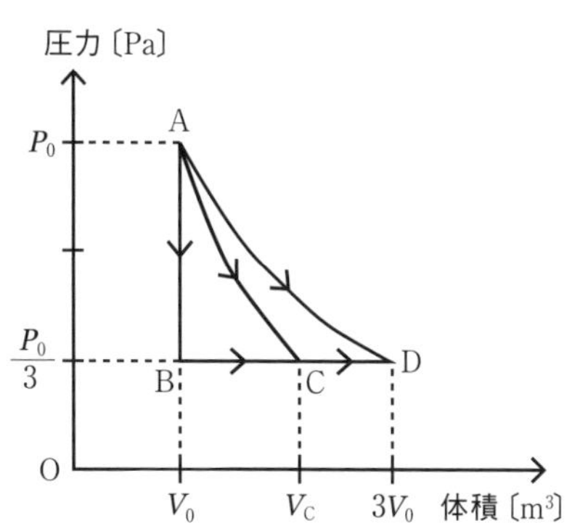

(1) A→B，A→C，A→D の状態変化は，定圧変化，定積変化，等温変化，断熱変化のうち，どの変化に対応するか答えよ。

A→B は体積が V_0 で一定の変化なので定積変化だとわかります。A→C，A→D については，**78** の❗ **POINT** を思い出してください。「*P-V* グラフにおいて，断熱曲線は等温曲線よりも傾きが急になる」でしたね。

したがって，A→C は断熱変化，A→D は等温変化だとわかります。それでは解答です。

解答

A → B：定積変化

P-*V* グラフにおいて，断熱曲線は等温曲線よりも傾きが急になるから，A → C が断熱変化，A → D が等温変化だと予想される。

ボイル・シャルルの法則を用いて，状態 D での温度 T_D を求めてみると

$$\frac{P_0V_0}{T_A}=\frac{\dfrac{P_0}{3}\cdot 3V_0}{T_D}$$

$$T_D=T_A$$

となり，A → D は等温変化だとわかる。

よって，A → C は断熱変化である。

A → B：定積変化，A → C：断熱変化，A → D：等温変化 …… 

つづき Q

(2) A → B において気体の内部エネルギーは，増加するか減少するか答えよ。また，その変化量の大きさ〔J〕を求めよ。

A → B は等温曲線 AD よりも下の領域への状態変化なので，A → B では温度が下がり内部エネルギーは減少します。また，内部エネルギーの変化量は単原子分子なので，$\Delta U=\frac{3}{2}nR\Delta T$ の式から求められます。A → B は $V=$ 一定 なので，$nR\Delta T=\Delta P\cdot V$ も使えますね。

解答

A → B での温度変化 $\Delta T_{A\to B}$ は負なので，内部エネルギーは減少する。

$$|\Delta U_{A\to B}|=\left|\frac{3}{2}R\Delta T_{A\to B}\right|=\left|\frac{3}{2}\Delta P_{A\to B}V_0\right|$$

$$=\left|\frac{3}{2}\left(\frac{P_0}{3}-P_0\right)V_0\right|=P_0V_0$$

減少する，$|\Delta U_{A\to B}|=P_0V_0$ …… 答

(3) B → C → D において，気体が外部にした仕事〔J〕を求めよ。

気体が外部にした仕事は，P-V グラフと V 軸の間の面積で表されましたね。

$$W_{B\to C\to D}=\frac{P_0}{3}(3V_0-V_0)=\frac{2}{3}P_0V_0$$

$$\boldsymbol{W_{B\to C\to D}=\frac{2}{3}P_0V_0}$$ ……答

(4) A → C において，気体が外部にした仕事〔J〕を求めよ。

ここでも気体が外部にした仕事を求めるのだから，P-V グラフと V 軸の間の面積を求めたいところですが，ちょっと難しそうですね。

このようなときは，間接的に仕事 W を求めることを考えましょう。そこで登場するのが，熱力学第 1 法則 $Q=\Delta U+W$ の式です。

解答

熱力学第 1 法則 $Q=\Delta U+W$ において A → C は断熱変化なので

$$Q_{A\to C}=0$$

よって

$$W_{A\to C}=-\Delta U_{A\to C}=-\frac{3}{2}R(T_C-T_A)=-\frac{3}{2}(RT_C-RT_A)$$

状態 A，C における状態方程式より

$P_0V_0=RT_A$，$\dfrac{P_0}{3}V_C=RT_C$ だから

$$W_{A\to C}=-\frac{3}{2}\left(\frac{P_0}{3}\cdot V_C-P_0V_0\right)=\frac{P_0}{2}(3V_0-V_C)$$

$$\boldsymbol{W_{A\to C}=\frac{P_0}{2}(3V_0-V_C)}$$ ……答

つづき Q

(5) A → B → C → D，A → C → D，A → D の 3 通りの変化において，気体が外部にした仕事を $W_{A \to B \to C \to D}$〔J〕，$W_{A \to C \to D}$〔J〕，$W_{A \to D}$〔J〕とする。それらの大小を不等号で示せ。

解答　気体が外部にした仕事は P-V グラフと V 軸の間の面積で表される。

$$\boldsymbol{W_{A \to B \to C \to D} < W_{A \to C \to D} < W_{A \to D}}$$ ……答

80 定積モル比熱と内部エネルギー

解説動画

\押さえよ/

定積変化において成り立つ関係式

$$Q = nC_V\Delta T \quad \left(\text{単原子分子の場合} \quad C_V = \frac{3}{2}R\right)$$

気体の内部エネルギー（常に成り立つ関係式）

$$\Delta U = nC_V\Delta T$$

ここでは，気体の比熱について考えます。62 では固体や液体の比熱について学習しましたので，まずはその復習から始めましょう。

復習　比熱 c〔J/g·K〕，質量 m〔g〕の物質の温度を ΔT〔K〕上昇させるのに必要な熱量 Q〔J〕はいくらか。

P.210

$Q = mc\Delta T$ …… 

どうですか。すぐに答えられましたか。まず比熱で大切なのは，〔J/g·K〕という単位でしたね。このことを覚えていた人は比熱が何であるかを思い出せたはずです。〔J/g·K〕という単位はジュール〔J〕をグラム〔g〕とケルビン〔K〕の積で割り算をしているので，比熱 c〔J/g·K〕とは，1g を 1K 上昇させるのに必要な熱量が c〔J〕だということを表しています。

ここでは，m〔g〕を ΔT〔K〕上昇させるのに必要な熱量 Q〔J〕はいくらかと問われているので，Q は c の $m\Delta T$ 倍だとわかりますね。

モル比熱とは何か？

固体や液体の比熱については思い出せましたね。それでは，気体の比熱について考えていきます。気体の場合，物質の量をモル〔mol〕を使って表すことが多いので，モルを使った比熱について学習しましょう。

物質 1mol の温度を 1K 上昇させるのに必要な熱量を**モル比熱**といいます。それでは，モル比熱 C〔J/mol·K〕の物質 n〔mol〕を ΔT〔K〕上昇させるのに必要な熱量 Q〔J〕はいくらでしょうか。

復習と同様に考えればよさそうですね。もちろん，ここでも大切なのはモル比熱の単位です。C〔J/mol·K〕とは，1mol を 1K 上昇させるのに必要な熱量が C〔J〕だということですから，n〔mol〕を ΔT〔K〕上昇させるのに必要な熱量 Q〔J〕は，C の $n\Delta T$ 倍なので

$$Q=nC\Delta T$$

となります。ここで，$Q=mc\Delta T$ と $Q=nC\Delta T$ はほとんど同じ形をしているので，セットで記憶しておきましょうね。

気体の場合，1mol を 1K 上昇させるのに必要な熱量〔J〕，すなわちモル比熱 C〔J/mol·K〕は，状態変化の種類によって値が変わってしまいます。そこで気体の場合は，定積変化に対するモル比熱と，定圧変化に対するモル比熱の 2 つのモル比熱を定めています。

定積モル比熱とは何か？

n mol の気体を**体積一定**に保ちながら加熱して，Q〔J〕の熱量を与えたとき，温度が ΔT〔K〕だけ上昇したとします。このときの気体の比熱を**定積モル比熱**といいます。それでは，この場合，定積モル比熱 C_V〔J/mol·K〕の値はいくらになるでしょうか。大切なのは単位でしたよね。C_V は，1mol，1K あたりの熱量〔J〕なので

$$C_V=\frac{Q}{n\Delta T}$$

と表されます。ここで上式が定積モル比熱の定義式であることに注意してください。熱力学の第 1 法則 $Q=\Delta U+W$ において $W=0$ なので，$Q=\Delta U$ となります。そのため

$$C_V=\frac{\Delta U}{n\Delta T}$$

$$\Delta U=nC_V\Delta T$$

この式は定積モル比熱 C_V の定義から導かれた式なので，**いかなる状態変化においても常に成り立つ式**であるということを確認しておいてください。

そして，特に単原子分子理想気体の場合は

$$\Delta U=\frac{3}{2}nR\Delta T$$

と表されましたので，上の２式を比べると，単原子分子の場合の定積モル比熱 C_V は

$$C_V=\frac{3}{2}R$$

となることがわかります。

それでは，まとめをしましょう。ここで重要な関係式は２つあります。

１つ目の式は，$C_V=\dfrac{Q}{n\Delta T}$ を変形した $Q=nC_V\Delta T$ です。この式は，**定積変化のときにだけ成り立つ式**であることに注意してください。他の状態変化のときには使うことができません。

２つ目の式は，内部エネルギー $\Delta U=nC_V\Delta T$ です。この式は**どのような状態変化であっても成り立つ式**です。特に，単原子分子の場合，$C_V=\dfrac{3}{2}R$ なので，$\Delta U=\dfrac{3}{2}nR\Delta T$ となります。

POINT !

定積変化において成り立つ関係式

$Q=nC_V\Delta T$ $\left(単原子分子の場合\quad C_V=\dfrac{3}{2}R\right)$

POINT !

気体の内部エネルギー（常に成り立つ関係式）

$\Delta U=nC_V\Delta T$

81 定圧モル比熱とマイヤーの関係式

解説動画

押さえよ

定圧変化において成り立つ関係式

$$Q = nC_P\Delta T \quad \left(\text{単原子分子の場合}\quad C_P = \frac{5}{2}R\right)$$

マイヤーの関係式

$$C_P - C_V = R$$

まずは 80 の復習をしておきましょう。

復習

P.265

定積変化において成り立つ関係式

$$Q = nC_V\Delta T \quad \left(\text{単原子分子の場合}\quad C_V = \frac{3}{2}R\right)$$

気体の内部エネルギー（常に成り立つ関係式）

$$\Delta U = nC_V\Delta T$$

復習の２つの式は，それぞれ適用範囲が異なりますので，しっかり確認しておいてくださいね。

定圧モル比熱とは何か？

n mol の気体を**圧力一定**に保ちながら加熱して，Q〔J〕の熱量を与えたとき，温度が ΔT〔K〕だけ上昇したとします。このときの気体の比熱を定圧モル比熱といいます。それではこの場合，定圧モル比熱 C_P〔J/mol･K〕の値はいくらになるでしょうか。単位に注目でしたね。C_P は，1mol，1K あたりの熱量〔J〕なので，次のように表されます。

$$C_P = \frac{Q}{n\Delta T} \quad \cdots①$$

ここで，熱力学第１法則 $Q=\Delta U+W$ を用いて①式を変形していきます。この変化は圧力一定なので，気体が外部にする仕事 W は，次のように表されます。

$$W=P\Delta V=nR\Delta T \qquad \cdots②$$

また，気体の内部エネルギーの増加 ΔU は

$$\Delta U=nC_V\Delta T \qquad \cdots③$$

が常に成り立っているので，①式は，②，③を用いて次のように変形することができます。

$$C_P=\frac{Q}{n\Delta T}=\frac{\Delta U+W}{n\Delta T}=\frac{nC_V\Delta T+nR\Delta T}{n\Delta T}$$

$$C_P=C_V+R$$

この関係式をマイヤーの関係式といいます。特に単原子分子理想気体の場合，$C_V=\frac{3}{2}R$ なので次のようになります。

$$C_P=\frac{3}{2}R+R=\frac{5}{2}R$$

POINT

定圧変化において成り立つ関係式

$Q=nC_P\Delta T$ 　（単原子分子の場合　$C_P=\frac{5}{2}R$）

POINT

マイヤーの関係式　$C_P-C_V=R$

ここで出てきた２つの関係式は，どちらも重要なのでしっかり記憶しておきましょう。ただし，$Q=nC_P\Delta T$ の式は定圧変化以外の状態変化では使うことができませんので，注意が必要ですよ。

熱学解法の３本柱をマイナーチェンジしよう

熱学解法の３本柱を，より広く適用できるようにマイナーチェンジしておきます。1と3は今までどおりです。2に注目してください。

熱学解法の３本柱

1　ボイル・シャルルの法則　$\dfrac{PV}{T}=$（一定）

気体の状態方程式　$PV=nRT$

2　気体の内部エネルギー　$\Delta U=nC_V\Delta T$

単原子分子の場合　$C_V=\dfrac{3}{2}R$

3　熱力学第１法則　$Q=\Delta U+W$

（Q：気体が吸収した熱量
ΔU：内部エネルギーの増加
W：気体が外部にした仕事）

秘テクニック

2気体の内部エネルギーは，74では「$\Delta U=\dfrac{3}{2}nR\Delta T$　（ただし単原子分子限定）」としてきましたが，これからは 2　$\Delta U=nC_V\Delta T$ と覚えておいてください。この式は，**常に成り立つ式なので，単原子分子でなくても使うことができます**よ。

そして，単原子分子の場合，$C_V=\dfrac{3}{2}R$ ですから，今までどおり

$$\Delta U=\frac{3}{2}nR\Delta T$$

の式もこの式の中に含めることができます。

マイナーチェンジした熱学解法の３本柱を確実に記憶して，自由自在に使いこなせるようにしておきましょうね。

82 ポアソンの関係式

解説動画

＼押さえよ／
→

断熱変化　$PV^{\gamma}=$ (一定)

比熱比　$\gamma=\dfrac{C_P}{C_V}$

ポアソンの関係式を導こう

n mol の理想気体があり，はじめ圧力 P，体積 V，絶対温度 T の状態 S でした。この気体を断熱的に変化させて，圧力 $P+\Delta P$，体積 $V+\Delta V$，絶対温度 $T+\Delta T$ の状態 S′ にします。断熱変化なので，圧力，体積，絶対温度，すべてが変化します。ただし，ΔP，ΔV，ΔT はそれぞれ微小変化を表しているので，それらの２次以上の量（$\Delta P\cdot\Delta V$，$(\Delta T)^2$ など）は無視できることに注意してくださいね。

それでは，状態 S，S′ における状態方程式をかいてみましょう。

$$\mathrm{S}\ :\ PV=nRT \quad \cdots①$$

$$\mathrm{S'}\ :\ (P+\Delta P)(V+\Delta V)=nR(T+\Delta T) \quad \cdots②$$

②式を展開し，①式を用いて整理すると

$$PV+P\cdot\Delta V+\Delta P\cdot V+\Delta P\cdot\Delta V=nRT+nR\Delta T$$

$$P\cdot\Delta V+\Delta P\cdot V=nR\Delta T \quad \cdots③$$

となります。途中式で出てきた $\Delta P\cdot\Delta V$ は２次以上の量なので無視しました。

次に，熱力学第１法則 $Q=\Delta U+W$ について考えてみましょう。ここで扱っているのは断熱変化なので $Q=0$ として

$$0=\Delta U+W \quad \cdots④$$

と表されます。

④式において，$\Delta U=nC_V\Delta T$，$W=P\Delta V$ なので，これらを代入すると

$$0=nC_V\Delta T+P\Delta V \quad \cdots⑤$$

が得られます。ここで $W=P\Delta V$ について，少し補足をしておきましょう。

いま考えているのは断熱変化なので，圧力 P も変化してしまうのですが，ΔV が微小変化なので，$W=P\Delta V$ と表すことが可能なのです。

したがって，③式は，⑤式を用いて ΔT を消去し，マイヤーの関係式 $R=C_P-C_V$ を用いて R も消去すると

$$P\cdot\Delta V+\Delta P\cdot V=-\frac{C_P-C_V}{C_V}P\Delta V$$

$$\Delta P\cdot V=-\frac{C_P}{C_V}P\Delta V$$

と表されます。さらに，両辺を PV で割ると

$$\frac{\Delta P}{P}=-\frac{C_P}{C_V}\frac{\Delta V}{V} \qquad \cdots⑥$$

という関係式が得られます。入試では，ここまでの流れを問う問題がよく出題されますので，しっかり理解しておくことが必要です。

このあとの流れは，入試では出題されませんが，参考までに見てください。⑥式の ΔP，ΔV を限りなく 0 に近づけると，記号 Δ は微分のときの d に変化します。そして両辺を不定積分すると，次のように変形できます。

$$\int\frac{dP}{P}=-\frac{C_P}{C_V}\int\frac{dV}{V}$$

$$\log P=-\frac{C_P}{C_V}\log V+C(\text{定数})$$

$$\log PV^{\frac{C_P}{C_V}}=C$$

$$PV^{\frac{C_P}{C_V}}=\text{一定}$$

ここで，$\frac{C_P}{C_V}=\gamma$ を比熱比といいます。γ（ガンマ）を用いて上式を表すと

$$PV^{\gamma}=\text{一定}$$

となります。この式をポアソンの関係式といい，断熱変化において成り立つ関係式です。単原子分子の場合，$C_V=\frac{3}{2}R$，$C_P=\frac{5}{2}R$ なので比熱比 $\gamma=\frac{5}{3}$ となり，ポアソンの関係式は $PV^{\frac{5}{3}}=\text{一定}$ と表されます。これは 78 の最後に出てきた式ですね。

83 熱機関の熱効率

押さえよ

$$\text{熱効率}\quad e=\frac{\text{外部にした正味の仕事}}{\text{高熱源から得た熱量}}$$

熱機関とは何か？

エンジンや蒸気機関などのように，**くり返し運動して熱を仕事に変える装置**のことを熱機関といいます。

図のように，熱機関では高温の熱源から得た熱量 Q のうち，その一部を仕事 W に変えて残りの熱量 Q' を低温物体に排熱しています。このときエネルギー保存則より

$$\boldsymbol{Q=W+Q'}\qquad \boldsymbol{W=Q-Q'}$$

が成立しています。

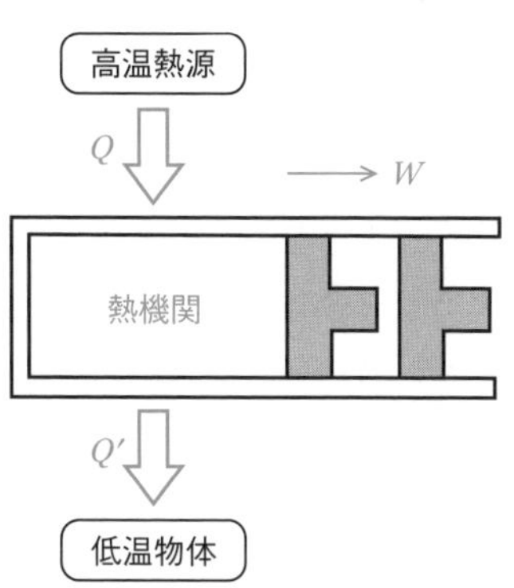

熱効率とは何か？

上の図を見てください。熱機関では1サイクルで，再びもとの状態に戻すために，必ず低温物体に熱量 Q' を捨てる必要があります。熱機関の1サイクルに対して，熱力学の第1法則 $Q=\Delta U+W$ を当てはめて考えてみましょう。高温の熱源から得た熱量 Q は，その一部が外にする仕事 W に変わり，残りは内部エネルギーの増加 ΔU になってしまいます。このままでは熱機関の温度は上昇し，1サイクルで再びもとの状態に戻すことができませんね。そのため，ΔU を Q' として低温物体に捨てる必要があるのです。

このように，熱機関は高温の熱源から得た熱量を100%仕事に変えることはできません。**高温の熱源から得た熱量 Q に対する外部にする正味の仕事 W の割合**を考え，これを熱機関の熱効率といいます。熱効率 e は，次の式で表されます。

$$e=\frac{W}{Q}=\frac{Q-Q'}{Q}$$

熱効率 e に関しては，下の ! POINT のように，言葉の式として記憶しておくとミスを防ぐことができます。

POINT !

熱効率　$e=\dfrac{外部にした正味の仕事}{高熱源から得た熱量}$

説明文の中で

「ΔU や Q' を 0 にすれば，$Q=W$ になるのでは？」

と考えた人もいるかもしれませんね。

しかし実際には，ΔU や Q' を 0 にすることはできません。すでに述べたように「高温の熱源から得た熱量を 100％仕事に変えることはできない」のです。この考え方は熱力学の第 2 法則によるもので，くわしくは大学に入ってから学習することになります。

ここでは，この結果だけ覚えておいてください。

やってみよう Q

右の V-T グラフに示すような状態変化を起こす熱機関について考える。状態変化 B→C において気体が吸収する熱量を Q_{BC} とする。この気体は理想気体とみなすことができ，そのモル数は n，定積モル比熱は C_V，気体定数は R である。

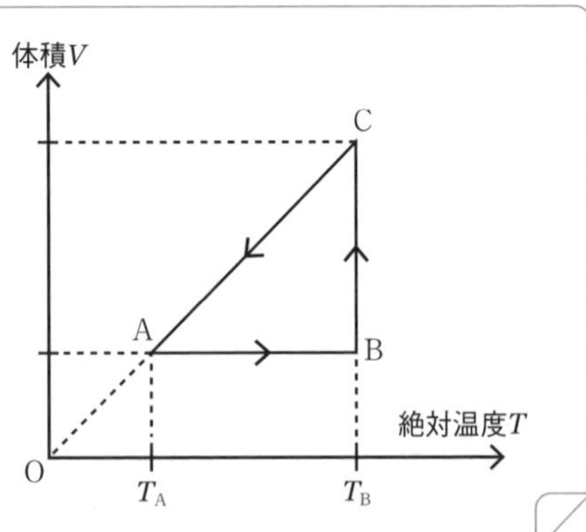

(1) 各状態変化 A→B, B→C, C→A において，気体が吸収する熱量 Q，内部エネルギーの増加 ΔU，気体が外部にする仕事 W を求め，下の表を完成せよ。

	A→B	B→C	C→A
Q		Q_{BC}	
ΔU			
W			

まず，A→B は体積一定なので定積変化です。Q を求める最短コースは，80 で学習した $Q=nC_V\Delta T$ を使えばよいですね。ΔU はマイナーチェンジした 81 の 秘 テクニックの[2]式 $\Delta U=nC_V\Delta T$ を使いましょう。W は体積一定なので 0 ですね。

次に，B→C は温度一定なので等温変化です。Q は Q_{BC} と与えられています。ΔU は温度一定なので 0 ですね。W は熱力学第1法則から $W=Q=Q_{BC}$ と求まります。

最後に，C→A は V-T グラフが原点を通る直線上にあるので，圧力一定の定圧変化です。Q を求める最短コースは，81 で学習した $Q=nC_P\Delta T$ を用いればよいですね。そのとき，$C_P=C_V+R$ の変形も忘れないでください。ΔU は，$\Delta U=nC_V\Delta T$ を使いますよ。W は熱力学第1法則から $W=Q-\Delta U$ として，求めた Q と ΔU の値を代入すれば求められます。

それでは解答を確認してみてください。

	A→B	B→C	C→A
Q	$nC_V(T_B-T_A)$	Q_{BC}	$nC_P(T_A-T_B)$ $=-n(C_V+R)(T_B-T_A)$
ΔU	$nC_V(T_B-T_A)$	0	$nC_V(T_A-T_B)$ $=-nC_V(T_B-T_A)$
W	0	Q_{BC}	$-n(C_V+R)(T_B-T_A)$ $-\{-nC_V(T_B-T_A)\}$ $=-nR(T_B-T_A)$

つづき Q

(2) この熱機関の熱効率 e を求めよ。

熱効率 e は

$$\text{熱効率}\quad e=\frac{\text{外部にした正味の仕事}}{\text{高熱源から得た熱量}}$$

の式から求めればよいですね。(1)の表より高熱源から得た熱量は，Q が正の値になっているものだけなので，$nC_V(T_B-T_A)$ と Q_{BC} です。外部にした正味の仕事は，W を1サイクル分だけ正負にかかわらずすべて足したものになります。

したがって，Q_{BC} と $-nR(T_B-T_A)$ の和になります。解答を確認してください。

解答

(1)の表より，熱効率 e は

$$e=\frac{Q_{BC}-nR(T_B-T_A)}{nC_V(T_B-T_A)+Q_{BC}}$$

$$\boldsymbol{e=\frac{Q_{BC}-nR(T_B-T_A)}{nC_V(T_B-T_A)+Q_{BC}}}\quad\cdots\cdots\text{答}$$

原子

Atomic physics

84 トムソンの実験

陰極線とは何か？

ガラス管に電極を封入し，数千ボルトの高電圧を加えて，管内の気体を抜いていくと，電極間にひも状の光が発生します。さらに気体を抜いていくと，特に陽極付近のガラス管壁が，蛍光を発するようになります。この放電管を**クルックス管**といいます。

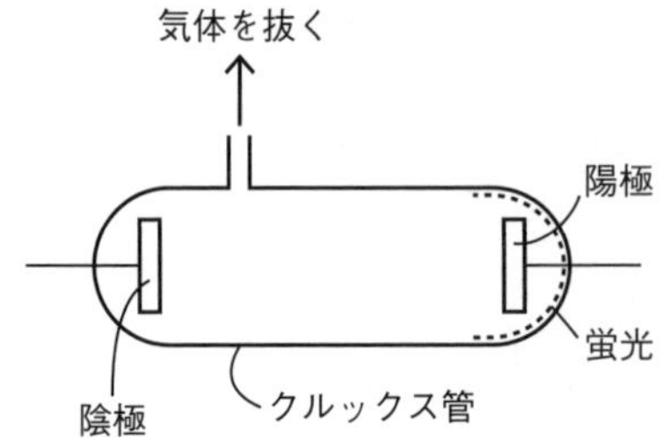

多くの科学者の研究によって，電極間の光の色は，中に封入する気体によって異なることが明らかになりました。

たとえば，中に封入する気体がネオン(Ne)気体の場合は，電極間の光は赤色で，水銀(Hg)気体の場合は，青白色になります。

一方，中の気体を抜いていったときに陽極付近で発する蛍光は，気体の種類に関係なく黄緑色だということも知られていました。

このことから，19 世紀当時の科学者は，次のような仮説を立てました。

「陽極付近のガラス管壁が蛍光を発するのは，中の気体とは関係がなく，陰極から何かが出ていて，その何かがガラス管壁にぶつかっているためではないか」

そして，その「何か」を**陰極線**とよぶことにしました。陰極線の正体を 1897 年に解明したのが，イギリスの科学者**トムソン**でした。

トムソンはどのような実験をしたのか？

トムソンは次のような実験装置を用いて，陰極線が負の電気をもつ粒子の流れであることを発見しました。

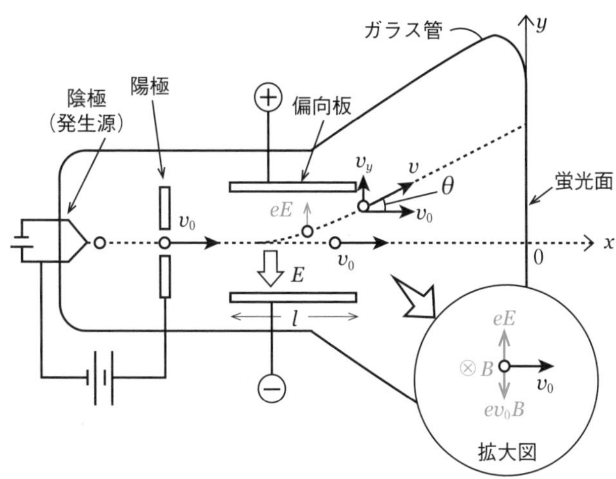

いま，陰極線の正体となる粒子の質量を m，電荷を $-e$ とし，それを左側の発生源から x 軸に平行に速度 v_0 で入射させます。この粒子が，その後どのような運動をして蛍光板面に到達するかを考えてみましょう。

はじめに，長さ l の偏向板間に電圧をかけると，電場 E が下向きに生じ，電場中では陰極線粒子に静電気力が加わるので，運動の向きが曲げられます。粒子が偏向板の間を抜けたときの速度 v は，x 軸より角度 θ だけずれていたとします。

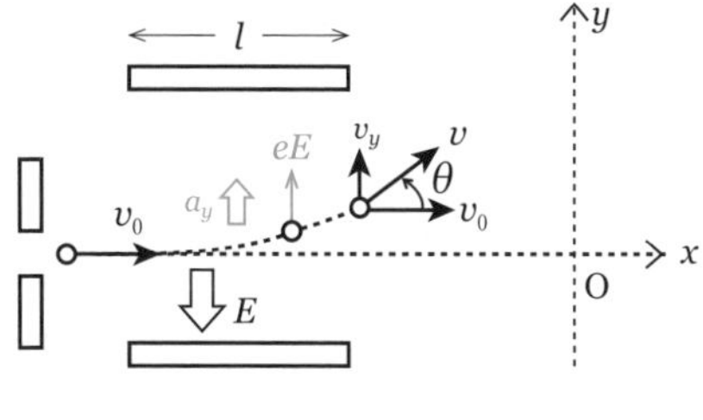

偏向板間を通過している粒子の y 方向の加速度を a_y とすると，粒子は偏向板間で，電場と逆向きに大きさ eE の静電気力を受けるので，粒子に関する y 方向の運動方程式は，次のようになります。

$$ma_y = eE$$

$$a_y = \frac{eE}{m} \quad （一定）$$

a_y が一定値になるので，粒子の y 方向の運動は等加速度直線運動になります。

また，x 方向には力がはたらかないので，粒子の x 方向の運動は，速さ v_0 の等速直線運動になります。よって，粒子が長さ l の偏向板間を通過するのに要する時間 t は

$$\boldsymbol{t=\frac{l}{v_0}}$$

よって，偏向板間を抜けた直後，粒子の速度の y 方向成分 v_y は

$$\boldsymbol{v_y=a_yt=\frac{eEl}{mv_0}}$$

x 軸からのずれの角度 θ は

$$\boldsymbol{\tan\theta=\frac{v_y}{v_0}=\frac{eEl}{mv_0{}^2}}$$

上式より，$\dfrac{e}{m}$を求めると

$$\boldsymbol{\frac{e}{m}=\frac{v_0{}^2}{El}\tan\theta} \quad \cdots①$$

このように，粒子の**電荷をその質量で割った量**$\boldsymbol{\dfrac{e}{m}}$を**比電荷**といいます。

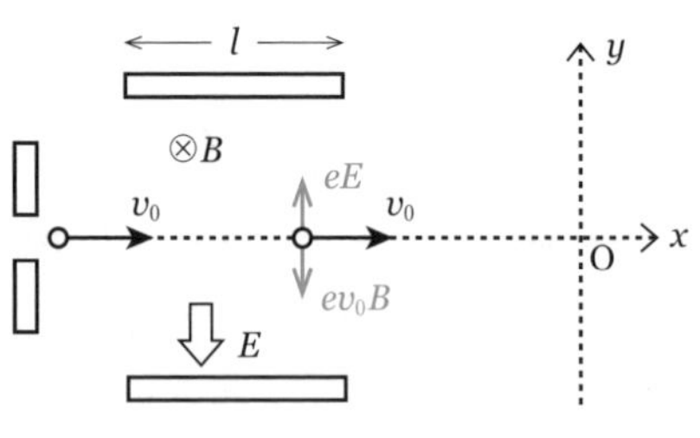

続いて，①式の中に出てくる v_0 の測定方法を説明します。右図のように，偏向板間に紙面の表から裏に向かって適切な大きさの磁束密度 B を加えます。こうすると，陰極線粒子に静電気力 eE とともに，大きさ ev_0B のローレンツ力を y 軸負の向きにはたらかせることができ，粒子を直進させることができます。

このとき，粒子にはたらく y 軸方向の力のつりあいから

$$\boldsymbol{eE=ev_0B}$$

$$\boldsymbol{v_0=\frac{E}{B}} \quad \cdots②$$

となり，v_0 の値を求めることができます。

したがって，陰極線粒子の比電荷$\frac{e}{m}$は①，②式より，次の式で表すことができます。

$$\boldsymbol{\frac{e}{m}=\frac{v_0^2}{El}\tan\theta=\frac{E\tan\theta}{B^2l}}$$

右辺の物理量 E，B，l，$\tan\theta$ はすべて測定可能な値なので，これらを測定することで，陰極線粒子の比電荷$\frac{e}{m}$を求めることができるのです。

トムソンはこのような方法で，陰極線粒子の比電荷を何度も測定し，常に同じ値になることを突き止めました。こうして，陰極線はただ1種類の粒子の流れであるということが判明したのです。測定された比電荷$\frac{e}{m}$は，次の式で表されます。

$$\boldsymbol{\frac{e}{m}=1.759\times10^{11}\ \text{〔C/kg〕}}$$

これは当時，すでに測定されていた水素イオンに比べ，2×10^3 倍の値であったため，この粒子は水素イオンに比べて 2×10^3 倍の負の電気量をもつか，あるいは水素イオンの 2×10^3 分の１の質量をもつと推測されたのですが，トムソンは後者であると考えました。これがのちに**電子**とよばれる粒子なのです。

85 ミリカンの油滴実験

⊙解説動画

84 ではトムソンが，陰極線粒子すなわち電子の比電荷$\dfrac{e}{m}$の値を求めたということを学習しましたね。しかし，トムソンは電子の電荷 e あるいは質量 m それ自体を測定することはできませんでした。電子の電荷 e をはじめて測定することに成功したのは，ミリカンです。

ここでは，ミリカンがどのような実験を行って，電子の電荷 e と，電子の質量 m を求めたのかについて，学習していきましょう。

ミリカンはどのような方法で電子の電荷を測定したのか？

霧吹きで油滴をつくると，摩擦によって油滴は帯電します。また，油滴に X 線を照射しても油滴を帯電させることができます。ミリカンは，こうして帯電させた油滴を使って，はじめて**電子の電荷**(電気素量)を求めることに成功しました。

図(a)

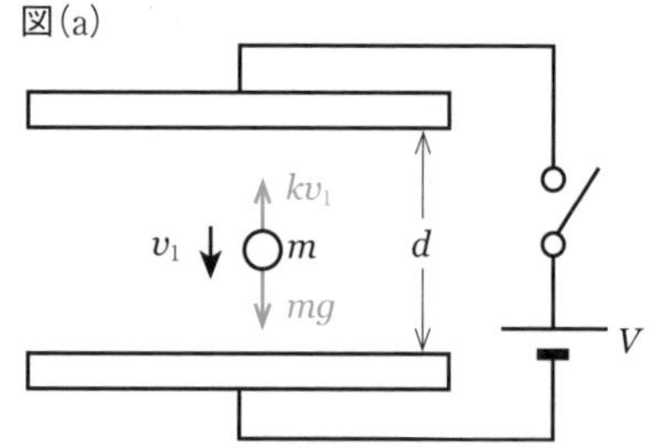

では，ミリカンの行った**油滴実験**について説明しましょう。

はじめ，図(a)のように，電圧をかけていない極板間で油滴を落下させる実験を行いました。油滴は重力と，速さに比例する抵抗力(その比例定数を k とする)を受けて落下していきますが，やがて一定の速さ(終端速度) v_1 で落下するようになります。油滴の質量を m，重力加速度の大きさを g とすると，このとき油滴にはたらく力のつりあいの式は，次のように表されます。

$$kv_1 = mg \qquad \cdots①$$

次に図(b)のように，上の極板が高電位となるように，極板間に電圧 V をかけて実験を行いました。極板間には下向きの電場が生じ，これによって帯電した油滴は上昇していきますが，やがて，一定の速さ v_2 で上昇するようになります。油滴の電気量を $-q(q>0)$，極板間隔を d とすると，このとき油滴にはたらく力のつりあいの式は，次のように表されます。

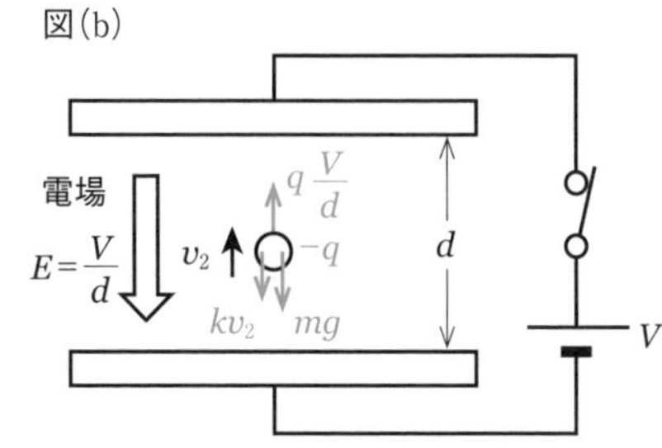

$$\boldsymbol{q \cdot E = mg + kv_2}$$

ここで，$E=\dfrac{V}{d}$ だから

$$\boldsymbol{q \cdot \frac{V}{d} = mg + kv_2} \qquad \cdots②$$

②式に①式を代入し，実際には測定することが困難な m を消去すると，油滴の電気量 q は次のように表されます。

$$\boldsymbol{q \cdot \frac{V}{d} = k(v_1 + v_2)}$$

$$\boldsymbol{q = \frac{kd\ (v_1 + v_2)}{V}}$$

右辺の物理量は，すべて測定することができるので，q の値を求めることができますね。

ミリカンはこのような実験を繰り返し行うことで，多数の油滴の電気量 q を測定し，その大きさが常に $e \fallingdotseq 1.6 \times 10^{-19}$C の整数倍になっていることを発見しました。これが**電子の電荷の大きさ**，すなわち**電気素量 e** なのです。

この電気素量 e の値と，トムソンが明らかにした比電荷 $\dfrac{e}{m}$ の値を用いて，**電子の質量 m** の値は，次のように求めることができます。

$$\boldsymbol{m \fallingdotseq 9.1 \times 10^{-31}\text{kg}}$$

86 半導体

＼押さえよ／
→

不純物半導体のキャリア
n 型半導体 ⇒ 電子 （電場と逆向きに進む）
p 型半導体 ⇒ ホール（正孔）（電場と同じ向きに進む）

半導体とは何か？

純粋なケイ素(Si)やゲルマニウム(Ge)の結晶のような，**抵抗率が導体と不導体(誘電体)の中間のもの**を半導体といいます。純粋なSiやGeに，リン(P)やアルミニウム(Al)などの不純物を極少量加えると，抵抗率はさらに小さくなります。これを不純物半導体といいます。

不純物半導体にはn型半導体とp型半導体の２つの種類があり，電流を流す担い手の違いによって種類が分かれます。この電流を流す担い手のことをキャリアといいます。

それでは，半導体に不純物を加えると，なぜ抵抗率が小さくなるのかを見ていきましょう。

n 型半導体とは何か？

SiやGeの結晶中に，微量のリン(P)やアンチモン(Sb)を加えたものを，n型半導体といいます。Si原子は４個の価電子をもっていますが，P原子は価電子を５個もっています。Siの結晶中のSi原子と置き換わったP原子は，５個の荷電子のうち４個をSi原子との結合に使うため，１個だけ価電子が余ってしまいます。

この余った電子がn型半導体ではキャリアとなるため，抵抗率が小さくなり，電流が流れやすくなります。図のように，n型半導体に電場を加えると，**電子は負の電荷をもっているので，電場とは逆向きに進みます**。

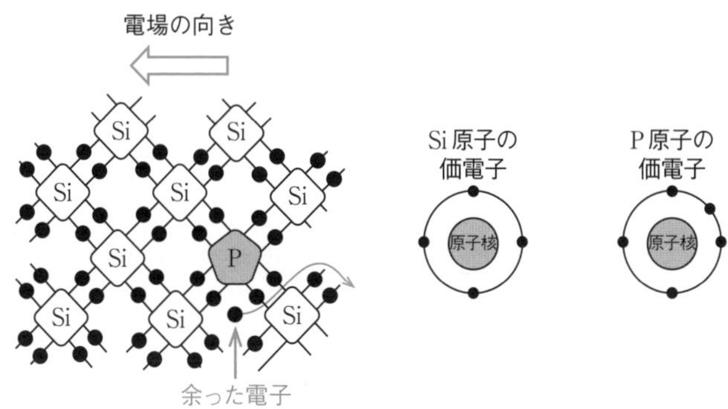

p型半導体とは何か？

SiやGeの結晶中に微量のアルミニウム(Al)やインジウム(In)を加えたものを**p型半導体**といいます。Siの結晶中のSi原子と置き換わったAl原子には，3個しか価電子がありませんので，Si原子と結合するときに電子の不足した「孔(あな)」ができてしまいます。

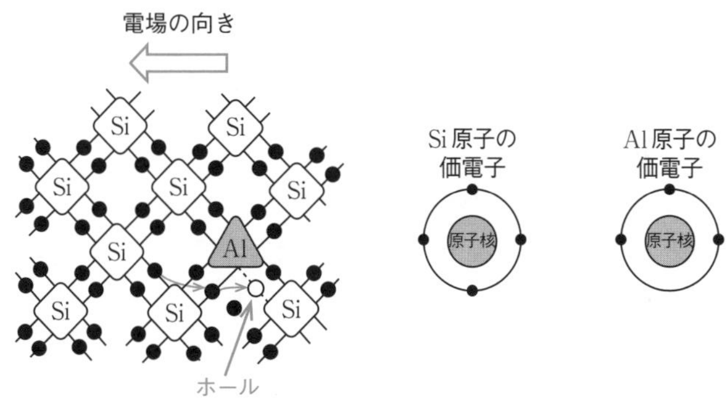

これを**ホール**または**正孔(せいこう)**といい，**これがp型半導体のキャリアとなります**。図のように，p型半導体に電場を加えると，近くの電子がホールを埋め，電子が抜けたあとが，また新しいホールになるというようにして，見かけ上，ホール自体が電場の向きに移動しているかのように見えます。このように**ホールは正の電荷のように，電場と同じ向きに進みます**。

87 半導体ダイオード

解説動画

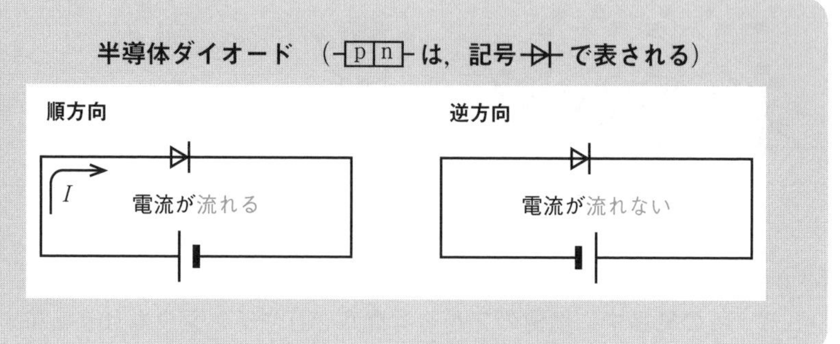

復習 不純物半導体のキャリア

P.282

n 型半導体 ⇒ 電子 （電場と逆向きに進む）

p 型半導体 ⇒ ホール（正孔） （電場と同じ向きに進む）

半導体ダイオードとは何か？

p 型半導体と n 型半導体を接合して，その両端に電極をつけたものを半導体ダイオードといいます。

電圧のかけかたによる違いを見てみよう

ダイオードに図(a)のような向きの電圧をかけると，左の電極が右の電極よりも高電位になり，ダイオード内には，右向きの電場が生じます。この電場により，p 型のホール(正孔(せいこう))は n 型のほうへ移動し，n 型の電子は，p 型のほうに

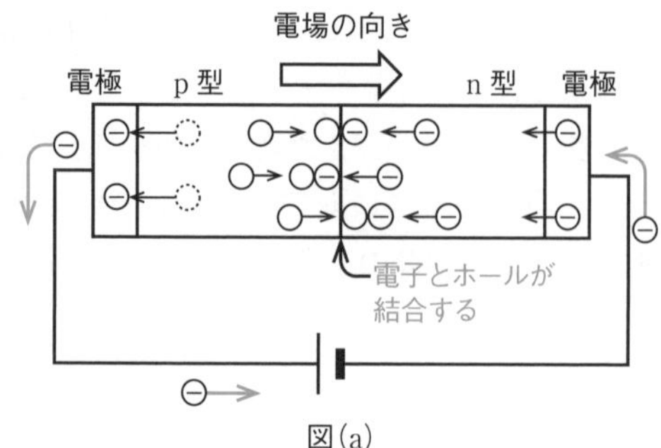

図(a)

移動します。そして接合面付近で，ホールと電子は結合し，消滅します。また，p 型の電極付近では電子が電極に引かれていくため新しくホールができ，n 型の電極へ電子は供給され続けます。こうして，**電流が流れ続ける**ことができるのです。この電圧のかけかたを，**順方向**といいます。

ダイオードに図(b)のような向きの電圧をかけると，ダイオード内には，左向きの電場が生じます。この電場により，p 型のホールは左の電極のほうへ移動し，電極内の電子と結合して消滅します。

一方，n 型の電子は，右の電極のほうへ入っていきます。つまり，接合部付近では，p 型ではホールが消えた分だけ負に帯電し，n 型では電子がなくなった分だけ正に帯電します。その結果，接合面付近では，n 型のほうが p 型よりも高電位となり，その電位差が電源電圧と等しくなってしまうと**電流は流れなくなります**。このような現象が瞬間的に生じます。この電圧のかけかたを**逆方向**といいます。半導体ダイオードの電流の流れかたをまとめると，**POINT**のようになります。

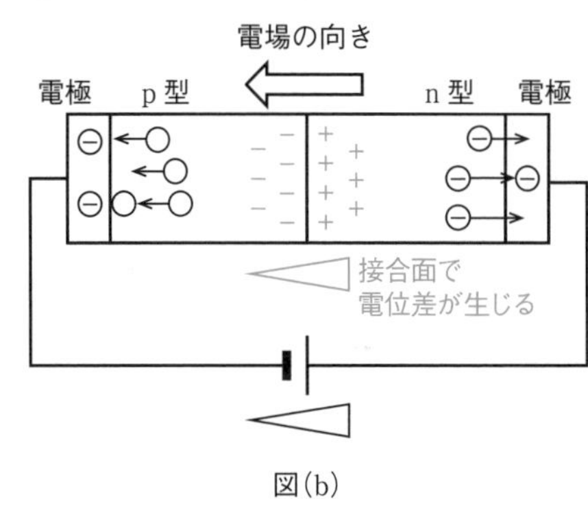

図(b)

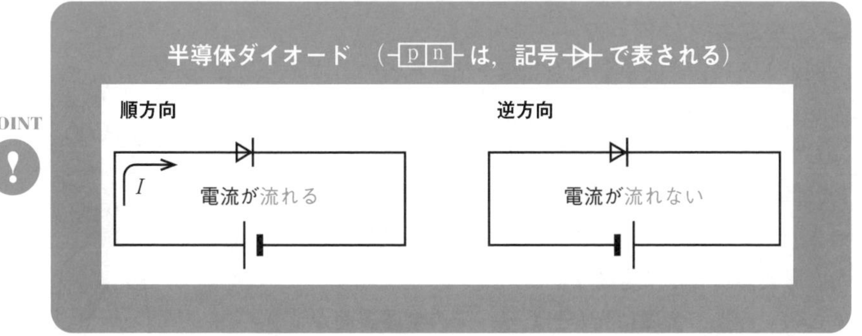

このように，**半導体ダイオードには順方向の電圧のときにだけ電流を流すはたらきがあり**，これを**ダイオードの整流作用**といいます。このはたらきによって交流を直流に変換することができます。

88 光電効果①

▽解説動画

＼押さえよ／
→

光子のエネルギー　$E = h\nu = \dfrac{hc}{\lambda}$

光電効果　$h\nu = W + \dfrac{1}{2}mv^2{}_{max}$　(光電方程式)

(仕事関数 $W = h\nu_0$)

19 世紀末頃，物理学の世界では，すべての現象はニュートン力学とマクスウェルの電磁気学によって説明できると考えられていました。

しかし，今回学習する光電効果という現象は，「光は電磁波である」というそれまでの考えかたでは，どうしても説明ができなかったのです。そこでアインシュタインは，光を波としての性質とともに粒子としての性質をあわせもつものととらえ，光電効果を説明することに成功しました。

それでは，くわしく見ていきましょう。

光電効果とは何か？

図のように，よく磨(みが)いた亜鉛板を箔(はく)検電器の上にのせ，箔検電器に負の電荷を与えて箔を開いた状態にしておきます。その状態で，亜鉛板に殺菌灯の光(紫外線)を当てると，開いていた箔が閉じてきます。つまり，金属板に光が当たって電子が飛び出してきたと考えることができます。

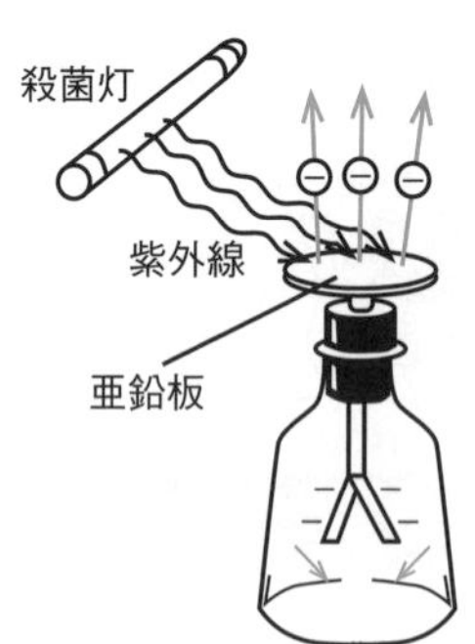

このように，**金属に光が当たり，その金属表面から電子が飛び出す現象**のことを**光電効果**といい，飛び出した電子を**光電子**といいます。

光量子説とは何か？

アインシュタインは，光電効果を説明するために，**光は波動性とともに粒子性（粒子としての性質）をもつ**という光量子説を提唱しました。

光量子説によれば，**光は光速で動く粒子の流れ**であり，光の粒子は光子（光量子）とよばれます。また，**光子1個がもつエネルギー**は，光の振動数をν（ニュー）として，次のように表されます。

$$E=h\nu$$

真空中の光速をc，波長をλとすると波の基本式より

$$c=\nu\lambda$$

なので，上式は次のように変形することができます。

$$E=h\nu=\frac{hc}{\lambda}$$

ここで，hをプランク定数といい，次の値で表されます。

$$h=6.6\times10^{-34}〔\mathrm{J\cdot s}〕$$

プランク定数は，これから学習するミクロな世界（量子論）において，とても重要な値になります。

POINT

光子のエネルギー　$E=h\nu=\dfrac{hc}{\lambda}$

仕事関数とは何か？

自由電子は，金属内部では比較的自由にふるまうことができるのですが，金属の外に出るためにはエネルギーが必要になります。**金属内部に存在する自由電子が，金属の外に出るための最小エネルギー W** を仕事関数といいます。つまり金属内部にある自由電子のうち，最もエネルギーの高い電子（最も金属の外に出やすい状態にある電子）が，金属の外に飛び出すために，必要となるエネルギーが仕事関数Wということです。仕事関数は金属ごとに異なる値をとります。

光量子説を用いて光電効果を説明してみよう

振動数 ν の光が金属に当たると，金属内のひとつの電子は，ひとつの光子からエネルギー $h\nu$ を受け取り，外へ飛び出そうとします。この現象を $h\nu$ と W の大小関係により，次の①～③の３通りの場合に分けて考えてみましょう。

① $h\nu < W$ …光子のエネルギー $h\nu$ が金属の仕事関数 W よりも小さい場合

光子からエネルギー $h\nu$ を受け取った金属内の電子は金属表面から飛び出すことができません。この場合，光電効果は起こりません。

金属外部
$h\nu$
表面
W
金属内部

② $h\nu = W$ …光子のエネルギー $h\nu$ が仕事関数 W と等しい場合

光子からエネルギー $h\nu$ を受け取った金属内の電子は金属表面に出ることはできますが，そこでエネルギーを使い果たしてしまうので初速度は0になります。

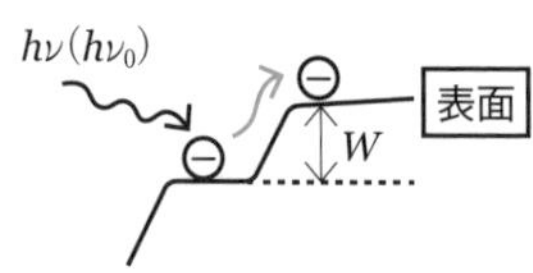

このような，ちょうど $h\nu = W$ となる光子の振動数を限界振動数といい，ν_0 で表します。この ν_0 を用いて仕事関数を $\boldsymbol{W = h\nu_0}$ と表すことができます。**つまり，限界振動数とは，光電効果を起こすための限界の振動数のこと**であり，限界振動数 ν_0 よりも小さな振動数の光では，いくら光を強く(入射してくる光子の数を多く)しても，光電効果を起こすことはできません。

③ $h\nu > W$ …光子のエネルギー $h\nu$ が，仕事関数 W よりも大きい場合

光子からエネルギー $h\nu$ を受け取った金属内の電子は，金属を飛び出すことができます。光電子が金属を飛び出すまでに必要だったエネルギーを P，光電子が金属表面から飛び出した直後の運動エネルギーを K とすると，エネルギー保存則より

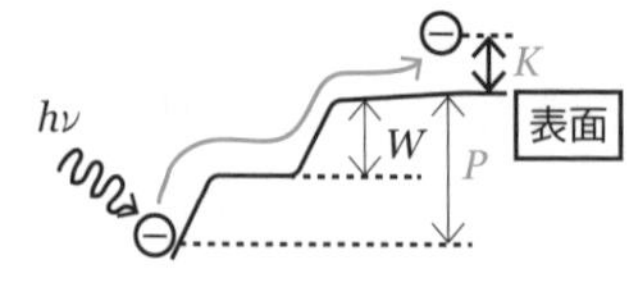

$$\boldsymbol{h\nu = P + K} \quad \cdots(\mathrm{i})$$

が成り立ちます。ここで，金属内部にある自由電子のうち最もエネルギーの高い電子，すなわち最も金属の外に出やすい状態にある電子について考えてみましょう。

このとき電子が金属を飛び出すまでに必要だったエネルギー P は，その最小値 W（仕事関数）で済んでしまったので，残りの運動エネルギー K は最大値 $\frac{1}{2}mv^2_{\max}$ になります。すなわち，（ⅰ）式において，$P=W$ のとき $K=\frac{1}{2}mv^2_{\max}$ なので，光電効果について次の関係式が成立します。

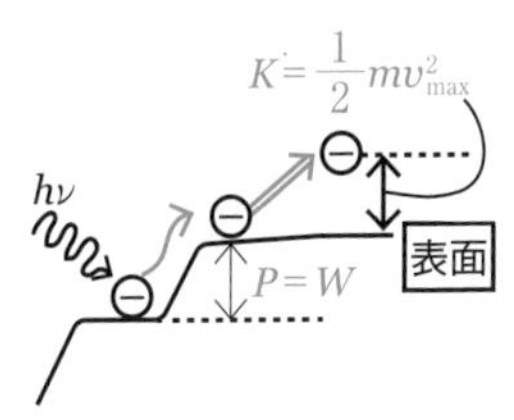

$$h\nu = W + \frac{1}{2}mv^2_{\max}$$

この式をアインシュタインの**光電方程式**といいます。

POINT

光電効果　$h\nu = W + \frac{1}{2}mv^2_{\max}$　（光電方程式）

この式は光電効果を考えるときの基本となる式ですので，しっかり理解し記憶しておいてくださいね。

89 光電効果②

解説動画

光電子の最大運動エネルギー　$K_{max}=\frac{1}{2}mv^2{}_{max}=eV_0$

P.287
P.289

光子のエネルギー　$E=h\nu=\frac{hc}{\lambda}$

光電効果　$h\nu=W+\frac{1}{2}mv^2{}_{max}$　（光電方程式）

（仕事関数　$W=h\nu_0$）

やってみよう Q

図１は光電効果を調べるための実験装置である。一定の強度，振動数νの光を陰極Ａに当てながら陽極Ｂの電位Vを変えて，回路に流れる電流Iを調べたところ，図２のようなグラフを得た。必要ならば，電子の電荷を$-e$，プランク定数をhとして，次の問いに答えよ。

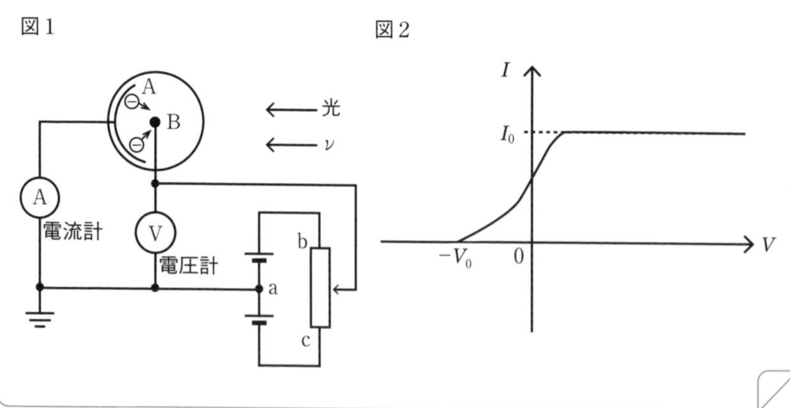

まず，図１の実験装置について説明します。振動数νの光を陰極Ａに当てると，光電効果によって，Ａからは光電子が陽極Ｂに向かって飛び出し

ていきます。飛び出した光電子の数は電流計Ⓐの値Iにより測定することができます。電流計Ⓐの下が接地(アース)されているので，陰極Aと右下の閉回路内の点aの電位は，常に0です。

閉回路を点aから時計回りに巡ると，点bは正の電位であることがわかります。したがって，可変抵抗の接点を点bに近づけると，陽極Bの電位Vは正で大きな値になり，接点を点b，cの中点に近づけるとBの電位Vは0に近づき，接点を点cに近づけるとBの電位Vは負の値になります。陽極Bの電位Vは，電圧計Ⓥの値により測定することができます。

(1) 陽極Bの電位Vを十分に大きくしていくと，電流IがI_0となる。このとき，陰極Aから単位時間あたりに飛び出してくる光電子の個数はいくらか。

陽極Bの電位Vを十分に大きく(高く)していくと，B→A の向きに電場が生じます。陰極Aを出た光電子は，A→B の向きに静電気力を受けるので，このとき，すべての光電子は陽極Bに引き寄せられていきます。この状態が，図2のグラフにおいて $I=I_0$ となっている状態です。

電流は単位時間あたりに通過する電気量で表されるので，このとき陰極Aから単位時間あたりに飛び出してくる光電子の数をNとすると，電流I_0は次の式で表される。

$$I_0=Ne$$

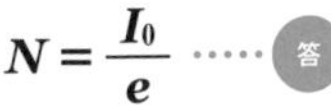

$$\boldsymbol{N=\frac{I_0}{e}}$$ ……答

(2) 陰極Aから飛び出す光電子の最大運動エネルギーK_{max}はいくらか。

図1中の可変抵抗の接点をbからcに動かしていくと，陽極Bの電位Vが小さく(低く)なっていき，やがて負の値になります。このとき，電場の向きは A→B に向いているので，光電子は B→A の向きに静電気力を受けます。したがって，Aを飛び出した光電子の中でも，運動エネルギーが小さい光電子はBにたどり着くことができなくなります。図2において，Vの値が負になるとIの値が小さくなるのはこのためです。

さらに，Bの電位を下げていき，$-V_0$ になると，電流 I が0になってしまいます。これは，**最大運動エネルギーである K_{max} をもってAから飛び出した光電子でさえ，AB間の電場から負の仕事 $-eV_0$ を受けて，Bにたどり着く直前でエネルギーが0になってしまった**ことを表しています。この状態をエネルギーと仕事の関係を使って表します。

解答 エネルギーと仕事の関係より

$$K_{max}-eV_0=0$$

$$\boldsymbol{K_{max}=eV_0}$$ ……答

解答にある電圧 V_0 を阻止電圧といいます。(2)で考えたように，**阻止電圧 V_0 を測定することによって，光電子の最大運動エネルギーを求めることができます**。

つづき Q

(3) 光の強度を半分にしたときに予想される電流 I のグラフを，図2にかき入れよ。

光量子説において光の強度は，飛んでくる光子の個数を表しています。

したがって，光の強度を半分にすると，飛んでくる光子の個数，金属から飛び出してくる光電子の個数，電流 I の値のいずれも半分になります。ただし，光の振動数 ν は変わらないので，**光子のエネルギーに変化はなく**，そのエネルギーを受け取った**光電子の最大運動エネルギーも変わりません**。したがって，**阻止電圧 V_0 の値はそのままです**。

解答

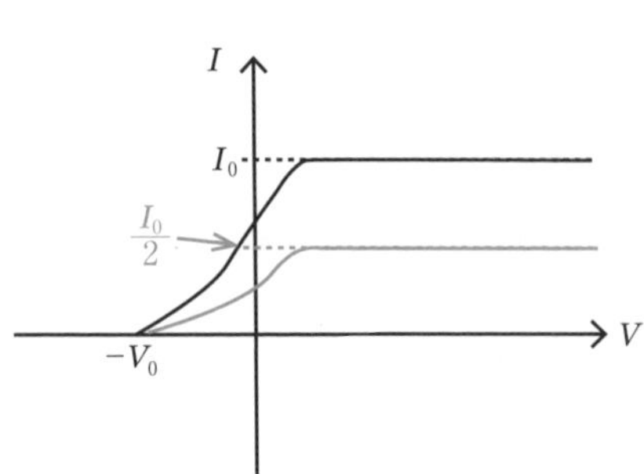

……答

つづき
Q

(4) 振動数 ν の値を変えて実験を行い，ν と K_{max} との関係をグラフにしたところ，図3のようになった。図3のグラフの傾きは何を表すか。

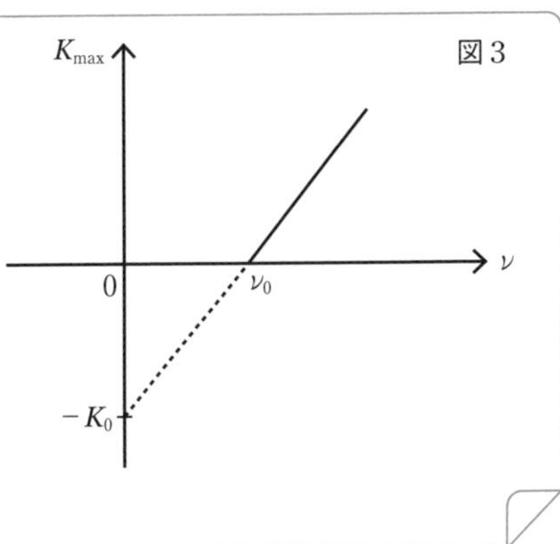

光電方程式は K_{max} を用いて表すと

$$\boldsymbol{h\nu = W + K_{max}} \quad \text{すなわち} \quad \boldsymbol{K_{max} = h\nu - W}$$

となります。この式をグラフにしたものが図3のグラフです。したがって，**グラフの傾きは h**，すなわち**プランク定数**を表しています。

解答

プランク定数 …… 答

つづき
Q

(5) 図3の中の ν_0 は何を表すか。

光の振動数 ν を大きくすると，飛んでくる光子のエネルギー $h\nu$ が大きくなり，そのエネルギーを受け取った光電子の運動エネルギーも大きくなるので，その最大値 K_{max} も大きくなります。図3のグラフを見ても ν が大きくなると K_{max} が大きくなっていますね。

逆に ν を小さくしていくと K_{max} も小さくなっていき，$\nu = \nu_0$ のとき $K_{max} = 0$ となってしまいます。$\nu = \nu_0$ のとき，A から飛び出す光電子の最大運動エネルギー $K_{max} = 0$ となっているということは，A から光電子がまったく飛び出さなくなったということです。

解答

図3において $\nu = \nu_0$ のとき光電効果が起こらなくなっているので，ν_0 は限界振動数を表している。

限界振動数 …… 答 

つづき
Q

(6) 図3の中の$-K_0$について，K_0は何を表すか。
また，K_0をν_0を用いて表せ。

解答

光電方程式 $h\nu=W+K_{max}$ より

$$K_{max}=h\nu-W \quad \cdots ①$$

①式と図3のグラフを比べると，

$$W=K_0$$

すなわち K_0は仕事関数を表していることがわかる。

図3において，$\nu=\nu_0$ のとき $K_{max}=0$ となっているので，これを①式に代入すると

$$0=h\nu_0-W$$

$$W=K_0=h\nu_0$$

K_0は仕事関数，$K_0=h\nu_0$ ……答

POINT

光電効果のまとめ

光電方程式 $h\nu=W+\frac{1}{2}mv^2_{max}$

仕事関数Wと限界振動数ν_0 $W=h\nu_0$

光電子の最大運動エネルギー$\frac{1}{2}mv^2_{max}$と阻止電圧V_0

$$\frac{1}{2}mv^2_{max}=eV_0$$

90 X線の発生

＼押さえよ／

連続X線の最短波長

$$eV = \frac{hc}{\lambda_0} \qquad \lambda_0 = \frac{hc}{eV}$$

1895年，陰極線の研究をしていたレントゲンは，実験に使っていた放電管から遠く離れた所に置いてあった蛍光物質が，光っていることに偶然気づきました。このようにしてレントゲンは，放電管から，正体不明の放射線が出ていることを発見し，これをX線と名づけたのです。

X線とは何か？

図のように，放電管の電極間に高電圧を加えると，陰極のフィラメントFから出てきた熱電子が電極間の電場によって力を受け，高速で陽極のターゲットTに衝突します。このとき電子に衝突されたターゲットTから**短い波長の電磁波**が出てきます。これがX線です。

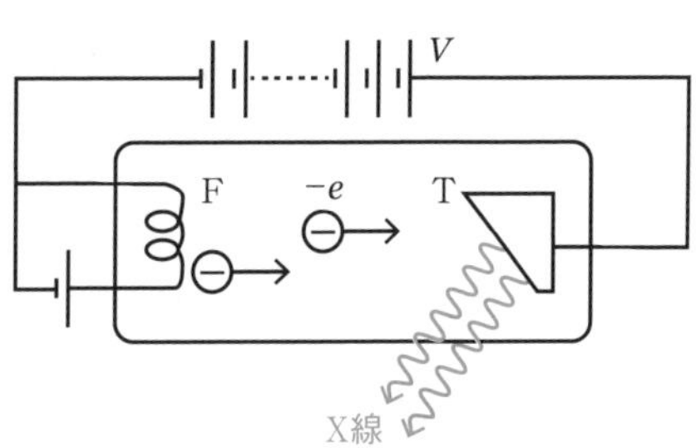

X線の波長と強さとの関係を見てみよう

X線の波長と強さ(強度)との関係は，右のグラフのようになります。

グラフを見ると，なめらかな曲線で表されている部分と，鋭い

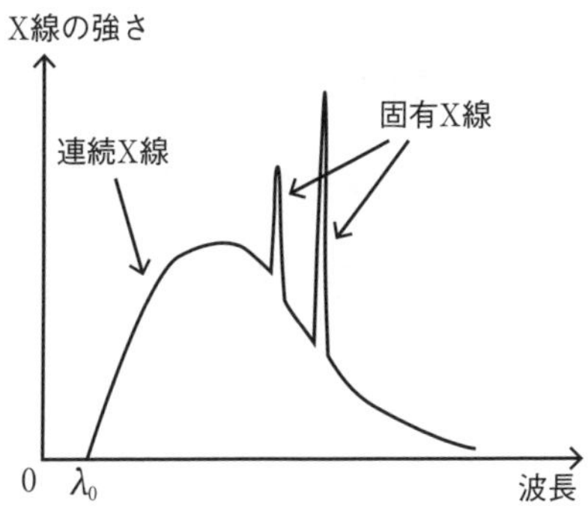

ピークで表されている部分の２種類のＸ線が出ていることがわかります。**なめらかな曲線**のほうを連続Ｘ線，**ピーク**のほうを固有Ｘ線(特性Ｘ線)といいます。

連続Ｘ線の最短波長を求めよう

グラフをよく見ると，連続Ｘ線には**最短波長 λ_0** があり，λ_0 よりも短い波長の電磁波は出ていないことがわかります。そこで，最短波長 λ_0 の意味を考え，値を求めてみることにしましょう。

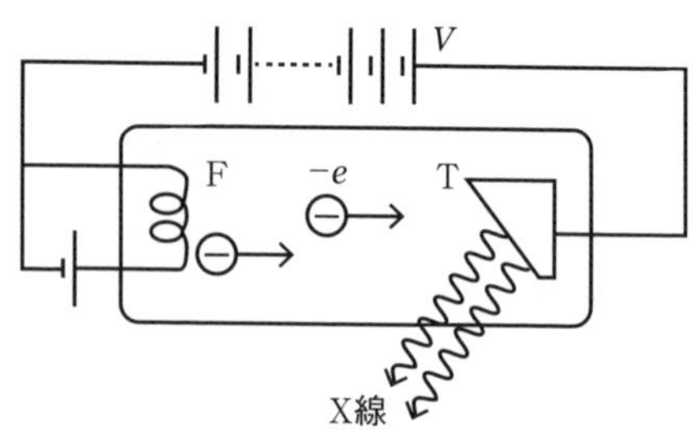

電子の電荷の大きさを e，電極間に加えている電圧を V とします。ターゲットＴに衝突する直前に電子がもっている運動エネルギーは，電子が電場からされた仕事に等しいので eV となります。この電子がもつエネルギー eV の一部または全部がＸ線光子のエネルギーとなり，残りがターゲットＴの原子の熱エネルギーになります。

ここで，発生するＸ線の波長を λ，真空中の高速を c，プランク定数を h とすると，Ｘ線光子のエネルギー E は，$E=\dfrac{hc}{\lambda}$ と表されます。この式からＸ線の波長 λ が最短波長 λ_0 になるのは，Ｘ線光子のエネルギー E が最大値になるときであることがわかります。したがって，ターゲットＴに衝突する直前に**電子がもっていた運動エネルギー eV のすべてが，Ｘ線光子のエネルギー $\dfrac{hc}{\lambda}$ になるとき，λ は最短波長 λ_0 になる**のです。よって，エネルギー保存則より次の式が成り立ちます。

$$eV=\frac{hc}{\lambda_0}$$

$$\lambda_0=\frac{hc}{eV}$$

POINT

連続X線の最短波長

$$eV = \frac{hc}{\lambda_0} \qquad \lambda_0 = \frac{hc}{eV}$$

電子ボルトとは何か？

電子や光子のもつエネルギーは，ジュール〔J〕単位で表すときわめて小さな値になってしまいます。そこで**電子が1Vの電圧で加速されるときに得る運動エネルギー**をエネルギーの単位として用い，これを**1eV（電子ボルト**または**エレクトロンボルト）**と定義しています。電子の電荷の大きさ，すなわち，電気素量は，$e = 1.6 \times 10^{-19}$C なので，1eVをジュール〔J〕単位で表すと，次のようになります。

$$1\text{eV} = 1.6 \times 10^{-19}\text{C} \times 1\text{V} = 1.6 \times 10^{-19}\text{J}$$

POINT

$$1\text{eV} = 1.6 \times 10^{-19}\text{J}$$

91 ブラッグ反射

▽解説動画

光には，干渉や回折などの現象から波動性があることがわかり，光電効果からは粒子性があることもわかりました。同様に，X 線にも波動性と粒子性があります。

今回は X 線の波動性を表す現象を学び，92 では X 線の粒子性を表す現象を学んでいきます。

\押さえよ/

→ **ブラッグの反射条件**

$$2d\sin\theta = n\lambda \quad (n=1,\ 2,\ 3\cdots)$$

図のように，結晶中の格子面に対して，角 θ の方向から波長 λ の X 線を入射させると，間隔 d の格子面にあるたくさんの原子によって X 線は散乱され，いろいろな方向へ進んでいきます。

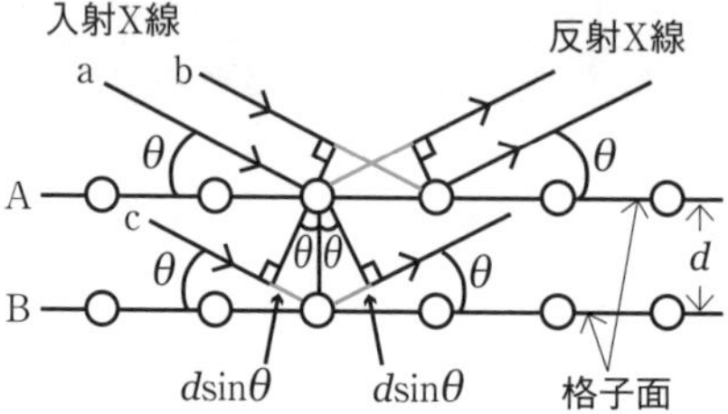

散乱 X 線が強めあうための条件を考えよう

散乱された X 線が干渉して強めあうには，次の２つの条件を同時に満たさなくてはなりません。

① 反射の法則が成り立っていること

１つの格子面内では，反射の法則が成り立っている方向に進む X 線どうしは，位相が一致し，強めあいます。たとえば，上図の格子面 A で散乱される X 線 a と b は反射の法則が成り立っている場合，２つの色付き線分の長さが等しくなるので位相が一致し，強めあいます。

② 隣り合う格子面での散乱X線(反射X線)が同位相になっていること

前ページの図において，隣りあう格子面A，Bで散乱されるX線aとcの経路差は$2d\sin\theta$なので，①と②を同時に満たす条件式は次のように表されます。

$$2d\sin\theta=n\lambda \quad (n=1,\ 2,\ 3,\ \cdots)$$

この条件を満たす方向に散乱されたX線は，強めあうことになります。

これをブラッグの反射条件といい，この実験結果は**X線に波動性があることを示しています**。

POINT

ブラッグの反射条件

$$2d\sin\theta=n\lambda \quad (n=1,\ 2,\ 3\cdots)$$

実際の利用のされかた

右図のように，格子面に対して角θの方向から波長λのX線を入射させると，入射方向に対して角2θの方向に強く反射されることになります。

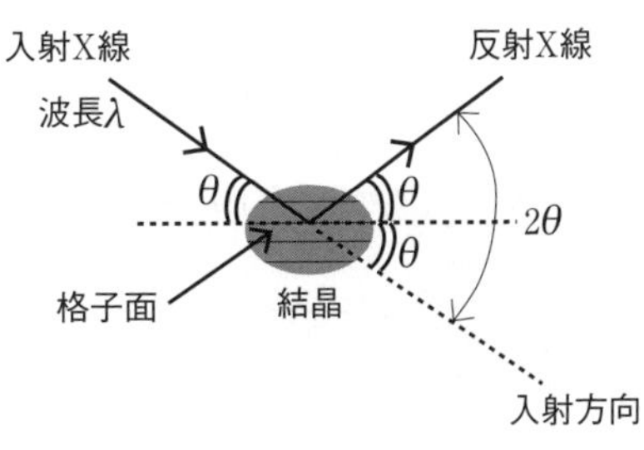

こうして，あらかじめ波長λのわかっているX線を用いてこの実験をすることで，ブラッグの反射条件から，格子面の方向や格子面の間隔dが求められ，結晶構造を知ることができるようになります。

92 コンプトン効果

＼押さえよ／ →

光子の運動量　$P = \frac{h\nu}{c} = \frac{h}{\lambda}$

今回はX線の粒子性を表す現象として，コンプトン効果について学習します。

光子のエネルギー　$E = h\nu = \frac{hc}{\lambda}$

P.287

光子の運動量はどのように表されるか？

1916年，アインシュタインは，光量子説を発展させ，振動数ν，波長λの光子は，エネルギー$h\nu$をもつと同時に，以下のように表される運動量Pを光の進む向きにもつと主張しました。

POINT

光子の運動量　$P = \frac{h\nu}{c} = \frac{h}{\lambda}$

コンプトン効果とは何か？

X線を物質に当てると，散乱されるX線の中に入射X線より少し波長の長いX線が含まれることが観測されます。この現象をコンプトン効果といいます。この現象は，X線を波動として考えるとまったく説明がつきません。コンプトン効果は，X線を光子として考え，**光子が物質中に静止している電子と完全弾性衝突を起こすとして説明**することができます。

コンプトン効果において成り立つ関係式を考えてみよう

プランク定数を h, 光速度を c, 電子の質量を m とします。図１のように，入射Ｘ線の方向(x 軸正)に対して，散乱Ｘ線は角 θ の方向へ，電子は速さ v で角 φ の方向へ進むものとし，入射Ｘ線，散乱Ｘ線の波長をそれぞれ λ, λ' とします。

まず，光子と電子の運動量とエネルギーについて考えましょう。入射Ｘ線光子，散乱Ｘ線光子，電子の運動量はそれぞれ，$\dfrac{h}{\lambda}$, $\dfrac{h}{\lambda'}$, mv となり，エネルギーはそれぞれ，$\dfrac{hc}{\lambda}$, $\dfrac{hc}{\lambda'}$, $\dfrac{1}{2}mv^2$ となります。そして，運動量については，x 成分，y 成分に分解します。図１で確認しておいてください。

図１

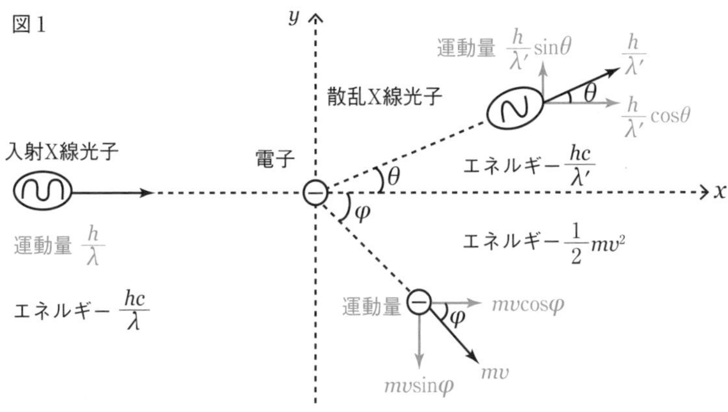

次に，図１を見ながら，衝突前後で成り立つ，運動量保存則とエネルギー保存則の式を書くと次のようになります。

運動量保存則

x 方向　$$\frac{h}{\lambda}=\frac{h}{\lambda'}\cos\theta+mv\cos\varphi \quad \cdots①$$

y 方向　$$0=\frac{h}{\lambda'}\sin\theta-mv\sin\varphi \quad \cdots②$$

エネルギー保存則

$$\frac{hc}{\lambda}=\frac{hc}{\lambda'}+\frac{1}{2}mv^2 \quad \cdots③$$

①，②，③式から，直接測定することが困難な v と φ を消去し，コンプトン効果において成り立つ関係式を導いていきます。

①より

$$\boldsymbol{v\cos\varphi=\frac{h}{m}\left(\frac{1}{\lambda}-\frac{\cos\theta}{\lambda'}\right)}$$

②より

$$\boldsymbol{v\sin\varphi=\frac{h\sin\theta}{m\lambda'}}$$

上の２式を２乗し，辺々加えると，φ が消去できます。

$$\boldsymbol{v^2=\frac{h^2}{m^2}\left\{\frac{\sin^2\theta}{\lambda'^2}+\left(\frac{1}{\lambda}-\frac{\cos\theta}{\lambda'}\right)^2\right\}} \quad \cdots④$$

③より $v^2=\dfrac{2hc}{m}\left(\dfrac{1}{\lambda}-\dfrac{1}{\lambda'}\right)$ として，④式に代入し，v^2 も消去します。

$$\boldsymbol{\frac{h^2}{m^2}\left\{\frac{\sin^2\theta}{\lambda'^2}+\left(\frac{1}{\lambda}-\frac{\cos\theta}{\lambda'}\right)^2\right\}=\frac{2hc}{m}\left(\frac{1}{\lambda}-\frac{1}{\lambda'}\right)}$$

$$\boldsymbol{\frac{h}{m}\left(\frac{1}{\lambda'^2}+\frac{1}{\lambda^2}-\frac{2\cos\theta}{\lambda\lambda'}\right)=2c\left(\frac{1}{\lambda}-\frac{1}{\lambda'}\right)}$$

両辺を $\lambda\lambda'$ 倍して

$$\boldsymbol{\frac{h}{m}\left(\frac{\lambda}{\lambda'}+\frac{\lambda'}{\lambda}-2\cos\theta\right)=2c(\lambda'-\lambda)}$$

ここで，$\lambda'\fallingdotseq\lambda$ のとき，$\dfrac{\lambda}{\lambda'}+\dfrac{\lambda'}{\lambda}\fallingdotseq 2$ とみなすことができるので

$$\boldsymbol{\frac{2h}{m}(1-\cos\theta)=2c(\lambda'-\lambda)}$$

$$\boldsymbol{\lambda'-\lambda=\frac{h}{mc}(1-\cos\theta)}$$

この式から，散乱Ｘ線の波長 λ' は，散乱角 θ が大きいほど長くなることがわかります。コンプトンの行った実験によるこの結果は，Ｘ線が粒子性をもつことを示すとともに，アインシュタインの主張した光量子説を立証することに貢献しました。

93 物質波

解説動画

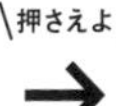

物質波の波長　$\lambda = \frac{h}{mv}$

光子の運動量　$P = \frac{h\nu}{c} = \frac{h}{\lambda}$

P.300

物質波とは何か？

光電効果やコンプトン効果によって，波動だと考えられていた光やX線にも粒子としての性質があり，運動量ももっているということが明らかになりました。

ド・ブロイはこれとは逆に，粒子だと考えられている電子などについても波としての性質(波動性)があるのではないかと考えました。このように，**物質粒子が波動として振舞うときの波**を物質波(ド・ブロイ波)といいます。

物質波の波長はどのように表されるのか？

光子の運動量の式を参考にしてド・ブロイは，質量 m〔kg〕，速さ v〔m/s〕で運動する物質粒子の物質波の波長(ド・ブロイ波長)λ〔m〕は，次のように表されると考えました。

POINT

物質波の波長　$\lambda = \frac{h}{P} = \frac{h}{mv}$

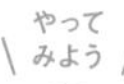

質量 m〔kg〕，電荷 $-e$〔C〕の電子が，静止状態から V〔V〕の電圧によって加速された。

つづき
Q (1) 加速後の電子の速さ v〔m/s〕を求めよ。

解答
エネルギーと仕事の関係式より

$$0+eV=\frac{1}{2}mv^2$$

速さ v は，$v>0$ なので

$$v=\sqrt{\frac{2eV}{m}}$$

$\boldsymbol{v=\sqrt{\frac{2eV}{m}}}$ ……答

つづき
Q (2) この電子のド・ブロイ波長 λ〔m〕を求めよ。ただし，プランク定数を h〔J･s〕とする。

解答
物質波の波長

$$\lambda=\frac{h}{mv}=\frac{h}{m}\sqrt{\frac{m}{2eV}}$$

$$\lambda=\frac{h}{\sqrt{2meV}}$$

$\boldsymbol{\lambda=\frac{h}{\sqrt{2meV}}}$ ……答

このように，**電子が波動として振舞うときの波**を特に**電子波**といいます。それでは，(2)で求めた電子波の 波長 $\lambda=\frac{h}{\sqrt{2meV}}$ の値を実際に計算してみましょう。

プランク定数：$h=6.6\times10^{-34}$〔J･s〕
電気素量：$e=1.6\times10^{-19}$〔C〕
電子の質量：$m=9.1\times10^{-31}$〔kg〕

また，かける電圧を 150V としておきます。

電卓を用いてよいので，代入計算をしてみてください。すると

$\lambda=10^{-10}$〔m〕

となり，X 線の波長と同程度になることがわかります。このことから，X 線の場合と同様に，電子線を用いても結晶による回折現象が見られることがわかります。

94 ボーアの水素原子模型①

▼解説動画

＼押さえよ／

→

水素原子のスペクトル

$$\frac{1}{\lambda}=R\left(\frac{1}{n'^2}-\frac{1}{n^2}\right)\quad (n,\ n' \text{は自然数で} n>n')$$

ボーアの水素原子模型

量子条件　$2\pi r=n\cdot\frac{h}{mv}$

振動数条件　$E_n-E_{n'}=\frac{hc}{\lambda}$

白熱電球のフィラメントのように，高温の固体から発せられる光は，その**波長が連続的な分布**を示す連続スペクトルになります。

一方，ナトリウム灯や水銀灯のように，気体の放電によって発せられる光は，いくつかの**特定の波長のみが分布**する線スペクトルになります。ここでは，最も単純な構造である水素原子の発する光について学習します。

↓ 水素原子の発する光について考えよう

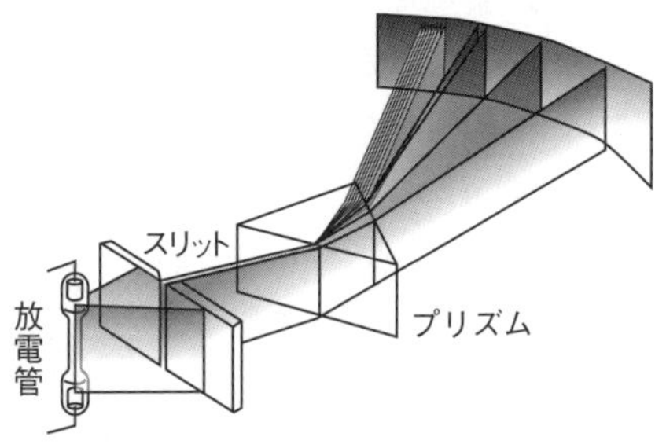

水素の気体を放電管に封入して，高電圧を加えると光を発します。発せられた光をプリズムなどで分光すると，次のページのような**水素原子特有の線スペクトル**が観測されます。

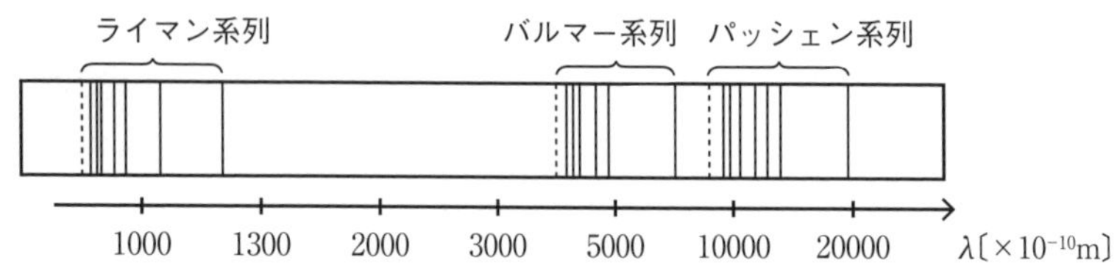

1885年，**バルマーは可視光領域**の線スペクトル(バルマー系列)について，その波長λの間には規則性があるとして，λを数式で表すことに成功しました。その後，**ライマンは紫外線の領域**，**パッシェンは赤外線の領域**の線スペクトルについて，それぞれ別々の数式で波長λを表現しました。しかし，それらの数式は書き換えると，次のような1つの式で表すことができます。

POINT

水素原子のスペクトル

$$\frac{1}{\lambda}=R\left(\frac{1}{n'^2}-\frac{1}{n^2}\right)\quad (n,\ n' \text{は自然数で} n>n')$$

ここで，Rは**リュードベリ定数**といい，$R=1.10\times10^7$〔1/m〕という値になります。POINTの式において，**$n'=1$ に相当する線スペクトルの輝線群**を**ライマン系列**，**$n'=2$ に相当する線スペクトルの輝線群**を**バルマー系列**，**$n'=3$ に相当する線スペクトルの輝線群**を**パッシェン系列**といいます。

ボーアはどのような水素原子模型を考えたのか？

ラザフォードは，**α粒子の散乱実験**(α粒子を金箔に当てる実験)によって**原子核の存在**を明らかにしました。そして，彼は正の電荷をもつ原子核を中心に電子がその周りを円運動しているという原子模型を考えました。ラザフォードの原子模型を古典物理学で解釈すると，円運動をしている電子が電磁波を放出してエネルギーを失い，やがて原子核に引き寄せられてしまいます。この模型では，原子が安定して存在することができないのです。しかも，そのときに電子から放出される電磁波は，波長が連続的に変化するため，線スペクトルではなく，連続スペクトル

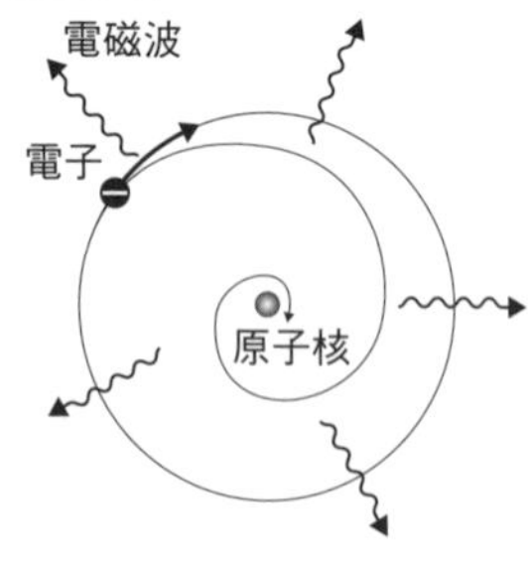

となってしまいます。このようなラザフォード模型の欠点を補い，水素原子の構造を説明したのがボーアです。

ボーアは，古典物理学ではうまく説明のできないことがらに対して，古典物理学に何らかの制約を仮定(仮説)として加え，水素原子の構造を説明できないかと考えました。それでは，ボーアはどのような仮定を考えたのでしょうか。次で見ていきましょう。

[仮定 1] 電子は陽子を中心とする円軌道上を運動しますが，その円周の長さが**電子波の波長の自然数倍となる軌道だけが安定な状態**となります。

$-e$

$+e$

r

電子波

電子の円軌道

この安定な状態を**定常状態**といい，**定常状態における電子のエネルギーの値**を**エネルギー準位**といいます。ここで，電子の質量を m，速さを v，軌道半径を r，プランク定数を h とすると，仮定1は次のように表されます。

$$2\pi r = n \cdot \frac{h}{mv} \quad (n=1,\ 2,\ 3,\ \cdots)$$

この条件を**量子条件**といい，自然数 n を量子数といいます。

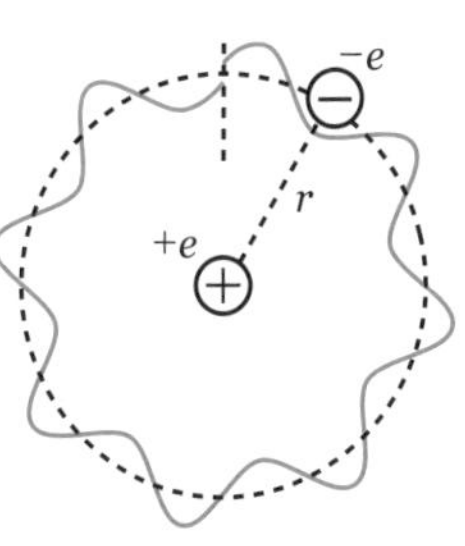

このような軌道は存在しない

[仮定 2] 原子中の電子が，高いエネルギー準位 E_n から低いエネルギー準位 $E_{n'}$ $(n > n',\ E_n > E_{n'})$ に移るとき，その差のエネルギーを 1 個の光子として放出します。放出する光の波長を λ，光の速さを c とすると，仮定 2 は次のように表されます。

$$E_n - E_{n'} = \frac{hc}{\lambda}$$

この条件を**振動数条件**といいます。

逆に，原子中の電子が低いエネルギー準位 $E_{n'}$ から高いエネルギー準位 E_n に移るときには，エネルギー $\frac{hc}{\lambda}$ をもった光子を 1 個吸収します。

E_n

$\frac{hc}{\lambda}$

$\frac{hc}{\lambda}$

光子を放出

光子を吸収

$E_{n'}$

POINT

ボーアの水素原子模型

量子条件　$2\pi r = n \cdot \dfrac{h}{mv}$

振動数条件　$E_n - E_{n'} = \dfrac{hc}{\lambda}$

固有X線が発生する理由を考えよう

90 で学習したように，高電圧で加速された電子がターゲットTの金属に衝突すると，そこから連続X線と固有X線が発生しました。

ここでは固有X線が発生する仕組みについて考えてみましょう。

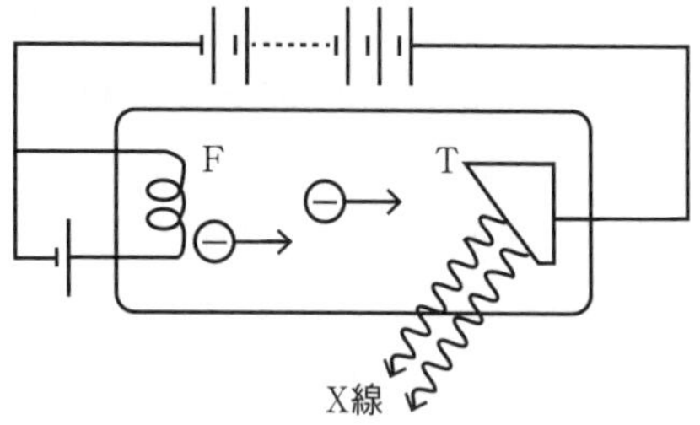

ターゲットTの金属原子内の低いエネルギー準位にあった電子は，加速されてきた電子にはじき飛ばされてしまい，そこに空席ができてしまいます。その**空席に，同じ原子内の高いエネルギー準位にあった電子が移り，そのエネルギー差に相当するエネルギーをもった光子が放出されます**。この放出された光子が固有X線として観測されるのです。**放出された光子のエネルギー（エネルギー準位の差）はターゲットの原子に固有なもの**なので，そこからは特定の波長のX線，すなわち**固有X線**が発生します。

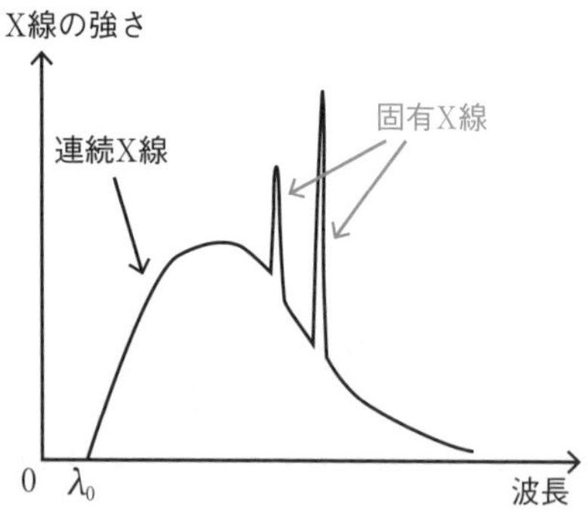

95 ボーアの水素原子模型②

まずは，94 で学習した水素原子のスペクトルの式とボーアの水素原子模型における量子条件と振動数条件について復習しておきましょう。

P.306
P.308

水素原子のスペクトル

$$\frac{1}{\lambda} = R\left(\frac{1}{n'^2} - \frac{1}{n^2}\right)$$

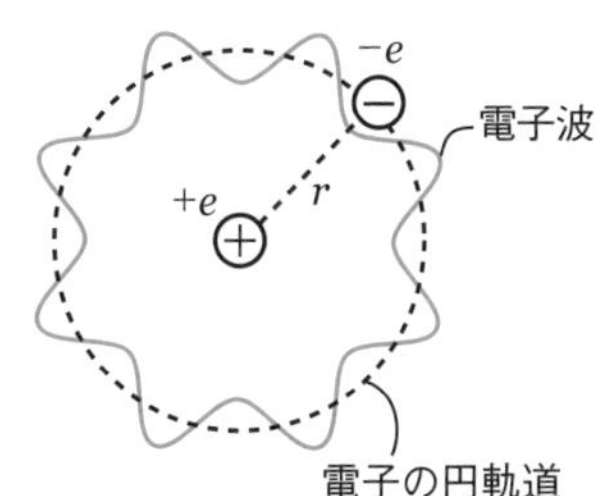

ボーアの水素原子模型

量子条件　$2\pi r = n \cdot \frac{h}{mv}$

振動数条件　$E_n - E_{n'} = \frac{hc}{\lambda}$

$(n > n',\ E_n > E_{n'})$

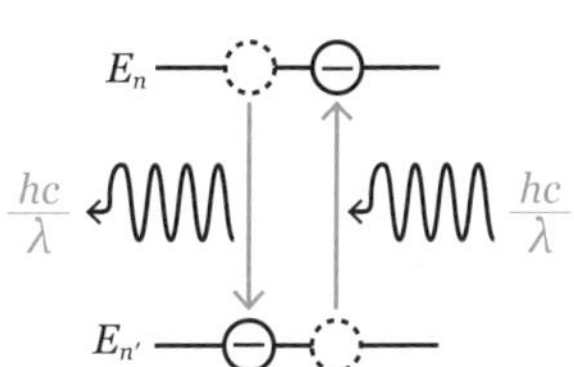

今回は，量子条件と振動数条件を用いて，水素原子の大きさとエネルギー準位，そしてスペクトルの式を導いていきましょう。

量子数 n の軌道半径 r_n を求めよう

量子数 n，半径 r_n の軌道上を，質量 m，電荷 $-e$ の電子が，電荷 $+e$ の陽子を中心として，速さ v_n で等速円運動しています。

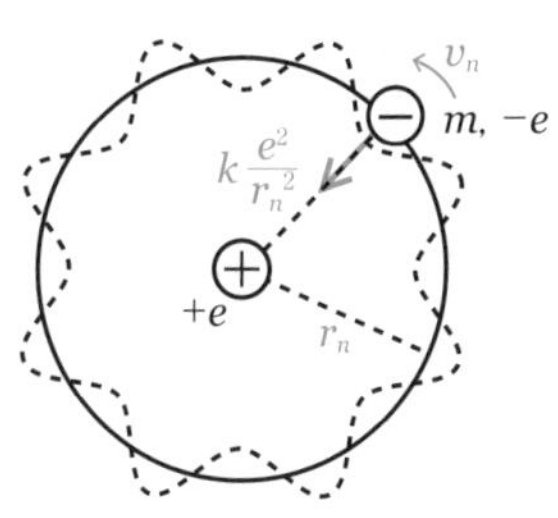

クーロンの法則の比例定数を k とすると，電子の運動方程式は

$$m\frac{v_n{}^2}{r_n} = k\frac{e^2}{r_n{}^2} \quad \cdots ①$$

ここで，量子条件 $2\pi r_n = n\cdot\dfrac{h}{mv_n}$ より

$$\boldsymbol{v_n=\frac{nh}{2\pi m r_n}} \qquad \cdots②$$

②を①に代入して r_n を求めると

$$\boldsymbol{m\cdot\frac{n^2h^2}{4\pi^2m^2{r_n}^2}=k\frac{e^2}{r_n}}$$

$$\boldsymbol{r_n=\frac{n^2h^2}{4\pi^2kme^2}} \qquad \cdots③$$

③式は，水素原子内の電子がとることのできる軌道半径を表しており，n の値に対応した，とびとびの値に限られることがわかります。また，この式に h，k，m，e の値それぞれを代入し，$n=1$ としたときの電子の軌道半径 r_1 を**ボーア半径**といいます。r_1 の2倍は，その当時すでにわかっていた水素原子の大きさ約 10^{-10}m とほぼ一致しました。

量子数 n のエネルギー準位 E_n を求めよう

半径が r_n のとき，電子のエネルギー E_n は，運動エネルギーと静電気力による位置エネルギーの和になるので

$$\boldsymbol{E_n=\frac{1}{2}m{v_n}^2-k\frac{e^2}{r_n}}$$

さらに，①式を用いて r_n と定数で表すと

$$\boldsymbol{E_n=\frac{ke^2}{2r_n}-\frac{ke^2}{r_n}=-\frac{ke^2}{2r_n}}$$

この式に③式を代入すると，E_n は次のように表される。

$$\boldsymbol{E_n=-\frac{ke^2}{2}\times\frac{4\pi^2kme^2}{n^2h^2}=-\frac{2\pi^2k^2me^4}{n^2h^2}} \qquad \cdots④$$

④式において，**$n=1$ のとき電子は最低のエネルギー準位**にあり，このとき，電子は**基底状態**にあるといいます。また $n=2, 3, \cdots$ となるにしたがって，**電子のエネルギー準位は高くなり，軌道半径も大きくなります**。このとき電子は**励起**（れいき）**状態**にあるといいます。基底状態（$n=1$）にある電子を，原子核から離して自由な状態（$n=\infty$）にするためのエネルギー，すなわち，水素のイオン化エネルギーを④式から計算すると，13.6eV となり，実験で得ら

れた値とほぼ一致します。

水素原子のスペクトルの式を導こう

電子がエネルギー準位 E_n から $E_{n'}$ $(n > n'$, $E_n > E_{n'})$ に移るとき，放出される光の波長 λ は，振動数条件と④式から，次のように表されます。

$$\frac{hc}{\lambda} = -\frac{2\pi^2 k^2 me^4}{h^2}\left(\frac{1}{n^2} - \frac{1}{n'^2}\right)$$

$$\frac{1}{\lambda} = \frac{2\pi^2 k^2 me^4}{ch^3}\left(\frac{1}{n'^2} - \frac{1}{n^2}\right)$$

このようにして理論的に水素原子のスペクトルの式を導くことができます。

この式とバルマー，ライマン，パッシェンによって表された水素原子のスペクトルの式

$$\frac{1}{\lambda} = R\left(\frac{1}{n'^2} - \frac{1}{n^2}\right)$$

を比較すると，リュードベリ定数 R は，次のように表されます。

$$R = \frac{2\pi^2 k^2 me^4}{ch^3}$$

この式の右辺に，各数値を代入して計算すると，$R = 1.10 \times 10^7$〔1/m〕となり，**94** で説明したバルマーの得た結果と，よく一致していることがわかります。

96 原子核

\押さえよ/

原子核の表しかた

$^{A}_{Z}\mathrm{X}$ ←元素記号

- A：質量数＝陽子の数＋中性子の数
- Z：原子番号＝陽子の数

類例
- 陽子　：$^{1}_{1}\mathrm{p}$（$^{1}_{1}\mathrm{H}$）
- 中性子：$^{1}_{0}\mathrm{n}$
- 電子　：$^{0}_{-1}\mathrm{e}$

原子核反応式

左右両辺の｛質量数　の和／原子番号の和｝は等しい。

元素周期表を思い出しながら，原子核について学んでいきましょう。

原子核のつくりについて考えよう

右図のように，原子核は，陽子と中性子からなっています。また，原子核を構成している陽子と中性子は，総称して核子とよばれています。**陽子は，水素の原子核そのもので，電気素量 e の正の電荷**をもち，その質量は電子の質量のほぼ 1836 倍です。**中性子は電荷をもたない粒子で，その質量は，陽子の質量とほとんど同じ**です。

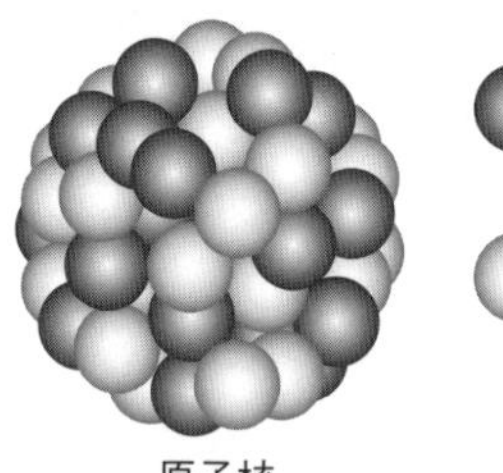

原子核

原子核中の陽子の数 Z は，原子番号とよばれています。したがって，原子番号 Z の原子の原子核は，Ze の正の電荷をもっています。なお，原子番号は原子の種類，すなわち元素の種類を表しています。

原子核中の**陽子の数 Z と，中性子の数 N との和，すなわち核子の総数 A** は，質量数とよばれています。つまり，質量数 A は次のようになります。

$$A=Z+N$$

原子核の表し方を学ぼう

原子核は，元素記号 X，質量数 A，原子番号 Z を用いて，$^{A}_{Z}X$ のように表されます。ここで，**A は質量の目安**になりますね。また，**Z は電荷の目安**になるので，元素記号 X に A と Z を付記することで，その原子核の性質を表現することができます。

POINT !

原子核の表しかた

質量数＝陽子の数＋中性子の数

$^{A}_{Z}X$ ←元素記号

原子番号＝陽子の数

例をいくつか示しておきましょう。

$^{4}_{2}He$, $^{12}_{6}C$, $^{14}_{7}N$, $^{16}_{8}O$, $^{238}_{92}U$

上の例にならって，陽子(プロトン)，中性子(ニュートロン)，電子(エレクトロン)を表すと次のようになります。

陽子：$^{1}_{1}p$($^{1}_{1}H$)，中性子：$^{1}_{0}n$，電子：$^{0}_{-1}e$

※陽子，中性子，電子は単に p，n，e^- と表すこともあります。

原子核反応式とは何か？

原子核に $^{4}_{2}He$ や $^{1}_{1}p$, $^{1}_{0}n$ などを衝突させるとその原子核が別の原子核に変化することがあります。このような反応を書き表したものが原子核反応式です。

例：$^{14}_{7}N + {}^{4}_{2}He \rightarrow {}^{17}_{8}O + {}^{1}_{1}H$

上の式からもわかるように，原子核反応の前後で，質量数の和と原子番号の和が等しくなっていることに注意してください。

POINT !

原子核反応式

左右両辺の { 質量数　の和 / 原子番号の和 } は等しい。

97 放射線

解説動画

放射線の種類と性質

放射線	正体	電離作用	透過力
α線	Heの原子核($^4_2$He)	大	小
β線	電子($^{\ 0}_{-1}$e)	中	中
γ線	電磁波	小	大

放射性崩壊　α崩壊：$^A_ZX \rightarrow {}^{A-4}_{Z-2}X' + {}^4_2He$

β崩壊：$^A_ZX \rightarrow {}_{Z+1}^{\ \ A}X'' + {}^{\ 0}_{-1}e$

γ崩壊：$^A_ZX \rightarrow {}^A_ZX + \gamma$線

原子核を結びつけている強い力

原子核は，正電荷をもった陽子と電荷をもたない中性子が強く結合したものなので，**陽子どうしの反発力よりも強い結合力**が必要になります。この結合力が核力であり，湯川秀樹がそのしくみを明らかにしました。

また，**核力はごく狭い範囲(10^{-15}m 程度)にしか作用しない**という特徴があります。

放射性崩壊とは何か？

原子核は，このような特徴をもつ核力によって結合しているので，原子番号が大きくなり原子核が大きくなると，核力が作用しにくくなり，原子核は不安定になっていきます。**不安定な原子核は，放射線を放出して，より安定な原子核へと変化していきます**。この現象を放射性崩壊といい，**原子核が放射線を出す性質**のことを放射能といいます。また，**放射能をもつ同位体**を放射性同位体(ラジオアイソトープ)，放射能をもつ物質を放射性物質といいます。

放射線の種類と性質を学ぼう

放射線には，いくつか種類があります。おもなものとしては，次の３種類を覚えておけばよいでしょう。

放射線	正体	電離作用	透過力
α 線	He の原子核（${}^{4}_{2}\mathrm{He}$）	大	小
β 線	電子（${}^{\ 0}_{-1}\mathrm{e}$）	中	中
γ 線	電磁波	小	大

放射性崩壊を核反応式で表そう

質量数A，原子番号Zの放射性原子の原子核を ${}^{A}_{Z}\mathrm{X}$ とかくと，放射性崩壊は次の核反応式としてまとめることができます。

POINT

!

放射性崩壊　α崩壊：${}^{A}_{Z}\mathrm{X} \rightarrow {}^{A-4}_{Z-2}\mathrm{X}' + {}^{4}_{2}\mathrm{He}$

β崩壊：${}^{A}_{Z}\mathrm{X} \rightarrow {}_{Z+1}^{\quad A}\mathrm{X}'' + {}^{\ 0}_{-1}\mathrm{e}$

γ崩壊：${}^{A}_{Z}\mathrm{X} \rightarrow {}^{A}_{Z}\mathrm{X} + \gamma$線

それでは，ひとつずつ説明していきましょう。

α 崩壊：原子核から **α 線（α 粒子：高速のヘリウム原子核 ${}^{4}_{2}\mathrm{He}$）** が放出されます。したがって，もとの原子核 ${}^{A}_{Z}\mathrm{X}$ から質量数Aが４減り，原子番号Zが２減ります。よって，核反応式は次のように表されます。

核反応式：${}^{A}_{Z}\mathrm{X} \rightarrow {}^{A-4}_{Z-2}\mathrm{X}' + {}^{4}_{2}\mathrm{He}$

β 崩壊：原子核中の中性子が陽子に変化する結果，**β 線（高速の電子）** が放出されます。したがって，もとの原子核 ${}^{A}_{Z}\mathrm{X}$ から質量数Aは変わらず，原子番号Zが１増えます。よって，核反応式は次のように表されます。

核反応式：${}^{A}_{Z}\mathrm{X} \rightarrow {}_{Z+1}^{\quad A}\mathrm{X}'' + {}^{\ 0}_{-1}\mathrm{e}$

γ 崩壊：α 崩壊や β 崩壊後の不安定な原子核が，余分なエネルギーを **γ 線（極めて波長の短い電磁波）** として放出し，安定な状態になります。したがって，質量数，原子番号ともに変化はありません。

核反応式：${}^{A}_{Z}\mathrm{X} \rightarrow {}^{A}_{Z}\mathrm{X} + \gamma$ 線

補注

β崩壊についてさらにくわしく調べてみると，次の反応式のように，同時に反ニュートリノ$\bar{\nu}$とよばれる電荷が0で質量が非常に小さい（極めて0に近い）粒子が放出されていることがわかっています。

$${}^{A}_{Z}\mathrm{X} \rightarrow {}^{\ A}_{Z+1}\mathrm{X}'' + {}^{\ 0}_{-1}\mathrm{e} + \bar{\nu}$$

${}^{238}_{92}\mathrm{U}$ が放射性崩壊をくり返して ${}^{206}_{82}\mathrm{Pb}$ になった。α 崩壊と β 崩壊を，それぞれ何回ずつ行ったか。

まずは，質量数について考えましょう。質量数が変化するのは α 崩壊だけなので，質量数の変化から α 崩壊の回数を決めることができます。α 崩壊では1回あたり質量数が4ずつ減るので，a 回起こるとすると $4a$ 減ることになります。したがって，質量数については，次の式が成り立ちます。

$$238 - 4a = 206$$

次に，原子番号について考えましょう。α 崩壊では1回あたり2ずつ減り，それが a 回起こるので $2a$ 減ることになります。β 崩壊では1回1ずつ増え，それが b 回起こるとすると b 増えることになります。したがって，原子番号については，次の式が成り立ちます。

$$92 - 2a + b = 82$$

α 崩壊を a 回，β 崩壊を b 回行ったとして，連立方程式を立てる。

$$\begin{cases} 238 - 4a = 206 \\ 92 - 2a + b = 82 \end{cases}$$

これを解いて

$$a = 8,\ \ b = 6$$

α 崩壊を8回，β 崩壊を6回 ……

98 半減期

▽解説動画

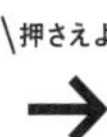

半減期 $N=N_0\left(\frac{1}{2}\right)^{\frac{t}{T}}$ （N：時間t後の原子核数　N_0：はじめの原子核数　T：半減期，t：経過時間）

半減期とは何か？

放射性原子核は，それぞれ一定の確率で，放射線を出しながら崩壊を起こし，時間の経過とともに数を減らしていきます。とくに，**放射性原子核がもとの数の半分になるまでの時間**を半減期といい，放射性原子核の種類によってそれぞれ決まった値をもっています。

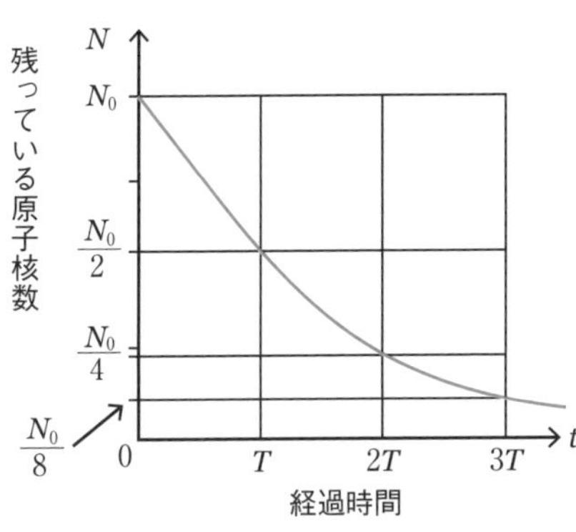

右のグラフのように，はじめの原子核数がN_0，半減期がTである放射性原子核について考えます。時間がTだけ経過すると，半減期1回分の時間が経過しているので，残っている原子核数は $N_0\times\frac{1}{2}$ になります。経過時間が$2T$になると，半減期2回分の時間が経過しているので，残っている原子核数は $N_0\times\frac{1}{2}\times\frac{1}{2}=N_0\left(\frac{1}{2}\right)^2$ になります。経過時間が$3T$になると，半減期3回分の時間が経過しているので，残っている原子核数は $N_0\left(\frac{1}{2}\right)^3$ になります。一般に経過時間がtになると，半減期$\frac{t}{T}$回分の時間が経過している

ので，残っている原子核数Nは，$N=N_0\left(\frac{1}{2}\right)^{\frac{t}{T}}$になります。

POINT !

半減期　$N=N_0\left(\frac{1}{2}\right)^{\frac{t}{T}}$

やってみよう Q

放射性原子核である$^{14}_{6}C$は，陽子(　ア　)個と中性子(　イ　)個をもち，不安定で，高速の電子1個とニュートリノを放出して，別の原子核に変化する。この半減期は5730年である。この崩壊は(　ウ　)崩壊といわれ，$^{14}_{6}C$は，(　エ　)に変化する。

$^{14}_{6}C$の(　ウ　)崩壊を利用して，古生物の年代を推定することができる。大気中の$^{14}_{6}C$は(　エ　)に宇宙線によって生じた中性子が照射されて生成されるが，一方，$^{14}_{6}C$は崩壊して(　エ　)になるので，生成と崩壊がつりあい，いつの時代でも大気中には一定の割合で$^{14}_{6}C$が存在していると考えられる。生物が死んで$^{14}_{6}C$を取り込めなくなると，$^{14}_{6}C$は半減期5730年で減り続ける。したがって，化石中の$^{14}_{6}C$の割合を測定すれば，その生物が死んでから何年経過したかがわかる。もし，化石中の$^{14}_{6}C$が大気中の$\frac{1}{4}$に減少しているとすると，その生物は死後(　オ　)年経過し，$\frac{1}{8}$に減少しているとすると，(　カ　)年経過したといえる。

(ア)(イ)　$^{14}_{6}C$において，陽子の数は原子番号と同じなので**6個**，中性子の数は，

質量数(核子の数)－陽子の数

なので

14－6＝8〔個〕

（ウ）（エ）　$^{14}_{6}C$ は放射性原子核であり，次のように β 崩壊します。

$$^{14}_{6}C \rightarrow ^{14}_{7}N + ^{0}_{-1}e$$

植物は光合成などによって空気中の炭素を植物中に固定します。また動物などはその植物を食べるなどしているので，その体内と空気中の $^{14}_{6}C$ の割合は生きている間は一定に保たれています。

（オ）　遺物などの年代を推定するために，放射性同位体の含有率を測定する方法を**放射性年代測定**といいます。特に，動物や植物などを起源にもつ過去の遺物の年代を調べる場合は**炭素年代測定法**を利用します。

大気中の $^{14}_{6}C$ の割合と，化石が生きていたときの生物中の $^{14}_{6}C$ の割合は等しいので，化石中の $^{14}_{6}C$ は，生きていたときの $\frac{1}{4}$ に減少したということです。したがって，半減期２回分の時間が経過したことになるので，経過時間は

5730×2＝11460〔年〕

（カ）　化石中の $^{14}_{6}C$ が生きていたときの $\frac{1}{8}$ に減少したということは，半減期３回分の時間が経過したことになるので

5730×3＝17190〔年〕

解答　**（ア）6　（イ）8　（ウ）β　（エ）$^{14}_{7}N$　（オ）11460　（カ）17190**……答

99 核エネルギー

解説動画

質量とエネルギーの等価性　$E=mc^2$
原子核の結合エネルギー　$\Delta E=\Delta mc^2$

質量欠損とは何か？

　右図のように，原子核の質量は，その原子核を構成している核子が，ばらばらな状態であるときの質量の和よりも，わずかに小さいことがわかっています。この差を**質量欠損**といいます。質量数A，原子番号Zの原子核の質量をM，陽子と中性子の質量をそれぞれm_p，m_nとすると質量欠損Δmは

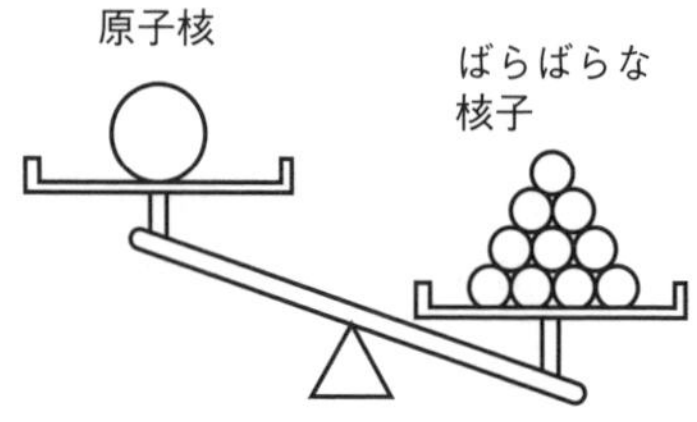

$$\Delta m=Zm_p+(A-Z)m_n-M$$

と表されます。

質量とエネルギーの等価性とは何か？

　アインシュタインの相対性理論によれば，質量とエネルギーは等価であり，互いに変わることができるということが知られています。つまり，静止状態の質量m〔kg〕をエネルギーE〔J〕に変換すると，真空中の光速c〔m/s〕を用いて

$$E=mc^2$$

と表されます。

POINT

質量とエネルギーの等価性　$E=mc^2$

結合エネルギーとは何か？

右図のように，質量欠損Δmがあるということは，核子がばらばらな状態よりもまとまって原子核の状態であるほうが，もっているエネルギー(エネルギーレベル)がΔmc^2だけ低いことを表しています。つまり，

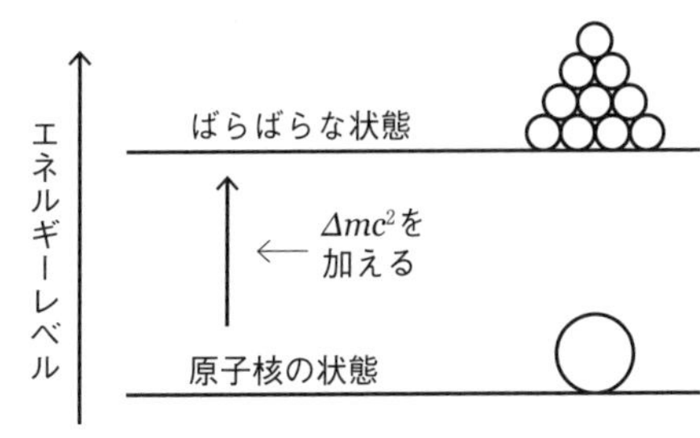

原子核をばらばらな核子の状態にするためには，原子核にΔmc^2のエネルギーΔEを加える必要があるということです。その意味でΔEを**結合エネルギー**とよんでいます。

POINT

原子核の結合エネルギー　$\Delta E = \Delta mc^2$

核分裂，核融合とは何か？

質量を含めたエネルギー保存則を考えると，結合エネルギーの小さい原子核が反応して結合エネルギーの大きい原子核に変化したとき，その差の分だけのエネルギーが放出されます。

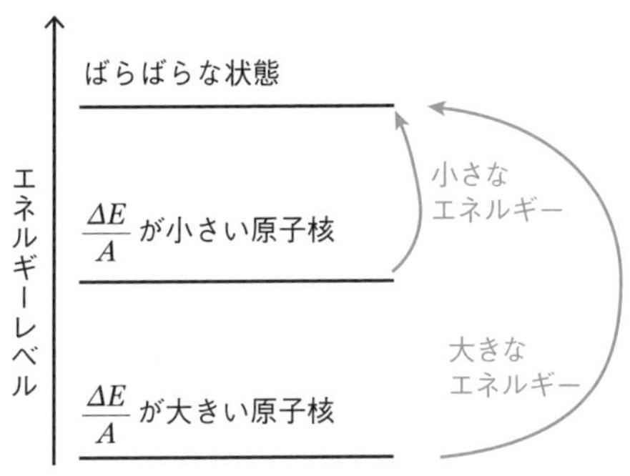

それぞれの原子核について**核子1個あたりの結合エネルギー**$\frac{\Delta E}{A}$を求めてみると，質量数が50から60付近の結合エネルギーが大きく，$^{56}_{26}\mathrm{Fe}$で**最大**となっています。したがって，$^{56}_{26}\mathrm{Fe}$**が最も強く結合していて，最もエネルギーレベルが低い状態になっている**ということです。そして，$^{56}_{26}\mathrm{Fe}$**に近づくような核反応が起こるとエネルギーが放出**されるということです。

つまり$^{56}_{26}\mathrm{Fe}$**よりも重い原子核が分裂**(**核分裂**)したり**軽い原子核同士が融**

合(**核融合**)したりすると結合エネルギーに差が生じて，その分のエネルギーが放出されることになります。

ここで，核分裂と核融合の例を，１つずつ紹介しておきましょう。下の核反応式は原子力発電に用いられている核分裂の例です。ウラン $^{235}_{92}U$ に中性子を衝突させると，２つの原子核に分裂し，同時に２～３個の中性子が放出されます。核分裂によってできた生成物の質量の和は，$^{235}_{92}U$ と中性子の質量の和よりも小さく，その質量の減少分に相当するエネルギーが解放されます。

$$^{235}_{92}U + ^{1}_{0}n \longrightarrow ^{144}_{56}Ba + ^{89}_{36}Kr + 3\,^{1}_{0}n$$

下の反応式は太陽内部で起こっている核融合の例です。高温高圧な状態にある太陽内部では水素の原子核４個が，何段階かの反応を経て，最終的に１個のヘリウムの原子核になっています。

核融合でも反応によって質量が減少し，減少分に相当するエネルギーが解放されます。

$$4\,^{1}_{1}H \longrightarrow ^{4}_{2}He + 2\,^{0}_{+1}e + 2\nu$$

（$^{0}_{+1}e$ は陽電子，ν はニュートリノ）

さくいん

あ

か

さ

た

な

は

ま

や

ら

わ

著者　**青山 均**

東京都出身。公立中学校，サレジオ学院中学校・高等学校の教員を経て，現在は東葉高校にて物理を担当。
「授業が趣味」と公言するほどの熱心さで，わかりやすくて学力の伸びる授業を展開するために，授業研究を日々重ねている。
自身の指導経験をもとに作りあげた本書の元となるプリント集「秘伝の物理」は生徒たちに大好評。公開模試で全国 1 位の学校平均点を取るという結果も残し，生徒や保護者からの信頼も厚い。
近年では，自身の動画教材を用いて反転授業の普及に取り組むだけでなく，所属している学校全体の改革にも精力的に取り組んでいる。

秘伝の物理
大学入試で点が取れる授業動画付き
物理のインプット講義
電磁気・熱・原子

デザイン　ナカムラグラフ（中村圭介，藤田佳奈，平田 賞）
編集協力　佐藤玲子，林千珠子，山口貴史，株式会社 U-Tee
動画編集　ジャパンライム　株式会社
DTP　株式会社　新後閑
印刷所　株式会社　リーブルテック